孕产宝典

宝宝喂养、护理、启智
一本通
（0~3岁）

Baobao Weiyang、Huli、Qizhi
Yiben Tong（0~3sui）

陈咏玫 主编

中国农业出版社

图书在版编目（CIP）数据

宝宝喂养、护理、启智一本通（0~3岁）/ 陈咏玫主编. — 北京：中国农业出版社，2013.9
ISBN 978-7-109-17262-3

Ⅰ.①宝… Ⅱ.①陈… Ⅲ.①婴幼儿-哺育-基本知识②婴幼儿-智力开发-基本知识 Ⅳ.①TS976.31②G610

中国版本图书馆CIP数据核字(2013)第165214号

策划编辑	李　梅	
责任编辑	李　梅	
出　　版	中国农业出版社　（北京市朝阳区麦子店街18号　100125）	
发　　行	新华书店北京发行所	
印　　刷	北京三益印刷有限公司	
开　　本	889mm×1194mm　1/20	
印　　张	$18\frac{2}{5}$	
字　　数	400千	
版　　次	2013年9月第1版　2013年9月北京第1次印刷	
定　　价	39.00元	

（凡本版图书出现印刷、装订错误，请向出版社发行部调换）

前言 Preface

怀孕挺着个大肚子，走起路来像大笨熊的时候总在想：哪天生了就好了。可是，老人们听见这话总会笑着说：生了之后呢？接下来的事情才够你忙的。

终于等到了这一天，宝宝喜降人间。原以为大功告成，但却发现确实如老人所说，宝宝爬出妈妈肚子之后的问题是千丝万缕，似乎理也理不完。

首先要解决的就是吃饭问题。想让宝宝吃母乳，母乳却不够怎么办？如果添加配方奶该怎么冲调呢？什么时候给宝宝添加辅食啊？小宝宝能吃些什么呢？喂多少才算合适呢？快1岁了，该考虑给宝宝断奶了吧？怎么断呢？怎么才能让宝宝学会自己吃饭呢？怎么让宝宝形成良好的饮食习惯呢……这些问题一个接一个，为了宝宝的健康着想，妈妈必须从容应对！

其次，宝宝从出生到3岁这段时间，需要比以后更周全、细致的护理照顾。宝宝睡得好吗？宝宝便便正常吗？怎么给小宝宝洗澡？宝宝生病了怎么办？宝宝满地乱爬，怎么保证不出危险呢？盼到宝宝会走路，可会走后宝宝的看护难度却更大了……妈妈要给这些令人抓狂的问题找到最佳的解决方案！

人人都喜欢聪明宝宝，但智力除了先天遗传，更重要的是后天的启迪、开发和学习。宝宝3岁前的潜能开发水平对其一生的发展影响很大。与0～1岁的宝宝交流比较困难，怎样才能打开其智慧之门呢？1～3岁的宝宝怎样才能越玩越聪明呢？父母是宝宝最好的老师，尤其在孩子最初急切的触摸、感知这个世界的时候。

打开这本书，让我们一起经历孩子的每一点成长，让宝宝成为我们生命的奇迹！

编　者

目录
contents

前附

PART 1

0～1岁，从新生宝宝到蹒跚学步

1月宝宝，我是可爱新生儿

2月宝宝，看到世界好漂亮

3月宝宝，脖子竖起头高抬

8月宝宝，爬来爬去乐不停

9月宝宝，模仿表演能力强

12月宝宝，小乖乖1岁啦

PART 2

1～2岁，惊喜连连与"麻烦"不断

PART 3

2～3岁，最可爱也最淘气的阶段开始了

25～27月宝宝，喜欢背诵宝宝歌

28～30月宝宝，情感越来越丰富

31～33月宝宝，幼儿园里真好玩

❤ 1月宝宝发育状况

❤ 生理指标

满月时，男婴体重2.9~5.6千克，身长49.7~59.5厘米；女婴体重2.8~5.1千克，身长49.0~58.1厘米。

❤ 智能指标

满月时俯卧抬头，下巴能离床3秒钟；能注视眼前活动的物体；啼哭时听到声音会安静；除哭以外能发出叫声；双手能紧握笔杆；会张嘴模仿说话。

❤ 养育要点

母乳喂养，按需哺乳。母乳喂养不必喂水。保证每天约20个小时的睡眠；多拥抱、爱抚宝宝，抚摩宝宝全身的皮肤，与宝宝说话；经常用微笑、歌声及鲜艳的有声玩具逗引宝宝。宝宝不要睡太软的床和大而软的枕头，最好单睡一张床，可以防止窒息；冲调奶粉、洗澡时，要先大人试温度再开始，注意防止烫伤。

❤ 2月宝宝发育状况

❤ 生理指标

满2个月时，男婴体重3.5~6.8千克，身长52.9~63.2厘米；女婴体重3.3~6.1千克，身长52.0~63.2厘米。

❤ 智能指标

逗引时会微笑；眼睛能够跟着物体在水平方向移动；能够转头寻找声源；俯卧时能抬头片刻，自由地转动头部；手指能自己展开合拢，能在胸前玩，会吸吮拇指。

❤ 养育要点

逐步建立起吃、玩、睡的规律生活；尽量多地与宝宝说话、唱歌、逗乐，培养良好的亲子感情。让宝宝醒着的时候处在快乐中；在不同方位用不同声音训练宝宝的听觉；天气好时带宝宝到室外活动，呼吸新鲜空气，观看周围环境，进行适当的日光浴。可以让宝宝俯卧片刻；悬吊鲜艳、能动的玩具，让宝宝练习看、触摸、抓握。

💬3月宝宝发育状况

🫀 生理指标

满3个月时，男婴体重4.1～7.7千克，身长55.8～66.4厘米；女婴体重3.9～7.0千克，身长54.6～64.5厘米。

🫀 智能指标

俯卧时，能抬起半胸，用肘支撑上身；头部能够挺直；手能互握，会抓衣服，抓头发、脸；眼睛能随物体180°旋转；见人会笑；会出声答话，尖叫，会发长元音。

🫀 养育要点

给宝宝丰富的感觉刺激。通过让宝宝俯卧、竖抱宝宝，帮助宝宝练习抬头的动作，锻炼宝宝颈椎的支撑力。用玩具逗引宝宝发音。训练听力，初步培养追踪声音来源的能力。宝宝的玩具不能比嘴小。宝宝还小，母亲躺着哺乳有窒息的危险。

💬4月宝宝发育状况

🫀 生理指标

满4个月时，男婴体重4.7～8.5千克，身长58.3～69.1厘米；女婴体重4.5～7.7千克，身长56.9～67.1厘米。

🫀 智能指标

俯卧时宝宝上身完全抬起，与床呈一定角度；腿能抬高踢去衣被及踢吊起的玩具；视线灵活，能从一个物体转移到另外一个物体；开始咿呀学语，用声音回答大人的逗引；喜欢吃辅食。

🫀 养育要点

发展感觉动作技能，即视觉、听觉和触觉与肌肉活动的联合；多给宝宝听音乐，和宝宝说话；帮助宝宝学习翻身的动作；逗引宝宝说话，学习"交谈"；适量加辅食；尽可能坚持母乳喂养；此时该去复查卡介苗是否接种上了；不必纠正宝宝吸吮手指的动作。

❤5月宝宝发育状况

生理指标

满5个月的男婴体重5.3~9.2千克，身长60.5~71.3厘米；女婴5.0~8.4千克，身长58.9~69.3厘米。

智能指标

能够认识妈妈以及亲近的人；大部分婴儿能够从仰卧翻成俯卧；扶着他的腋下能站直，手可拿放玩具；能喃喃地发出单音节词，能辨认别人的声音。

养育要点

添加的辅食由少到多，由稀到稠，由细到粗；重视感官训练，使宝宝的听觉、视觉、语言能力在原来的基础上继续提高；不会翻身的宝宝，父母多进行翻身训练；对宝宝进行冷适应锻炼。

❤6月宝宝发育状况

生理指标

满6个月时，男婴体重达5.9~9.8千克，身长62.4~73.2厘米；女婴体重5.5~9.0千克，身长60.6~71.2厘米；头围44厘米，本月出牙2颗。

智能指标

自己能独坐，手可玩脚，能吃脚趾；会用手摇玩具；会发两三个辅音；在大人背儿歌时会做出一种熟知的动作；照镜子时会笑，用手摸镜中人；会自己拿饼干吃；会咀嚼；能分辨熟人和陌生人。

养育要点

预防营养性缺铁性贫血，及时添加含铁丰富的辅食：蛋黄、鱼、肝泥、肉末、动物血、绿色蔬菜泥、豆腐等；反复叫宝宝的名字，使宝宝对自己的名字有反应，熟悉并记住自己的名字。

♥ 7月宝宝发育状况

♥ 生理指标

满7个月时，男婴体重达6.4～10.3千克，身长64.1～74.8厘米；女婴体重5.9～9.6千克，身长62.2～72.9厘米；本月出牙2～4颗。

♥ 智能指标

能够在大人的帮助下爬；能拿起玩具放入口中；会自己握饼干吃；可将玩具从一只手换到另一只手；能听懂自己的名字；懂得大人用语言和表情表示的表扬和批评；能够无意识地发"爸爸""妈妈"等词语。

♥ 养育要点

6个月后婴儿从母体带来的免疫力降低了，容易感染外界病菌，因此，要注意预防宝宝生病。不去人多的公共场所。注意卫生，宝宝入口的器具一定要消毒。

♥ 8月宝宝发育状况

♥ 生理指标

满8个月时，男婴体重达6.9～10.8千克，身长65.7～76.3厘米；女婴体重达6.3～10.1千克，身长63.7～74.5厘米；本月出牙2～4颗。

♥ 智能指标

能够扶着东西站着；能捏响玩具；会两手对敲玩具；能注意观察大人的行为；展开双手要大人抱；能听懂不同音调语气所表达的意义；感觉越来越敏锐，对四周事物反应增强。

♥ 养育要点

宝宝长牙期间，辅食中要添加含钙和维生素D的食物；教宝宝认识周围环境；帮助宝宝站立，让宝宝多爬、多玩各种玩具；此时宝宝的运动能力增强了，家里危险的东西一定要收起来，免得伤着宝宝。

♡ 9月宝宝发育状况

♥ 生理指标

满9个月时，男婴体重达7.2～11.3千克，身长67.0～77.6厘米；女婴体重达6.6～10.5千克，身长65.0～75.9厘米；本月出牙2～4颗。

♥ 智能指标

会从抽屉里取出玩具；能用拇指和食指捏起细小的东西；能够用声音表示自己的需求；认识五官；会做3～4种表示语言的动作；知道大人谈论自己，懂得害羞；会配合穿衣；能懂几个词的意思，如"再见"等。

♥ 养育要点

断奶食物的种类可逐渐增加，可直接喂水果；父母可以帮助宝宝在扶着的情况下学习迈步；培养宝宝良好的生活习惯，养成按时入睡、讲卫生的好习惯；训练宝宝自己吃饭。

♡ 10月宝宝发育状况

♥ 生理指标

满10个月时，男婴体重7.6～11.7千克，身长68.3～78.9厘米；女婴体重6.9～10.9千克，身长66.2～77.3厘米；本月出牙4～6颗。

♥ 智能指标

会叫妈妈、爸爸；认识常见的人和物；能够独自站立片刻；能迅速爬行；喜欢被表扬；主动地用动作表示语言；主动亲近小朋友；好奇心增强，经常看见大人做的事，他也想学着做；开始懂得"不许"的意思。

♥ 养育要点

这时的婴儿可以和大人一起进行一日三餐；训练宝宝的自我服务技能及独立性；鼓励宝宝自己抱奶瓶、拿玩具等；要给宝宝穿轻便的衣服，便于他的活动，并创造良好的语言环境，多为宝宝唱儿歌、童谣等。

11月宝宝发育状况

生理指标

满11个月时，男婴体重7.9~12.0千克，身长69.6~80.2厘米；女婴体重达7.2~11.3千克，身长67.5~78.7厘米；本月出牙4~6颗。

智能指标

手指动作更精细；能自己扶着东西站起来走，寻找可以玩的东西；记忆力大大增强，对语言的理解能力进一步提高，能按语言命令行事；有初步的自我意识，并喜欢说"不、不"。

养育要点

辅食开始变成主食，大部分母乳喂养的宝宝此时已经断奶了；要保证宝宝摄入足够的营养，辅食要少放盐、糖；训练宝宝走路；禁止宝宝做一些不该做的事情。

12月宝宝发育状况

生理指标

满12个月时，男婴体重8.1~12.4千克，身长70.7~81.5厘米；女婴体重7.4~11.6千克，身长68.6~80.0厘米；头围46厘米，胸围46厘米；本月出牙6~8颗。

智能指标

不必父母扶，宝宝自己能站稳独走几步；会随音乐做表演动作；除了"爸爸""妈妈"外，还会说2~3个字的词，会用声音表达愿望；开始更愿意接近小朋友，并与小朋友一起玩游戏；穿衣会伸手入袖，会用杯子自己喝水。

养育要点

要合理地安排断奶后的饮食，保证热能和蛋白质的供应；给宝宝吃的食物要营养均衡，训练宝宝不挑食偏食；加强语言训练，为宝宝创造说话的机会；鼓励宝宝用语言表达感情；每天至少3小时的户外活动。

13~18月宝宝发育状况

13个月

身高：男孩为71.8~82.7厘米，女孩为69.8~81.2厘米。

智能发育：会调整身体配合父母穿衣、吃饭；能堆两块以上的积本，能翻书，能投球；会爬楼梯，喜欢爬到高的地方去。

14个月

身高：男孩为73.7~85.1厘米，女孩为71.9~83.7厘米。

智能发育：能将一个小丸投入瓶内；能完成指令"走过来""捡起玩具"；能将帽子抓起并放在头顶上；知道烫的东西不能摸。

15个月

身高：男孩为73.7~85.1厘米，女孩为71.9~83.7厘米。

智能发育：向前方抛球；用四块积木排火车；会指出红色；大小便时会及时找便盆坐下。

16个月

身高：男孩为75.5~87.4厘米，女孩为73.8~86厘米。

智能发育：双臂随大人做四个方向的运动；用四块积木造塔；会脱袜子。

17个月

身高：男孩为76.3~88.4厘米，女孩为74.8~86.9厘米。

智能发育：能模仿画线；能将三角形木块放入三角形板穴内；能看图指物；能说出自己的小名。

18个月

身高：男孩为77.1~89.5厘米，女孩为75.7~88.1厘米。

智能发育：大人牵着能下楼梯（两步一级）；能认出自己的东西；会说出10个字之内的话；会脱掉帽子和鞋子。

本阶段喂养要点：1岁以后，宝宝想自己拿勺子进食了。培养宝宝自己用餐的能力，需要家长很大的耐心。一定注意，不要让宝宝养成边吃边玩的坏习惯。

❤ 19~24月宝宝发育状况

❤ 19个月

身高：男孩为77.9~90.6厘米，女孩为76.6~89.2厘米。

智能发育：手眼协调能力又有进步，会穿珠子；会用积木搭高楼和桥；会模仿大人做家务的动作。

❤ 20个月

身高：男孩为78.7~91.6厘米，女孩为77.4~90.2厘米。

智能发育：平衡能力协调发展，能蹲下起立和弯腰拾物；各种能力相互配合，逐步学会复杂的动作；能扭动门把手，会自己开门走出房间。

❤ 21个月

身高：男孩为79.4~92.5厘米，女孩为78.3~91.1厘米。

智能发育：几乎可以随心所欲地使用双手，干自己想干的事情；能双手配合，把不同形状的积木插到相应的位置。

❤ 22个月

身高：男孩为80.2~93.5厘米，女孩为79.1~92.1厘米。

智能发育：能够用积木搭建他想象的房子、火车、汽车，或其他见过的物体；他开始保护自己的"杰作"，开始珍惜自己的劳动成果了，这是宝宝学会自爱的起点；宝宝握笔写字、画画的姿势已经很标准了。

❤ 23个月

身高：男孩为80.9~94.4厘米，女孩为79.9~93厘米。

智能发育：开始试图把拆散的玩具重新组装，宝宝从"破坏"转到"建设"上来了；已经能够熟练地开门、关门了，还能把门反锁上。

❤ 24个月

身高：男孩为81.7~95.2厘米，女孩为80.7~93.9厘米。

智能发育：能打开门插销；会画简单的、图形；能搭更多层积木；能玩拼图；在大人的指导下会折纸；还会创造性地折一个小动物，尽管不像。

本阶段喂养要点：本阶段的宝宝对食物的色、香、味有了初步的要求，妈妈掌握一些烹调技巧，注意荤素搭配，营养互济，对宝宝愉快进食、健康成长将大有裨益。

25~30月宝宝发育状况

25～30个月宝宝身高，男孩为84.3～99.1厘米，女孩为83.1～97.5厘米。在智能发育方面：

25个月

能够说出自己的年龄、姓名和父母的姓名；能进行简单的物品分类；能用勺子吃饭，会画圆圈；知道早上起床，晚上睡觉；知道上厕所，能自己穿脱有松紧带的裤子。

26个月

能够说出图画中的人或动物正在做什么；会说"这是我的"，不重复自己的名字；准确分清物品的大小；能哼唱3个音阶之内的歌曲；认识两种以上颜色；能背数字1～10，可复述多位数。

27个月

喜欢回答饿、冷、困、渴时怎么办等一类的问题；认识方、圆、三角等几何图形；知道日常生活用品的用途；会画十字；掌握3以内的加减法；能分清前后内外；会自己脱衣、裤、鞋、袜。

28个月

会说礼貌用语"谢谢""您早""您好""再见""晚安"等；能够背诵几首唐诗；认识6～10种水果，并能学会相应的英语单词；能够分辨出天气的阴、晴、刮风、下雨、下雪；能够识别3～4种颜色；自己能够独立穿上背心或套头衫。

29个月

喜欢耳语传话；能够通过猜声音知道谁讲话；知道动物怎样叫；能够识别10种交通工具；掌握6以内的加减法，能够复述出3位数；会刷牙。

30个月

喜欢看图说话，除了认识物名之外还可以说出它的特点；喜欢参加集体游戏，如玩"过家家"等；能够识别出4种以上的颜色；知道什么动物会飞，什么动物会在水里游，什么动物生活在森林里，并知道它们的特征。

本阶段喂养要点：吃零食是宝宝的一大乐趣，家长没必要过多限制，但也不要纵容孩子。另外，吃东西时最好家庭成员见者有份，不要让孩子吃独食。

♥ 31~36月宝宝发育状况

31～36个月宝宝身高，男孩为87.7～102.5厘米，女孩为86.8～101.6厘米。在智能发育方面：

♥ 31个月

喜欢听故事、看图书；能回答出故事或图书中的相应问题；知道"如果"怎么样，"结果"怎么样；能够学习背数到20，认识6～10种不同职业；穿鞋时能分清左右。

♥ 32个月

能够说出家庭相册中的人、职业、工作地点；认识6～10个数字；初步理解时间的概念；喜欢当父母的助手；能够写出4～6个数字；自己会穿带扣子的衣服。

♥ 33个月

喜欢自己编一些小故事；能够按大小、颜色、形状将扣子分类；帮助父母做简单的家务；掌握简单的反义词；会洗手帕之类的小东西。

♥ 34个月

喜欢玩"石头、剪子、布"的游戏；懂得礼貌做客；能以穿、吃、玩、用分清物品类别；能够点数到5，复述4位数；能将物品一分为二；认识主食、副食各10种；能洗净杯子。

♥ 35个月

喜欢参加集体游戏和有一定节奏感的活动；做了某事后能作简要的描述；认识夏天和冬天穿的服装和常见食品；能够说出父母的工作单位及家庭住址；会扫地，并能将垃圾收入垃圾桶内。

♥ 36个月

喜欢猜简单的谜语，并自编小谜语；能背诵电视中的小段故事和成段的广告；喜欢玩简单的拼图游戏；能做剥蒜、剥花生、剥毛豆等精细的活；点数到8～12，复述5位数；可以在中国地图上找到自己所在的城市，在本市地图中可以找到自己家的大概位置。

本阶段喂养要点：这是良好饮食习惯养成的关键期，父母要让宝宝学会饭前饭后洗手，独自进食，不挑食也不偏食。

PART 1

0~1岁，从新生宝宝到蹒跚学步

十月等待，小宝宝驾到！接下来的日子，宝宝会用自己身体发展的姿势悄悄诉说着成长的秘密和每个阶段的需要。尊重和满足这些需要，给宝宝最贴心的呵护，可以为小天使的一生完成一份最好的基底。新爸新妈面对挑战，要见招拆招哦。

♥ 金牌喂养

◉ 产后半小时及时开奶

开奶，是指新生儿降临人间以后开始的第一次喂奶。联合国儿童基金会提出的"母乳喂养新观点"提倡"早开奶、勤喂奶"。最好新生儿降临人间后半小时便可开始母乳喂养，最晚也不能超过6小时。

早开奶，母子受益

早开奶对母亲和婴儿都有好处。如果生宝宝后不早些喂奶，垂体得不到刺激，泌乳素就不分泌，时间长了，即使婴儿再吮乳头，垂体也都没反应，或者奶量很少。此外，吮吸乳头也可以使子宫收缩，减少产妇产后出血，促进子宫恢复。对婴儿来说，这样做可以防止或减少其生理性体重下降，还可以增进母子间的感情。

先喂代乳品，宝宝会变懒

不要急于给新生儿喂代乳品。人类的本能就是求生，宝宝出生后会自己寻找妈妈的乳头，会自己吃饱。还有一种习惯就是懒惰，有省事的绝不会去做费事的事。宝宝也一样，当奶瓶能让他（她）吃饱时，他（她）不会愿意再费力去吃母乳。因此给宝宝吃过奶瓶后，喂母乳就可能出现困难。

坚持喂母乳，奶水越喂越多

不管白天黑夜，都要坚持给宝宝喂奶，一次喂奶在20～30分钟。喂奶时，一侧乳房喂5分钟，然后左右轮换。刚开奶时，可能什么也吸不出来，但一定要坚持，给自己加油。只要每天坚持给宝宝喂奶，很快，宝宝就能吃到水晶般的初乳，继续母乳喂养便不是问题。

● 按需哺乳，顺其自然

近年来通过反复的对比研究表明，发现"按需哺乳"是一种顺乎自然，因势利导的最省力、最符合人体生理需要的哺乳方法。

定时喂奶的不足

近来，不少人主张给婴儿"按时喂奶"。因为实验表明，喝了牛奶以后，牛奶在胃中要停留3～4小时；母乳的凝块虽然比较小，但也要3小时左右才能从胃中完全排空。所以认为每隔3小时喂1次奶比较合理。

实际喂哺中要严格地实行定时喂奶常常会遇到一些困难，譬如到了预定的喂奶时间，宝宝睡意正浓，即使弹弹足底，拉拉耳垂勉强把他弄醒，但吃了几口奶仍然会呼呼入睡。有时候，因上一顿奶没有完全吃饱，尽管还未到预定的时间，但宝宝已饥不可耐，如果仍然墨守于"吃奶必须定时"的老规矩，宝宝就会饿得哇哇直哭，真正到了规定的时间，宝宝却又因为哭吵后过度疲劳而入睡。此外，当妈妈的"奶阵"来了，如果因时间未到而任其膨胀，久而久之便会使奶量逐渐减少。

按需哺乳的好处

我国自古以来民间的传统便是"按需哺乳"。近年来通过反复的对比研究，发现"按需哺乳"是一种顺乎自然，因势利导的最省力、最符合人体生理需要的哺乳方法。按照这种方法，只要宝宝想吃，就可以随时喂，如果新妈妈"奶阵"到了，而宝宝肯吃，也可以喂，而不要拘泥于是否到了"预定的时间"。

其实，实践证明，只要母乳充足，自3～4个月之后宝宝也会逐渐自觉做到大致地按时吃奶，即每隔3～4小时要哺乳1次。

♥ 特｜别｜提｜示   **TIPS**

新妈妈由于分泌乳汁，哺育宝宝，所消耗的热能及各种营养素较多，因此必须及时给予补充，以保证新妈妈和宝宝都有足够的营养。可参考《孕期月子饮食调养一本通》。

❤ 母乳喂养好处多多

媒体广告把奶粉夸得天花乱坠，好似它营养超丰富，还额外添加有利于宝宝成长的多种元素，能让宝宝长得更高更快更聪明，可是，专家提醒大家，母乳才是全世界公认的最好的新生儿食品。

母乳是婴儿最好的食品

母乳也许看起来不像牛奶那么稠，但它含有宝宝所需的一切营养且含量合适。母乳对新生儿的健康十分有益。母乳喂养的新生儿患肠胃炎和胸腔感染的概率低于奶粉喂养的婴儿，这是因为婴儿血液吸收了母乳里的抗体，能够有效地抵抗感染。

母乳还有利于宝宝的消化

和牛奶相比，母乳更容易吸收，而且吃母乳的宝宝不容易便秘。由于母乳几乎完全被吸收，因此宝宝排出的粪便不会太多。母乳喂养还能降低宝宝患尿布疹的概率。

母乳喂养的宝宝更健康

母乳喂养的宝宝睡得更久，溢奶的次数更少且气味不会太难闻。母乳喂养的宝宝健康系数要高得多。如果你的宝宝看起来比其他新生儿吃的多也不必担心，因为每个宝宝的食欲和新陈代谢水平不同，而你的宝宝也有他自己的规律。

母乳喂养有益妈妈身材恢复

很多新妈妈担心母乳喂养会导致乳房下垂，其实不然。生完宝宝后乳房大小的变化或下垂其实是由于怀孕本身造成的，并不是哺乳喂养所致。实际上，哺乳喂养能够减去你在孕期所增加的体重，帮助你尽快恢复身材。哺乳时，刺激乳汁分泌的子宫收缩素还能刺激子宫收缩，使盆骨和腰围恢复正常。

喂养姿势不容小觑

现在可能很多女性都是初为人母，经常会有出奶却不下奶、宝宝不会吃奶等各种问题的困扰。有的时候妈妈们也会因为母乳一时不好而放弃母乳喂养，这可不行！其实有时，乳汁不足可能只是喂养姿势错误而导致的。所以，大家首先要学会正确的喂养姿势，这是关乎成败的重要环节！

基本姿势

妈妈坐在沙发或是椅子上，抱着宝宝休息片刻，然后，找到一个舒舒服服的抱宝宝的姿势！在宝宝的胸前垫一块纯棉棉布，由于乳汁下滴、宝宝流口水等原因，宝宝的嘴和胸前比较容易弄脏，所以在喂奶前可以先垫上一块纯棉棉布。

正确的喂奶姿势

母乳喂养时的体位需要保持舒适，肌肉放松，可以采取坐位或是侧卧位等姿势进行喂奶。

如果采取坐位的时候，椅子不宜太高，如果太高可以在脚下放个小板凳。

妈妈可以将双脚踩在小板凳上，紧靠椅背，双肩肌肉放松，将宝宝抱在胸前，用前臂托住宝宝的头颈以及肩部，用手托住宝宝的臀部。宝宝的身体与妈妈胸贴胸、腹贴腹，宝宝的下颌贴住妈妈的乳房、鼻子朝着乳头。

正确的含接姿势

↘ 妈妈可以用乳头触及宝宝口周的皮肤，引起宝宝觅食的条件反射。

↘ 当宝宝张口的一瞬间，妈妈的手呈C形，将乳房托起并快速地将乳头以及大部分乳晕放在宝宝的口中。

↘ 宝宝口呈撅起状，双腮鼓起，有节奏地吸吮，可以听到宝宝咕咕的咽奶声，妈妈也会有下奶的感觉。这便是成功的喂养。

 专家叮咛

母乳喂养不会引起乳房、乳头出现持续性疼痛。妈妈如果感觉不舒服，应查看是否哺乳的姿势有问题。

怎样给宝宝喂母乳

给宝宝喂母乳应该是怎样进行的呢？哺乳前需要做哪些准备呢？过程中又有哪些要点需要遵循呢？

哺乳前的准备

哺乳前最好选择吸汗、宽松的衣服，这样才方便哺乳。先洗净双手，用毛巾蘸清水擦净乳头及乳晕，然后开始喂乳。擦乳房的毛巾、水盆要专用。

促使寻乳反射

让新生儿舒服地躺在妈妈的手臂上、抚摸他的脸颊，让他的小脸转向你，准备吃奶。

乳头刺激

托起乳房，将乳头凑近新生儿的嘴边。如果他没有主动张开嘴，可用乳头刺激他的嘴唇和脸颊，直至他张嘴为止。

宝宝是否完全含住乳晕

新生儿的嘴应该完全含住乳晕，以形成一个严密的封口。你会感到他的舌头将乳头压向他的上颚。在新生儿吮吸时，观察他颌骨的动作。

建立视线的接触

哺乳是一种放松且值得骄傲的体验，在哺乳时应注视着新生儿并与他交谈，对他微笑，这样可使新生儿形成进食时的愉快感。

抽出乳头

不要在新生儿松开你的乳头前强行抽出乳头，这样会弄痛自己。巧妙拉出乳头的办法：当新生儿吃饱后，母亲可用手指轻轻地压一下新生儿的下巴或下嘴唇，这样做会使新生儿松开乳头。

换另一侧乳房

在将新生儿从一侧乳房转移到另一侧乳房之前，可视需要轻轻拍打他的背部。将新生儿舒适地兜在另一只手中，给他另一侧乳房吮吸。

排空乳房

最好准备一个吸奶器，以备母乳过多。在新生儿吃饱后，吸出剩余的乳汁，这更有利于乳汁分泌，并且不易患乳腺炎。

夜间喂奶的注意事项

由于宝宝需要不定时喂奶，不可避免会出现夜间喂养的情况。妈妈们在夜间给宝宝喂奶时，一定要知道以下注意事项。

避免宝宝含乳头睡觉

晚上宝宝饿的时候，仍然是处于一个半睡半醒的状态，这个时候喂奶需要注意千万不能让宝宝含着乳头睡觉。这样不仅会养成宝宝不良的吃奶习惯，不利于消化吸收。还可能出现妈妈睡觉翻身的时候乳房盖住宝宝的鼻子，造成宝宝呼吸困难甚至窒息的危险。

防止宝宝着凉

夜间给宝宝喂奶，很容易使宝宝着凉，特别是用奶瓶喂养的宝宝，因此，一定要做好保暖措施，抱宝宝的时候将宝宝包裹严实，就是在夏天也要注意给宝宝保暖。

按需喂奶

很多妈妈有定时喂奶的习惯，这是完全没有必要的。特别是在夜间，到了喂奶的时间如果宝宝没醒，就不要叫醒宝宝吃奶了。不妨等到宝宝醒来时判断其确实饿了再喂，千万不要强制性地给宝宝喂奶，这样不但影响宝宝睡眠，还会导致营养无法正常吸收。

减少互动，尽量不干扰宝宝

晚上给宝宝做任何事时都需要安静，起来喂宝宝，灯光要暗，同时将互动减小到最低，安静地喂完宝宝，轻轻放下，尽量不要刺激宝宝。因为宝宝一旦完全清醒往往会大哭不止。

如何防止宝宝溢奶

溢奶的现象在大多数宝宝身上都会发生，这主要是因为新生儿贲门与胃部、咽喉部发育不成熟，所以宝宝吃完奶后都容易引起奶回流。怎么避免这种现象发生呢？

喂奶时要安静

减少周围的噪声和其他可能会让宝宝分心的东西，专心吃奶能够避免宝宝溢奶。而且，尽量不要等宝宝很饿了才喂他。如果宝宝分心了或很急躁，就有可能在吃母乳或配方奶时吞进空气。

喂完奶后给宝宝拍嗝

如果宝宝吃着吃着很自然地停住，你就要利用这个机会，赶快在他又开始吃之前给他拍嗝。这样的话，如果宝宝胃里有空气，就能在他吃进更多的奶之前排出。

不要压着宝宝的肚子

宝宝穿的衣服和纸尿裤一定不能太紧，给他拍嗝的时候，不要把宝宝的肚子压在你的肩膀上。尽量不要在宝宝刚吃完奶的时候，就逗弄他做游戏。

别给宝宝吃太多

如果宝宝几乎每次吃完奶后都要吐一点儿，那就试试喂奶的间隔稍微短一些，每次喂他的配方奶或母乳量稍微少一点儿，看看他愿不愿意。每次少吃点儿，多吃几次，这也是一个避免宝宝溢奶的方法。

侧睡姿势最好

宝宝睡着后，往小床上放的时候动作要缓慢一点，另外最好用侧睡的方法，如果仰卧，奶水留在嘴里流不出来，很容易吸到肺里去。一般来说宝宝可以保持这样的侧睡姿势2～3小时。如果父母担心宝宝的头形和压迫内脏的问题，可以在1小时后，给宝宝换个睡姿。在宝宝耳朵边放一块毛巾，这样可以防止奶液流进耳朵里。

母乳不足的表现及原因

现在越来越多的妈妈由于母乳不足而只好选择配方奶粉。这些妈妈也知道母乳喂养好，但是自己母乳不足，也觉得很无奈。

母乳不足的表现

↘ 宝宝光吸不咽或者咽得很少，吃奶的时候听不到咕噜咕噜的吞咽声。

↘ 宝宝吃奶时总是吃吃停停，持续时间超过30分钟，而且吃到最后还不肯放奶头。

↘ 哺乳时间间隔很短，吃奶后才1个小时左右又闹着要吃。

↘ 宝宝每日的尿量少且浓，每日少于6次大便，甚至便秘。

↘ 宝宝体重增长缓慢，平均每周增加低于200克。

母乳不足的原因

↘ 忽视了最初几天的喂养工作。婴儿出生的最初几天是获得母乳喂养成功的关键时刻，可以增加婴儿对乳头的刺激，形成生理性的条件反射，促进母乳的分泌。一些妈妈在最初的几天泌乳量少，但是到了一周后会出现乳量突然增加，完全可以满足婴儿的生长需要。

↘ 忽视了乳房及乳头的保养。新妈妈的乳头皮肤比较娇嫩，如果没有进行很好的保护很容易发生皲裂，造成喂奶时的疼痛或感染，影响哺乳。

↘ 哺乳姿势不正确。哺乳姿势不正确会影响婴儿的吸吮，还将导致乳房变形、乳头破损，严重的可能还会引发急性乳腺炎，从而影响哺乳的顺利进行。

↘ 饮食结构不合理。现代许多产后新妈妈为追求身材苗条，每顿都吃得很少，导致体内营养物质的严重缺乏。因此，妈妈们一定要遵循平衡膳食的原则，谷类、蔬菜、水果类、肉蛋奶类、糖和脂肪类缺一不可。

↘ 精神因素的影响。乳汁分泌与神经中枢关系密切，过度紧张、忧虑、愤怒、惊恐等不良精神均可引起乳汁分泌减少。有些妈妈因担心母乳喂养后乳房形状改变，影响身材；有些妈妈因出生的婴儿不是自己期盼的性别而出现失望情绪。这些不良情绪会通过产妇的大脑皮层影响垂体的活动，从而抑制催乳素的分泌，使泌乳量减少。

6招帮新妈奶水充足

母乳不足的确是件让人头疼的事，有什么办法能让奶水充足起来，让宝宝"一次吃个够"呢？以下6种方法值得一试。

注意"食"效

应多吃富含蛋白质、碳水化合物、维生素和矿物质的食物，如牛奶、鸡蛋、鱼肉、蔬菜、水果，多喝汤如火腿鲫鱼汤、黄豆猪蹄汤等。

两边的乳房都要喂

如果一次只喂一边，乳房受的刺激减少，自然泌乳也少。两边的乳房都要让宝宝吮吸。有些宝宝食量比较小，吃一只乳房的奶就够了，这时不妨先用吸奶器把前部分比较稀薄的奶水吸掉，让宝宝吃到比较浓稠、更富营养的奶水。

多多吮吸

妈妈的奶水越少，越要增加宝宝吮吸的次数；由于宝宝吮吸的力量较大，正好可借助宝宝的嘴巴来按摩乳晕。每次都吸空，喂得越多，奶水分泌得就越多。

补充水分

哺乳妈妈常会在喂奶时感到口渴，这是正常的现象。妈妈在喂奶时要注意补充水分，或是多喝豆浆、杏仁粉茶（此方为国际母乳会推荐）、果汁、原味蔬菜汤等。水分补充适度即可，这样乳汁的供给才会既充足又富营养。

充分休息

夜晚哺乳妈妈要注意抓紧时间休息，白天可以让丈夫或者家人帮忙照看一下宝宝，自己抓紧时间睡个午觉。

按摩刺激

按摩乳房能刺激乳房分泌乳汁，妈妈用干净的毛巾蘸些温开水，由乳头中心往乳晕方向成环形擦拭，两侧轮流热敷，每侧各15分钟。

专家叮咛

催乳的时间不能太早。过早催乳会让过多的乳汁蓄积在乳房内，使得乳房形成结节并导致乳腺炎的发生。

莴苣猪肉粥

原料 莴苣30克，猪肉150克，粳米50克，味精、盐、酱油、麻油各适量。

做法

↘ 将莴苣去杂，用清水洗净，用刀切成丝，待用；把猪肉洗净，切成末，放入碗内，加少许酱油、用盐腌制10～15分钟，待用。

↘ 将粳米淘洗干净，直接放入锅内，加清水适量，置于炉火上煮沸，加入莴苣丝、猪肉末，转文火煮至米烂汁稠时，放入盐、味精及麻油，稍煮片刻后即可食用。

营养分析

益气养血，生精下乳，益养五脏，既可促进母体康复，又能下乳催奶。

猪蹄通乳羹

原料 猪前蹄2只（重约750克），通草15克，生姜5片，料酒、盐各适量。

做法

↘ 将通草去杂，用清水洗净，切成小段，待用；把猪蹄刮洗干净，切成小块，放入砂锅内，加进通草、姜片、料酒和适量清水。

↘ 将砂锅置炉火上，用大火烧开，再用小火慢煨4小时左右，以蹄肉熟烂为准，然后加入盐调味，即可食用。

营养分析

补益气血，畅通乳脉，滑润肌肤，驱寒散热。因此，特别适合女性产后食用。

PART 1

0～1岁，从新生宝宝到蹒跚学步

◉ 新生儿眼、耳、鼻护理要点

小宝宝的每一个地方都那么娇嫩，让我们掌握眼、耳、鼻的护理知识，当一个称职的妈妈吧。

眼睛

宝宝出生时，可能会出现眼睑水肿、眼睛发红等现象。那是因为产道的挤压和羊水的刺激，在医院里医生都会给予处理，回家后，每天清晨宝宝醒来后，妈妈可用湿毛巾擦拭宝宝的眼角。新生儿的眼周皮肤比较敏感，因此动作一定要轻柔。每次宝宝哭完妈妈也要用毛巾或纱布擦拭宝宝的眼角，防止眼泪浸红皮肤。

不要让强光刺激宝宝的眼睛。因为新生宝宝的视觉系统还没有发育完全，对于较强光线的刺激还不能进行保护性的调解。

如果宝宝眼睛总是泪汪汪的，可能是倒睫毛刺激了眼角膜，才导致流眼泪。这种情况不用紧张，轻轻将宝宝眼皮拨开，将眼睫毛弄出来就好了。

耳朵

一般宝宝的耳屎呈浅黄色片状，也有些宝宝的耳屎呈油膏状，附着在外耳道壁上，少量耳屎可起到保护听力的作用。这些耳屎一般不需要特殊处理，因为耳屎是外耳道皮肤上的耵聍腺产生的一种分泌物，医学上称为耵聍。它们一般会随着面颊的活动而松动，并会自行脱落。

如果妈妈发现宝宝的耳屎包结成硬块，千万不要在家自行掏挖，应到医院五官科请医生滴入耵聍软化剂，用专门器械取出。

鼻子

新生儿鼻子的黏膜非常纤细，护理时需格外当心。鼻塞的时候，可用热纱布或毛巾放在宝宝鼻子上，或是利用洗澡时帮宝宝按摩鼻子，让热气进入鼻孔，鼻屎就会自然脱落。也可用湿的棉花棒，轻轻在鼻内转一下，把分泌物沾出即可。

❤ 新生儿的肚脐护理要点

肚脐是在中医学中被称为"神阙"。神阙穴是胎儿生前从母体获取营养的通道。在胚胎发育过程中为腹壁直接相连，药物易于通过脐部，进入细胞间质迅速布于血液中，而且它内联十二经脉、五脏六腑、四肢百骸、五官、皮肉筋，因而历来被医家视为治病要穴。

正常情况下，脐带在出生1天后自然干瘪，3~4天开始脱落，10天以后自行愈合。如果脐部护理不当，细菌会生长繁殖，引发新生儿脐炎。

宝宝肚脐护理要点

↘ 每天在给宝宝洗澡后或宝宝大小便不慎弄脏了脐部时，用75%的酒精棉球擦拭宝宝的脐部。消毒时用左手食指和拇指暴露脐孔，右手用蘸有2.5%碘酒的小棉签自内向外成螺旋形消毒，把一些分泌物、血痂等脏东西擦拭干净，处理完后用无菌纱布重新包扎。处理时，碘酒不可碰着宝宝的皮肤，防止将宝宝灼伤。

↘ 新生儿脐带脱落后，根部有痂皮，应让它自行剥离。

↘ 痂皮脱落后，如果脐孔潮湿，或有少量浆水渗出，可用75%的酒精将脐带孔擦净，滴2%的甲紫，数天后即愈。如果脐孔有肉芽组织增生，可用75%的酒精消毒后，再用10%的硝酸银液或硝酸银棒点灼，点灼后用盐水洗净再涂上甲紫消炎粉。

↘ 注意不要用脏手抚摸宝宝的脐部，换尿布时不要将尿布覆盖脐部，以防脐部遭受感染。

去医院就诊的情况

↘ 脐部分泌物增多，有黏液或脓性分泌物，并伴有异味时。

↘ 脐部潮湿、肚脐周围腹壁皮肤红肿。

↘ 脐孔溶血，或脐孔深处出现浅红色小圆点，触之易出血。

开心乐园

两头牛在一起吃草，青牛问黑牛："喂！你的草是什么味道？"黑牛道："草莓味！"青牛靠过来吃了一口，愤怒地喊到"你骗我！"黑牛轻蔑地看他一眼，回道："笨蛋，我说草没味。"

● 怎样给新生儿换尿布

给新生儿换尿布的方法多种多样，怎样换好尿布，使宝宝既舒适又健康，是每一位初为人母的女性都要学会的。

给换宝宝换尿布的步骤

↘ 抓住宝宝的踝部并轻轻用力提起，将叠好的尿布放在其臀部下，尿布上边与宝宝腰部齐平。

↘ 将尿布往上折起，使其包住宝宝的前阴（使男宝宝的阴茎朝下，这样不会尿湿脐部）。

↘ 把侧面的一角顺着腰拉到上面来，按住后再拉另一角。

↘ 仍按住先拉起来的一角，将后拉起的一角用力向前拉紧。

↘ 将手指伸入尿布与宝宝腹部之间捏住重叠的头，拉起尿布并保护其腹部，然后将尿布三层用婴儿专用别针水平别在一起。

↘ 包好的尿布应紧贴宝宝裆部。妈妈可用手指探一下，检查是否松开，如松开应重新包好。

换尿布时的注意事项

↘ 换尿裤的动作要迅速，特别是在冬天，以免宝宝受凉感冒。

↘ 首先，打开尿布，用一只手抓住宝宝的两只小脚，将宝宝的臀部提起约30°角，将尿布撤出。

↘ 其次，用湿纸巾擦干净宝宝的小屁股，顺序是从上到下，男婴要把阴囊下面擦干净，女婴注意不要扒开阴唇。如大便后要要用清水清洗一下臀部。

↘ 在换垫尿布时，一定要保持新生儿双腿自然的姿势，松松地垫上就可以了。女宝宝的尿布后边垫厚一些，男宝宝的尿布前边垫厚一些。

尿布的清洗

洗涤布尿布时，可以在水中加几滴醋。如果尿布上沾有粪便，要先用毛刷把粪便刷掉；然后用肥皂搓洗、漂净；再用水煮沸10分钟；最后在阳光下晒干。

雨季或冬季尿布不易干时，可用取暖器慢慢烘干，或者用电熨斗熨干。但是，刚烘烤干的尿布不能马上给宝宝用，要等凉透了再用。

洗净晾干后的尿布应整齐地摆放好，不能随意乱扔，这样既方便取用，又可以防止布尿布被污染。

🔊 为宝宝准备合适的纸尿裤

纸尿裤的优点是使用方便，不用担心宝宝会尿湿裤子或被褥，减少了妈妈的工作量。但纸尿裤透气性不好，长时间使用易使宝宝得尿布疹。建议一般在外出时使用纸尿裤，平时在家最好还是使用棉布尿片。选择纸尿裤是有窍门的，那新爸爸新妈妈们在购买纸尿裤时需要注意哪些方面的问题呢？

↘吸收尿液力强、速度快。好的纸尿裤含有高分子吸收剂。

↘透气性能好、不闷热。宝宝使用的纸尿裤如果透气性不好，很容易导致新生儿患尿布疹。

↘纸尿裤的型号必须合适。

↘根据宝宝的性别选择纸尿裤。

↘表层干爽，尿液不回渗、不外漏。新生宝宝长时间躺着，臀部和腰部压着纸尿裤，腿部及腰部要设有防漏立体护边，但不能为防漏而太紧。

↘触感舒服，品质好。纸尿裤与新生儿皮肤接触的面积是很大的，所以要选择内衣般超薄、合体、柔软、材质触感好的纸尿裤，让宝宝感觉舒适。

↘有护肤保护层。尿布疹的成因，主要是尿便中的刺激性物质直接接触皮肤。目前市面上已有纸尿裤添加了护肤成分，可以直接借着体温在小屁股上形成保护层，隔绝刺激，并减少皮肤摩擦。

◉ 学会给新生儿洗澡

给宝宝洗澡不但能清洁皮肤，还可以加速血液循环，促进宝宝的生长发育。但在洗澡过程中，有一些细节问题是必须要留意的。

洗澡的时间

给宝宝洗澡的时间应安排在喂奶前1~2小时，以免引起吐奶。时间最好不要超过5分钟，避免感冒。

澡盆的清洁

澡盆最好是专用的，洗澡前先将澡盆刷干净，有条件的话用热水把澡盆烫洗一次。

水温控制在38~41℃

给宝宝的洗澡水温应控制在38~41℃。应先放冷水再放热水，然后用手背或手腕部试水温。因为这两个部位皮肤较敏感。

托好宝宝身体

洗澡的时候，用左臂夹住宝宝的身体并托稳宝宝头部，使宝宝觉得安全舒适，用食指和拇指轻轻将宝宝耳朵向内盖住，防止水流入宝宝耳朵。

用柔软的毛巾洗浴

宝宝皮肤娇嫩，不能用粗糙硬度较大的毛巾给宝宝洗澡，以免擦伤宝宝皮肤，应用柔软的小毛巾。可以备用两条毛巾，一条擦洗脸部，另一条擦洗身体其他部位。

由内向外清洗脸部

用湿棉球或毛巾从宝宝眼角内侧向外侧轻轻擦洗，宝宝的眼皮非常嫩所以动作一定要特别轻柔。接着由鼻梁向两边擦洗，从脸部中央向外侧清洗。

洗后给宝宝做做按摩

给宝宝洗澡后，擦干身体，然后用宝宝专用爽身粉涂抹宝宝身体，但也要注意用手挡住宝宝脸部不让爽身粉飞入宝宝鼻子嘴巴。而后可以对宝宝身体进行按摩。

● 6招让宝宝告别"红屁屁"

6种护理方法，可以让你的宝宝"红屁屁"的发生概率降到最低，帮助宝宝们远离红屁股。

尿布要用棉布

一定要用纯棉的白布做尿布，一是舒适、吸汗、天然，对皮肤不会有伤害。二是更容易观察宝宝的大小便情况，因为大小便常常可以反映出宝宝的健康状况。

尿布要勤换勤洗

父母一定要注意宝宝是否尿了，以便及时换尿布。小儿尿后没有及时换尿布，特别是夜间不换尿布，或用一次性尿不湿一夜到天亮，这样长时间不换尿布，尿液对臀部娇嫩皮肤刺激会很大。尿布要勤洗，彻底清洗后，要放在阳光下进行晾晒，可以杀菌。

便后要清洁臀部

新生儿的大便稀、量多，母乳喂养的新生儿大便尤其多。因兜着尿布，大便常沾满了整个臀部。有些父母或保姆在小儿大便后用尿布将臀部的大便擦去，而没有清洗臀部，使整个臀部仍黏附着大便，当再兜着尿布时，在潮湿有刺激物的环境下就会发生红臀现象。

要保证臀部干燥

清洗臀部后一定要把水擦干，然后再包上尿布；注意不要认为给宝宝的臀部拍上爽身粉，就使臀部皮肤干燥了。如果臀部本来是潮湿的，拍上爽身粉只是粉吸水变成块，不仅局部仍然潮湿，而且爽身粉对皮肤也形成刺激。潮湿的环境会使局部皮肤的抵抗力下降而发生红臀现象。

男婴女婴要不同护理

一定要给男婴擦阴囊背面，此处皮肤很嫩，必须保持清洁。女孩的阴部也要擦，阴唇内侧容易积留大便，应该轻轻将其撑开擦净。注意一定要从前向后擦拭！勿使大便进入尿道。

稍微发红，及时处理

如果宝宝的屁股开始有点发红是危险的信号，应该用香皂清洗宝宝的臀部，冲洗干净后擦干，暂时不垫尿布，让臀部多接触空气，也可以涂上适量的婴儿护肤油或护臀膏(最好选择不含羊毛脂成分的，否则容易引起过敏)。

不要搂抱着宝宝睡觉

有些新妈妈，晚上睡觉时喜欢把宝宝搂在怀里，这既不安全，也不卫生。

会使宝宝大脑吸氧不足

人脑组织的耗氧量最大，宝宝越小，脑耗氧量占全身耗氧量的比例也就越大。如果搂着宝宝睡觉，父母的呼吸会使周围空气中的二氧化碳含量增高，使宝宝感到呼吸困难，从而使脑供氧不足，进而引起睡眠不稳、半夜哭闹等情况。宝宝长期在这种环境中睡眠，会影响脑组织的新陈代谢。

影响宝宝的生长发育

人体的代谢产物有四百多种，包括二氧化碳、一氧化碳等，在空气流通的情况下，这些污染物会迅速扩散，不会造成污染。但是妈妈搂着宝宝睡觉，宝宝的位置较低，头常藏在被窝里，被窝里的宝宝呼吸不到新鲜的空气，使新陈代谢发生障碍，就会影响宝宝的生长发育。

影响宝宝的吃奶习惯

妈妈经常搂着宝宝睡觉，会增加宝宝吃奶的次数，一旦养成习惯，就难以改变。

可能会发生意外

此外，搂着宝宝睡觉还可能会发生压伤宝宝、使宝宝窒息等意外，一些宝宝爱噙着妈妈的乳头睡觉，这时如果妈妈睡熟了，乳房很容易堵住宝宝的口鼻，使宝宝呼吸困难。妈妈有时又累又乏，睡觉时会不自觉地翻身，往往会将宝宝弄醒，或不小心压伤宝宝。

妈妈不要抱着未满月的宝宝同床睡觉！

解读新生儿的表达方式

新生儿的大部分行为都是条件反射，饿了或者难受的时候会自动哭，随着宝宝的不断长大，表达方式也会不断丰富。宝宝都是通过行为、表情、声音等来引起爸爸妈妈的关注。

哭闹

哭，是宝宝最常用的一种交流方式，不管是因为饿了、累了、不舒服了、生气了或者觉得无聊了，宝宝都会用哭声来引起你的注意。新妈妈们要不断总结宝宝哭声的区别，来尽量满足宝宝的要求。

懒洋洋

当宝宝吃饱的时候，他们吃奶时会漫不经心，吸吮劲减弱，或者是将头转向一边，并且一副四肢松弛的模样，表示已经吃饱了，这时妈妈就不要再勉强宝宝吃奶了。

用小嘴找乳头

没有做过父母的人可能会想，宝宝刚出生，什么也不会说，光会哭，我们也不知道他是饿还是不舒服了呀。其实很简单，宝宝是很聪明的，如果他们饿了，就会用小嘴去找乳头。当把乳头送到他的嘴边时，他会急不可待地衔住乳头，满意地吸吮着。

撅嘴、咧嘴

据观察，通常男婴以撅嘴来表示小便，女婴多以咧嘴来表示小便。妈妈若能及时观察到宝宝的嘴形变化，了解要小便时的表情，就能摸清婴儿小便的规律。

红脸横眉

婴儿往往先是眉筋突暴，然后脸部发红，而且目光发呆，这是大便的信号。当宝宝脖子大幅度地左转一圈，右转一圈，并头一缩，腰一弓，然后露出得意的笑，则是已经拉过大便了，妈妈要赶快查看尿布。

微笑

当宝宝感觉舒适、安全的时候，就会露出笑容，同时他还会兴奋而卖力地向你舞动他的小手和小脚。这个时候，妈妈应笑脸相迎，用手轻轻抚摸婴儿的面颊，或亲吻一下他们的脸颊，你充满爱心的回应会让宝宝更开心、笑得更灿烂。

眼神无光

健康宝宝的眼睛总是明亮有神，转动自如。若发现宝宝眼神黯然无光，呆滞少神，很可能是身体不适，生病的先兆。这时，妈妈要特别注意宝宝的身体情况，发现问题及时去医院检查。

◉ 轻柔地抚触宝宝

抚摸新生儿有利于宝宝的身体健康和发育。抚触能刺激新生儿的淋巴系统，增强抵抗力，改善消化系统，安抚新生儿的不安定情绪，减少哭泣等；通过抚触，可促进新生儿的肌肉协调，使全身舒适，更易安静入睡；通过抚触还可改善新生儿皮肤的功能，促进血液循环，保持皮肤的清洁和富有弹性。

脸部抚触

用双手拇指从前额中央向两侧滑动；用双手拇指从下颌中央向外侧、向上滑动；两手全掌面从前额发际向上、后滑动，至后、下发际，并停止于两耳后乳突处，轻轻按压。

胸部抚触

双手放在宝宝的两侧肋缘，右手向上滑向宝宝右肩，复原。左手以同样方法进行。

腹部抚触

两手从腹部右下侧经中上腹滑向左上侧；右手指腹自右下腹滑向右上腹；右手指腹自右上腹经左上腹滑向左下腹；右手指腹自右下腹经右上腹、左上腹滑向左下腹。

背部抚触

让宝宝呈俯卧位（注意宝宝的脸部，保持其呼吸顺畅），双手轮流从宝宝颈部开始，沿脊柱向下按摩至骶骨尾部，再用双手指尖轻轻从脊柱向两侧按摩。

四肢抚触

双手抓住上肢近端，边挤边滑向远端，并揉搓大肌肉群及关节。下肢与上肢相同。

手足抚触

两手拇指指腹从手掌面根部依次推向指尖，并提捏各手关节。足与手相同。

专家叮咛

我们可在宝宝沐浴前后或睡觉前做按摩，房间温度要保持在28℃以上，抚触时间为15～20分钟。

早产儿更需要细心呵护

在怀孕37周之前出生的都是早产宝宝。早产儿发育尚未成熟，体重多在2500克以下，即使体重超过2500克，器官、组织的发育也不如足月儿那样成熟。那么在家如何妥善照顾早产宝宝呢？

细心喂哺

早产儿的吸吮能力因人而异，有的强些，可以吸吮母乳；有的弱些，不会吸吮母乳。对于有吸吮能力的早产儿，可以直接地、尽早地让宝宝吸吮妈妈的乳头。生存能力强的早产儿，可在出生后4～6小时开始喂哺。体重在2000克以下的，可在出生后12小时开始喂哺。情况较差的，可在出生后24小时开始喂哺。

由于早产儿肌张力较低易哽噎，这时妈妈可躺下喂哺以减慢乳汁的流速，并改变宝宝的体位，使他的咽喉部略高于乳头。

洗澡要慎重

当早产儿体重低于2500克时，不要洗澡，可用食用油每2～3天擦擦宝宝的脖子、腋下、大腿根部等皱褶处，保持清洁和湿润。若早产儿体重在3000克以上，每次吃奶达100毫升时，可与健康新生儿一样洗澡。

特别注意保暖

早产儿由于体温调节困难，因此护理中对温、湿度的要求就很高。早产儿衣着以轻柔保暖、简便易穿为宜，尿布也要以柔软容易吸水为佳，所有衣着宜用带系结，忌用别针和纽扣。让宝宝的体温保持在36～37℃，父母应每日为宝宝测量4～6次体温。

给予爱的抚触

早产儿的早期抚触和语言沟通同样重要，给宝宝一些爱的传递，有助于早产儿的全面发展。经过一段时间的按摩，可以使宝宝摄入的奶量、头围、身长明显增加，血红蛋白、体重均明显增高。

防止感染

除专门照看孩子的人（母亲或奶奶）外，最好不要让其他人走进早产儿的房间，更不要把孩子抱给外来的亲戚邻居看。专门照看孩子的人，喂奶、换尿布前应认真洗手，奶瓶、用具天天消毒，床具要常洗晒，居室注意通风。

爸爸及家人要避免在婴儿房间内抽烟。如果刚刚抽过烟，请暂时不要亲近宝宝，且房间要适当通风。

启迪智慧

揭秘小宝宝的黑白世界

小宝宝出生了，爸爸妈妈精心布置了他的"小窝"——小床上方挂着一个五彩大气球，床头是琳琅满目的小玩具。可面对这样一个视觉刺激很丰富的环境，小宝宝好像没有太大兴趣，这是为什么呢？原来在宝宝刚出生的0～4个月里，他的视觉还不敏锐，看到的色彩、形状大多是模糊一片，但对黑白两色却很敏感，比如有人戴上一个黑白框眼镜就很能吸引宝宝的注意。

那我们怎样做才能训练宝宝的视觉呢？

↘ 把床围的图片换成黑白几何图形、黑白的人脸图案、黑白靶心、棋盘图形等。也可以让宝宝仰卧，将图片放在他正前方距眼睛25厘米处。当宝宝注意到图片后缓慢地水平或垂直移动图片，吸引宝宝追视，增强他对黑白色调的敏感度。

↘ 减少床饰和悬挂物的色彩，以红、黄、蓝三原色为主，这样既可以使宝宝一睁开眼，就能看到有一个彩色的环境，但又不至于过杂过多。

↘ 宝宝和妈妈的衣服也应该多些色彩变化，最好不同的色系、色调都要有，以免因长期看同一色系，引起视觉迟钝。

↘ 有些家长还会选择一些图画来给新生儿看，比如动物的图案和一些蔬菜水果的图案。选择这类图画给宝宝看时，一定要选择图像逼真的，因为这是宝宝对这个世界最初的认知，如果图案很假，容易影响宝宝此后对这个世界的认识。

新生宝宝喜欢听什么

大部分的宝宝在出生24小时后对听力刺激就能有所反应。一周后，听力发育完全成熟，听觉敏感度也会大幅度提高，听到不同的声音会做出不同的反应，那么，新生宝宝喜欢听什么呢？家长怎么做才能对提高宝宝的听觉有好处呢？

喜欢听妈妈的声音

新生宝宝喜欢听人声，对妈妈的声音特别敏感，当妈妈轻轻对宝宝说话时，宝宝就会将头转向妈妈这边，并专注地看着妈妈，眼睛和头不时地跟着动，脸上显出非常愉快的表情，似乎真的能听懂你在和他说什么一样。因此，妈妈要多和宝宝说说话，唱唱儿歌，努力营造一个丰富的早期听觉环境。

喜欢听优美的音乐

音乐可以刺激新生儿的神经系统，减轻宝宝适应新环境的压力。如果在宝宝睡前放几首催眠曲，或啼哭时放一些轻快柔和的乐曲等，都利于宝宝稳定情绪。因此，可以给宝宝放些旋律优美、节奏明快的音乐。但放音乐的时间不宜过长，也不宜选择过于吵闹的音乐。

音响玩具的声音

在孩子的小床周围挂一些色彩鲜艳、具有不同音响效果的玩具，宝宝一定会喜欢的。为孩子佩戴或提供一些不同音响的玩具和物体（如带响铃的手镯、发声的玩具、塑料小瓶内装有豆类或小石块、小珠子等自制玩具）。

日常环境的声音

给新生儿一个有声响的环境很重要。家人的日常生活活动会发出各种声音，如走路声、开门声、水声、炒菜声、说话声等，这些都是宝宝感兴趣的。不要把孩子局限在家庭的小天地里，应经常带着孩子到户外去，倾听自然界的各种声音，如风声、雨声、鸟鸣声。

专家叮咛

在训练新生宝宝听力的时候，一般持续大约10分钟，如果发现宝宝疲劳烦躁时就应立刻停止，以免对其造成过度的刺激。

❤ 挖掘与生俱来的"超"能力

宝宝刚一出生，就具备很多与生俱来的潜能，包括运动、感知、社交等能力，如果这些潜能没有被及时发现、及时挖掘就会慢慢地退化。

运动能力

新生儿具有许多先天的运动本领。例如，爬行能力：让新生儿趴在床上，用手抵住他的两脚，婴儿可趁势向前爬行。行走能力：扶婴儿光脚板在床上站，他就会一步一步向前走"猫步"。游泳能力：胎宝宝在子宫就会游泳，妈妈们可千万记得要继续训练宝宝哦！

音乐欣赏能力

宝宝都有与生俱来的音乐欣赏能力，在音乐响起的时候，他们常常会不自觉地手舞足蹈，甚至发出快乐的声音。因此，妈妈要经常给宝宝播放优美的音乐，在宝宝哭闹、入睡之前，为他哼唱歌曲也是不错的选择。

抓握能力

触摸宝宝的手，他会有生理反射性的抓握动作。因此，妈妈要准备一些适合宝宝抓握的东西，不断接触宝宝的手，不断刺激他们的抓握能力，对触觉的提升也有好处。

感知能力

宝宝出生15小时之后，就能区分妈妈与其他女性的脸；新生儿对人的脸很有兴趣，有很强的美丑辨别能力；喜欢颜色、形状多样的东西，并会随之转移目光。妈妈可以准备一些漂亮的图片，在宝宝面前展示，看他的反应。新生儿能精细地辨别味道，能区别妈妈的气味，对于咸、苦、酸的味道会有不愉快的表情。

社交能力

新生儿会用哭泣、动作、表情、声音来和大人进行交流。注意观察，宝宝的哭泣有不同的含义，及时领会，有利于亲子间的沟通，对宝宝的情绪发育有好处；宝宝天生有说话的欲望，不断地和他说话，他会咿咿呀呀地回应你，亲子交谈是培养宝宝友善性格的良好途径。

动作训练——挨挨小鼻子

目的：促进宝宝的触觉发育，加深亲子感情。

步骤：

↘ 妈妈跟宝宝说话并吸引宝宝的注意力。

↘ 妈妈一边用手指轻轻点宝宝的小鼻尖，一边说"小鼻子，大鼻子，鼻子挨挨鼻子，嗯——"说到"嗯——"的时候，妈妈用自己的鼻子轻轻碰碰宝宝的小鼻尖。

↘ 妈妈也可以一边说话一边把宝宝的小手放在自己的鼻子上碰一碰。

注意事项：

新生儿睡醒的时间很短暂，妈妈要抓住时机与宝宝沟通。如果宝宝静静地等候妈妈跟他碰鼻子，说明他很喜欢这样跟妈妈亲密接触，可以继续做两次。

认知训练——追看妈妈脸

目的：促进宝宝视觉、听觉等功能的发育，增进母子感情。

步骤：

↘ 在宝宝睡醒的时候，妈妈可以采取坐位，以喂奶的姿势环抱着宝宝，温柔地跟宝宝聊天，以吸引宝宝的注意力，同时让宝宝看到妈妈的脸。

↘ 当妈妈确认宝宝已经在关注妈妈脸的时候，妈妈将自己的头向一侧慢慢移动，但仍然要面对着宝宝的脸部。这时妈妈会发现，宝宝可以慢慢转动双眼追随妈妈脸部运动的方向。

↘ 观察宝宝的眼睛和头追随妈妈的脸转动的范围，要求眼睛活动范围大于60°。

注意事项：

当妈妈移动头部的时候不要说话，否则就会弄不清楚，宝宝是因为听到妈妈的声音转头，还是因为跟随妈妈的脸部移动在转移视线了。

开心乐园

爷爷退休了，报名上了老年大学。正读一年级的孙子好奇地问："爷爷，您还读书啊！"

爷爷说："我读书有什么不好吗？"

孙子说："好是好，就是万一您学校通知开家长会，您让谁去？"

🗨 语言训练——呼唤小宝宝

目的： 促进宝宝语言理解能力，同时促进父母和宝宝之间的情感交流。

步骤：

↘ 先让小宝宝舒舒服服地躺在床上。

↘ 家长戴上手套，在宝宝的视线范围之内移动，并注意观察宝宝的表情。

↘ 移动的时候，可用十分轻柔的声音模仿着手套上动物的叫声，引起宝宝的注意。

↘ 把你的手放在宝宝的肚子、脸庞、肩膀、小手、小脚附近，轻轻按摩片刻，面带微笑地呼唤："宝宝，小宝宝！"

注意事项：

为提高宝宝的兴趣，每过一段时间就要拿一些不同的道具。要注意选择外形比较简单且色彩鲜明的玩具，这样可以在短时间之内吸引宝宝的注意。

💗 情商训练——越早笑越好

目的： 宝宝越早学会逗笑就越聪明，养成宝宝逗笑的条件反射。

步骤：

↘ 大人抱着宝宝，挠挠他的身体，摸摸他的脸蛋，用快乐的声音、表情和动作去感染宝宝。

↘ 宝宝的目光渐渐变得柔和而不是开始那样紧张，眼角出现细小的皱纹，嘴角微微向上，出现了快乐的笑容。

注意事项：

逗宝宝发笑也是一门学问，需要把握好时机、强度与方法。注意观察哪一种动作易引起宝宝笑，经常有意地重复这种动作，使宝宝开心地笑。

2月宝宝，看到世界好漂亮

♥ 金牌喂养

◉ 宝宝吃奶的时间缩短了

第二个月的宝宝吸吮能力增强，吸吮速度加快，因此，吃奶的时间势必缩短，这是正常现象。这个月的宝宝已经知道饱和饿了，如果没有吃饱，他是不会睡的。即使一时睡着了，也会很快醒来要奶吃。所以，妈妈此时判断自己是否缺奶不要以宝宝吃奶的时间长短为依据，而应根据宝宝的精神状态、大小便的次数及体重增加情况进行综合判断。

如果妈妈因为宝宝吃奶时间短了，就特别紧张、担忧、焦虑，那这类负面情绪会通过反射机制来抑制乳腺分泌乳汁，使得奶水真的不能满足宝宝需求。因此，妈妈要放松心态。保持放松、愉快的心情有时候更有利于乳汁的分泌。

◉ 宝宝吃奶的次数减少了

这一阶段，宝宝的吃奶次数比新生儿期有所减少，每天8次左右，每次吃奶间隔时间会变长，以往间隔3小时就饿了，现在可以睡上3～4小时，甚至5个小时才醒来吃奶。这说明宝宝胃里存食多了，没有必要再按新生儿期那样频繁定时喂奶了。

♥ 特│别│提│示　　**TIPS**

从第二个月开始，宝宝进入一个快速生长的时期，对各种营养的需求也迅速增加。建议继续母乳喂养，母乳量足的话，完全不必添加其他配方奶粉。

为宝宝选择合适的配方奶粉

如果妈妈母乳不足，或由于其他原因而不能给宝宝喂奶，那就要为宝宝精心选择合适的优质的配方奶粉了。

根据家庭经济情况选择

选择奶粉还要根据家庭经济状况，经济条件好的家庭，可选择合资或进口的价格较贵的奶粉；经济条件一般的家庭，只要选择正规的、规模较大的厂家生产的奶粉就可以了。

选择适合宝宝的奶粉

＼母乳是宝宝最好的营养品，所以，在选购配方奶粉时，要以越接近母乳成分越好为选择配方奶粉的基本原则。

＼市售的婴幼儿配方奶粉中，有各种适合不同年龄段婴幼儿食用的产品，年龄段不同的奶粉营养成分也不同，所以，一定要选择适合宝宝年龄阶段的奶粉。

＼妈妈应该仔细观察宝宝喝奶粉后的反应，找到最适合自己宝宝的那款奶粉。

有哮喘病和皮肤病的宝宝，父母可以选择脱敏奶粉；缺铁的宝宝，父母可以为其选择高铁奶粉；早产宝宝，则应该为其选择易消化的早产儿奶粉；易腹泻的宝宝，应该选择不含乳糖或低乳糖的配方奶粉。

选购奶粉的方法

＼在挑选奶粉时，可以挤压包装，检查包装是否破损。如果漏气、漏粉或袋内没有气体，说明这袋奶粉有质量问题。

＼袋装奶粉，可以用手直接捏奶粉，罐装奶粉可以轻轻摇晃。如果感觉有结块物，表明奶粉已经过期变质。

＼在选择奶粉时，一定要看好保质期，选择最近生产的奶粉或在保质期内的奶粉。

如何选购安全奶瓶

很多新爸爸新妈妈去商场，看到让人眼花缭乱的各种品牌的奶瓶就犯难：到底该给宝宝选什么样的奶瓶呢？

看材质

奶瓶的材质基本分为玻璃和塑料两种。塑料奶瓶的手感虽然差不多，但材质其实差别很大。最普通的就是PC材质，好一点的是PES和PPSU，这些奶瓶在加热情况下不会释放化学毒素，也不含扰乱内分泌的致癌化学物质双酚A，耐热温度可达到180℃。相对来讲，给婴儿使用玻璃奶瓶比塑料奶瓶更安全一些。等孩子开始自己拿着奶瓶喝奶或喝水的时候，再使用轻便而且材质安全的塑料奶瓶。

看容量

刚出生不久的婴儿的食量较少，适合用120毫升容量的奶瓶；两个月以上的宝宝适合买240毫升容量的奶瓶。

看刻度

宜选择刻度清晰、透明度高的奶瓶。瓶身有漂亮图案的奶瓶固然好看，但是要注意图案切不可遮盖刻度。而且瓶身的图案如果不合格的话，还可能含有铅等重金属，从而影响宝宝的健康。

看进气方式

进气方式也是选奶瓶时要考虑的因素之一。一部分奶瓶采用的是奶嘴边和瓶圈盖之间进气法，气体会融进奶液中。这样的进气方式如果遇到冲泡后容易起泡的奶粉，就会在孩子喝完奶后在奶瓶中留下一大堆的泡泡。

🍼 配方奶粉的喂养方法

用奶瓶给宝宝喂食时，不要催促他，如果宝宝愿意，可让他休息一小会儿再吃，直至吃饱为止。喂食时，抱紧他（最好是紧贴着你裸露的肌肤），对他说话并用眼睛看着他。

注意奶液温度

奶液温度过高会烫伤宝宝，过低会刺激胃肠道蠕动，造成腹泻，影响营养元素的吸收。在实际生活中，可以采用下列简便的方法测试奶液的温度。

↘ 用手腕感觉：手腕的温度感知能力比手背灵敏得多，所以可将奶先滴几滴在手腕内侧试试，如果手腕部皮肤感到奶滴不冷不热或略微偏温，说明牛奶温度与体温相近，奶温是合适的。

↘ 用面颊感觉：把盛有奶液的奶瓶摇匀，片刻后贴在面颊上，如果不感到烫或冷，说明与体温相近，可以用来喂宝宝。

喂养步骤

↘ 喂奶之前首先查看宝宝是否尿湿或解便，如果尿湿了，要换过尿片使宝宝干爽与舒适后再喂奶。

↘ 找一个安静、舒适的地方，抱着宝宝坐下。让他半坐着，这样宝宝可以安全地呼吸和吞咽，而不至于有窒息的危险。

↘ 为了避免宝宝吸吮时吞入太多空气，应将奶瓶倾斜45°，使奶嘴部位充满奶液。

↘ 奶嘴置入宝宝口中时，要注意奶嘴应在舌头之上，不要插得太深。

↘ 当宝宝的胃胀满，他的吸吮会渐渐变慢且有间断，然后逐渐地入睡。这时候可以先将奶嘴从他嘴里拿出来，数分钟后再放入婴儿口中，以确定宝宝是否还要继续吃奶。

↘ 喂完后，将宝宝立着抱起来，让宝宝的身体倚靠在妈妈身上，下巴靠着妈妈的肩，使头部侧向一边，轻拍宝宝的背部。当气泡排出时，会有打嗝的声音。如果拍了10分钟后仍然无打嗝，便可将宝宝放回床上，使之右侧卧。

♥ 特│别│提│示　TIPS

爸爸妈妈千万不要在给宝宝喂奶前，用吸吮奶嘴的方法来试奶液的温度，这样会将成人口腔中的细菌带到奶嘴上。

木瓜煲泥鳅鱼汤

原料 木瓜1个，泥鳅鱼2条（重约200克），生姜4片，杏仁1汤匙，蜜枣8颗，猪油、盐各少许。

做法

↘ 将木瓜刮去外皮，去籽，用清水洗净，切成厚块，待用。把泥鳅鱼去鳃，清除内脏，用清水冲洗干净，待用。将杏仁、蜜枣分别用清水洗净，待用。

↘ 炒锅刷洗干净，置火上烧热，下猪油，放入泥鳅鱼煎香至熟透，盛出。将清水适量放入煲内煮沸，放入姜片、泥鳅鱼、杏仁、蜜枣，煲加盖，用文火煲1小时。

↘ 把木瓜放入以上材料中，再煲半小时，加入少许盐调味，便可食用。

营养分析

补虚，通乳。内含丰富的维生素A和维生素C、蛋白质和矿物质等。

鲤鱼煮枣汤

原料 鲤鱼1条（重约500克），大枣30克，料酒和盐各适量。

做法

↘ 将大枣去核，用清水冲洗净，待用。

↘ 把鲤鱼去鳞、内脏、腮，用清水洗净，放入锅中，加清水1600毫升和大枣、盐、料酒后，置于炉火上，煮至鱼肉熟透，即可食鱼、饮汤。

营养分析

养血催乳、补益五脏、健脾行水、和胃调中、开胃增食，非常适合新妈妈产后食用，可开胃补益、催乳复体、健脾行水。同时，还可以预防与治疗产后水肿，实具补益治病双重之功。

🔍 囟门，健康的门窗

新生儿出生的时候，颅缝还没长合，在宝宝头顶形成一个菱形的前囟门，在后脑部有一个三角形的后囟门。囟门处没有骨骼，只有头皮及脑膜。前囟门较大，斜径约2厘米，在出生后几个月，会随着头围的增大而变大，但一般不超过3厘米，也不向外突起，6个月以后逐渐骨化而变小，在1岁半左右闭合。后囟门出生时就很小或将近闭合，一般在生后2～3个月时闭合。

囟门的闭合是颅骨发育过程中的重要阶段，可反映出婴儿身体内部的疾病，囟门过早闭合，将使婴儿脑发育失去良好的空间，可能出现婴儿小头畸形；如果囟门推迟闭合，则有可能得佝偻病、呆小症或脑积水。如果前囟向外突出是颅内压增高的表现，是婴儿患脑膜炎、脑炎时的重要体征。如果前囟凹陷，则常见于腹泻、脱水和极度消瘦的婴儿。

在婴儿的前囟没有闭合的时候，我们可以看见前囟随着小儿的心跳一下一下地跳动着。由于囟门部位缺乏颅骨的保护，在闭合前要防止坚硬物体的碰撞，但可以用手轻轻触摸，也可以洗，但绝不能用力按压。

🔍 怎样去除婴儿头上乳痂

婴儿出生后，头皮上常有一层厚薄不均的油腻灰黄或棕黄色乳痂，乳痂如果不及时洗去，既不卫生，又不美观，而且还会影响宝宝头发的生长。

清洗婴儿头上的乳痂，方法很简单，可用植物油涂擦除去。具体方法如下：首先将植物油加热达到消毒的目的，然后用棉签蘸晾凉之后的油涂在污垢处，使乳痂变软，易于脱落。用棉签从边缘处轻轻擦拭。如果污垢已与头皮脱离，即可稍用力擦掉。最后用温水和婴儿香皂将宝宝的头皮洗净。如果一次不能去除干净，可再次涂抹，分几次进行清除。

梳理乳痂时的动作一定要轻柔，不要用手抠或抓，以免弄破宝宝的头皮，造成感染。

宝宝抓脸，怎么办

随着宝宝的成长，他们的行为能力也在一天天地提高。当他们的小手能够抓到自己脸的时候，总是无意中将脸抓出一道道的伤痕，此时，爸爸妈妈看在眼里，急在心里。

有的爸爸妈妈给宝宝戴上小手套，用松紧带束上手套口或用绳系上，这样做是很不安全的。如果手套口扎得过紧，会影响宝宝手的血液循环，如果缝制的手套内有线头，可能缠在宝宝的手指上，而且整天用手套套着，也不利于宝宝手的运动能力的发展。

有的家长给宝宝穿袖子很长的衣服，这样做虽然能够避免发生手指缺血的危险，但同样也会影响到宝宝手的运动能力，也是不可取的。

其实，正确的做法是将宝宝的指甲剪得稍微短些，然后再轻轻磨一下，让指甲圆钝，就不会抓破脸了。或者是常让他的小手里拿一些颜色鲜艳的布做的小玩具。

提防日夜颠倒

这个阶段的宝宝很容易出现日夜颠倒的现象，白天呼呼大睡，晚上却是精神十足。专家认为，日夜颠倒的形成往往需要几天时间，如果家长能够早发现，用正确的方法处理，是能够避免的。

↘ 白天的时候，房间里的光线要尽量明亮一些，并且可以让房间里面有些声音，可以播放一些轻柔的音乐。

↘ 下午和傍晚，要尽量和宝宝玩耍，或者让他加入你和家庭的起居活动中，以保持他的清醒。

↘ 晚上临睡前增加奶量，若是母乳喂养，延长喂奶的时间，尽量喂饱他，以免宝宝半夜因饥饿醒来。

↘ 睡觉的时候给宝宝固定的睡眠暗示，每次睡眠前都做相同的事情，做完就让宝宝在床上睡。例如：先给宝宝洗一个热水澡，然后给他喂奶。每天坚持这么做。

↘ 夜间宝宝醒来的时候，不妨轻轻拍拍他，让宝宝尽快重新入睡，不开灯，不说话，更不能跟他玩。有时候，宝宝并没有真正清醒，只是处在浅睡眠状态，如果在这种时候去哄他，只会让他进一步清醒过来。

每天洗脸，宝宝也要"面子"

给小宝宝洗脸是爸爸妈妈每天必做的小事情，可事情虽小，学问却大。

洗脸的次数

一般，宝宝每天需要洗2次脸，早晚各1次，但是夏天可根据情况来看，若宝宝出汗多，可适当增加洗脸次数。

洗脸水的温度

宝宝的洗脸水，水温应控制在35～41℃，水温过高会使宝宝的皮肤出现干、裂、红、痒等症状，水温过低也会刺激宝宝的皮肤。

洗脸的步骤

给宝宝洗脸前，要准备脸盆、几条毛巾，毛巾应选择柔软的棉质品或清洁用的纱布，且以白色小方巾为佳，并应专用，还要定期清洗、消毒。

↘ 洗净自己的双手，将宝宝的专用脸盆清洗干净，倒入适量温水，并用温度计测试水温，也可将手腕内侧放入水中，看是否过烫或过凉。

↘ 让宝宝平躺在床上，将小毛巾在脸盆中蘸湿，用手心挤掉多余水分，抖开毛巾。

↘ 洗眼睛，一手将宝宝的头部轻轻按住，使他不能左右转动，一手用毛巾的小角分别从鼻外侧、眼内侧开始，由内向外擦洗两侧眼部。

↘ 洗鼻子，用消毒棉签蘸一下温开水，将堵塞在鼻腔内的分泌物拭出。

↘ 换一条干净的湿毛巾分别轻轻擦洗前额、口鼻周围、面颊、下颌及颈部前后。

↘ 检查一下眼、口、鼻中是否有残留的水分，若有，则用清洁棉棒吸干净。

洗脸时的注意事项

↘ 洗脸动作要轻、慢、柔，宝宝的脸部皮肤十分娇嫩，免疫功能不完善，若皮肤出现破损，就很容易发生感染，因此给小宝宝洗脸时，动作要轻、慢、柔，切勿擦伤了肌肤。

↘ 清洗鼻子时，只清洁看得见的地方，不要试着去清洁看不见的里面，否则可能会把脏东西送入。

学会观察宝宝的大便

大便与吸收功能有着密切的联系。它是反映宝宝胃肠功能的一面镜子，父母可以通过观察粪便来调整宝宝的饮食。

母乳喂养儿的大便

母乳喂养的宝宝，粪便呈黄色或金黄色，稠度均匀如药膏状，或有种子样的颗粒，偶尔稀薄而微呈绿色，有酸味但不臭。每天排便2～4次。如果平时每天仅有1～2次大便，突然增至5～6次大便，则应考虑是否患病。

人工喂养儿的大便

以配方奶粉喂养的婴儿，大便色淡黄或呈土灰色，质地较硬，呈中性或碱性。由于配方奶粉中的蛋白质较多，有明显的蛋白分解后的臭味。大便每天1～2次。

粪便改变，调整饮食

↘ 大便次数较平时增多，质地较稀，夹有黄色油状小颗粒，带有酸味，这是脂肪消化不良所致。

调整：母乳喂养的可只给宝宝吃前半段奶，脂肪含量较高的后半段奶则挤出弃去。此外，妈妈要多饮水及少吃含脂肪高的食物或油炸食品。

↘ 大便呈水样，带有泡沫，味酸刺鼻如馊食般，这可能是对糖类不消化所致。

调整：给宝宝换一种含糖量少的配方奶粉。

↘ 大便恶臭如臭鸡蛋味，带有不消化的奶瓣，可能是蛋白质消化不良所致。

调整：每次喂奶时可减少奶量，观察1～2天，待正常后再逐渐添加。

↘ 大便呈褐色球状，难以解出，甚至大便周边带有血丝，这是硬便损伤了肛门所致。

调整：多给奶粉宝宝喂些水。

开心乐园

鼠："我现在和蝙蝠谈恋爱，以后孩子们就生活在天上，不怕你们猫了。"

猫冷笑一声，指着猫头鹰说："看见没有，他就是我和鹰的爱情结晶。"

◎ 急性腹痛不可小觑

宝宝突然性的腹痛会让父母心慌意乱、不知所措。为了让新爸爸妈妈对宝宝腹痛有更深入地了解，下面介绍一下引起腹痛的常见的疾病。

肠痉挛

肠痉挛是宝宝急性腹痛中最为常见的情况。其发生的原因与多种因素有关，如受凉、暴食、吃了大量冷食、婴儿喂乳过多等。肠痉挛属于非器质性病损，多数能自愈。

宝宝在肠痉挛发作时，主要表现为：阵发性腹痛，每次疼痛间隔数分钟到数十分钟发作1次，每次持续3～5分钟不等，反复性发作。腹痛可轻可重，严重的出现持久哭叫，哭时面部潮红，腹部胀而紧张，间歇时全腹柔软，伴有翻滚、下肢蜷曲等症状。但非疼痛期宝宝精神状态良好，可以正常进食，此症状可因患儿排气或排便而终止。

肠套叠

肠套叠是指一段肠管套入与其相连的肠腔内，导致肠内容物通过障碍而引起腹痛。临床上常见的是急性肠套叠，慢性肠套叠一般均为继发性。

宝宝患肠套叠时主要表现为：压痛明显，可以在腹部触到一固定性包块，腹痛发作后不久就会呕吐，尤以在发病后2～12小时会出现暗红色果酱样大便为特征，有时呈深红色血水样大便。应早发现，早治疗。

细菌性痢疾

细菌性痢疾是由痢疾杆菌引起的肠道传染病，夏秋两季为多发季节。

宝宝患细菌性痢疾时主要表现为：发热达39℃甚至更高，腹痛、腹泻，肚子里"咕噜"声增多，但腹胀不明显。宝宝脱水严重，皮肤弹性差，全身乏力，严重者可发生感染性休克和中毒性脑病。本病急性期一般数日即愈，少数病人病情迁延不愈，发展成为慢性菌痢，会反复发作。

♥ 启迪智慧

☻ 为宝宝提供一个音乐的环境

音乐能够陶冶情操，促进宝宝智力的发育，并提高对情感的感知和体验能力。而且，从小听音乐的宝宝，情绪较稳定，情绪的表达能力也会比较好。因此，有能力的家长要为宝宝创造一个良好的音乐环境。

选择悦耳的音乐

声音伴随的刺激能够使宝宝的听觉神经得到发展，在选择音乐时，可以选择悦耳的多元音乐，如莫扎特的《小夜曲》、贝多芬的《致爱丽丝》和《月光奏鸣曲》等，这些节奏轻快、富有生气的曲子更加适合宝宝听，另外，还可以选一些优秀的儿童音乐作品，如儿童声乐、动画片中的音乐等，过于铿锵有力的和近乎疯狂的流行乐曲不宜给宝宝听。

每天定时播放

每天定时给宝宝播放一些旋律优美的乐曲，每次15分钟即可。

在日常生活中，让音乐伴随着宝宝的活动

日常生活中随时培养宝宝对音乐的兴趣。例如，早晨起床时，播放一些活泼、有力的音乐；游戏时，配上轻快、有趣的音乐；吃饭时，再播放一些优美、舒缓的乐曲；晚上睡觉时，放一段温柔、安静的摇篮曲。即便是给宝宝讲故事，也可以选择一些优美的乐曲做伴奏，增强情感的渲染力度。

准备一些发声的玩具

可以为宝宝准备些能发出声音的玩具，如小鼓、小锣、小琴、响铃、八音盒等，开始的时候可以让他随意敲打和弹奏，逐步教会宝宝正确的、有节奏的敲打方法及弹奏方法。

带宝宝感受大自然的音乐之美

经常带宝宝到大自然中去感受音乐之美，例如听听呼呼的风声、滴滴答答的雨声，以及小鸟婉转的叫声等，激发宝宝对音乐的兴趣。

◉ 宝宝的聪明"握"在你手中

手和宝宝的大脑发育关系密切。手的动作能促进神经系统的发育，而且对诱导婴儿心理发展有重要作用。1个月的宝宝的手指常表现为握拳状，只在哭闹时才偶尔张开一下。有时候，宝宝还能够自由挥动拳头，喜欢看自己的手，玩手，吸吮手指。

妈妈可通过以下方式开发宝宝的智力：

打开宝宝的手

在宝宝心情愉快时，轻轻握住宝宝的手指，一根一根打开，再一根一根合拢，边做边跟宝宝说话、给他唱歌。记得同时要轻柔地抚摸宝宝手指。

刺激抓握反射

为了刺激宝宝的抓握反射，可以把一个玩具或其他颜色鲜艳的易抓住的东西放在宝宝能够够到的地方，并且鼓励他去抓，注意别放得太远了，以免他因抓不到而感到沮丧。

按摩强化抓握

妈妈可以给宝宝做手指按摩操。按摩手指的背部、腹部及两侧，并重点按摩指端，因为指尖是最敏感的部位，布满了感觉神经，按摩指端更能刺激宝宝大脑皮层的发育。按摩时每个指头每回按摩两个8拍，每天1～2次为佳。

◉ 坚持给宝宝做被动操

婴儿被动操，是促进婴儿全身发育的好方法，每天坚持给宝宝做被动操，不仅能促进他的新陈代谢，增加各系统和器官的功能，还可以给宝宝带来愉快的心情，促进其神经系统的发育。

婴儿被动操共8节，适用于2～6个月的婴儿，根据月龄和体质，循序渐进，每天可做1～2次。做婴儿被动操最好是在睡醒或洗完澡时，或者是吃奶后1小时宝宝心情愉快的状态下进行，室内温度要适宜（温度在18～20℃），空气要清新。做操时宝宝最好裸体，或穿宽大轻便、质地柔软的衣服。可用轻音乐伴奏，使宝宝全身肌肉放松，操作时动作要轻柔而有节奏。

第一节：扩胸运动

预备姿势：婴儿仰卧，妈妈双手握住婴儿的手腕，把拇指放在婴儿手掌内，让婴儿握拳，两手放在婴儿两侧。

预备姿势

①两臂胸前交叉。

②两臂左右分开，向外平展，与身体呈**90°**角，掌心向上。

③同①。

④还原。

第二节：屈肘运动

①向上弯曲左臂肘关节。

②还原。

第三节：肩关节运动

①握住婴儿左手由内向外做圆形的旋转肩关节动作。

②握住婴儿右手做与左手相同的动作。

③向上弯曲右臂肘关节。

④还原。

第四节：上肢运动

预备姿势：双手向外展平，与身体呈90°。

预备姿势

①双手前平举，掌心相对，距离与肩同宽。

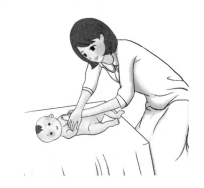

②双手胸前交叉。

③双手向上举过头，掌心向上，动作轻柔。

④还原。

第五节：踝关节运动

预备姿势：婴儿仰卧，妈妈左手握住婴儿的左足踝部，右手握住小儿左足前掌。

①将婴儿左足尖向上屈曲踝关节。

②足尖向下，伸展踝关节。

③④换右足，做伸展右踝关节动作。

第六节：下肢伸屈运动

预备姿势：婴儿仰卧，两腿伸直，妈妈双手握住婴儿两个小腿。

预备姿势

①使宝宝左膝关节弯曲，使膝缩至腹部。

②伸直左腿。

③右腿屈缩至腹部。

④伸直。

第七节：举腿运动

预备姿势：两腿伸直平放，大人两手掌心向下，握住婴儿两个膝关节。

预备姿势

①将宝宝双腿伸直上举90°。

②还原。

③④重复①②动作。

第八节：翻身运动

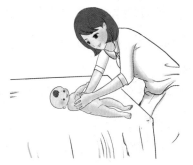

①婴儿仰卧，大人一手扶婴儿胸部，一手垫于婴儿背部。

②帮助从仰卧转体为侧卧。

③从侧卧到俯卧。

④转为仰卧。

视觉训练——追视小球

目的：锻炼宝宝视觉记忆和眼珠的运动能力。

步骤：

↘ 让宝宝平躺在床上。

↘ 将小球放在宝宝眼睛的正上方，约距眼睛30厘米处，先将小球晃动一下，然后缓慢向左移动，再向右移动，来回数次。

↘ 观察宝宝的眼睛是否在追视小球，如果没有，可将小球再靠近几厘米。

注意事项：

如果没有小球，可以用其他色彩鲜艳的、稍大尺寸的玩具代替；单次游戏时间不宜过长，每天进行2～3次即可；因个体发育有快慢，如果宝宝对此没反应，不要着急，耐心重复下去，宝宝很快会有反应的。

握持训练——小手牵大手

目的：训练宝宝手的握持和抓握能力，促进手的精细动作的发展，促进宝宝与手相关的大脑神经的发育。

步骤：

↘ 让婴儿仰卧，保持头在正中位置，用家长的手指去触碰婴儿的手掌心，使其抓握。

↘ 轻轻提拉手指，促使婴儿用力握持的时间能够持续10秒以上。

↘ 待宝宝握紧后放松时，妈妈抽出手指，一边说"再见啦"。如此反复玩。

↘ 宝宝熟练后，在宝宝握紧时，妈妈也可以试着抽出手指，看宝宝会不会放手。

注意事项：

训练前可轻轻抚摸婴儿的手掌，先进行触觉刺激，能够提高训练的效果。

听觉训练——铃儿响叮当

目的：锻炼宝宝的倾听能力，促进宝宝与耳朵相关的大脑神经的发育。

步骤：

↘ 找些小铃铛或其他一些带响的玩具或是物品，把它们穿成串。

↘ 可在宝宝的头部两侧摇铃，声音可时大时小，动作可快可慢。在一开始先不要让宝宝看见响铃，先发出声音，观察宝宝对铃声有没有反应。

↘ 让宝宝仰躺在床上时，把铃铛挂在宝宝的手腕上或脚踝上。当宝宝晃动四肢时铃铛就会发出声响，以吸引宝宝的注意力。

注意事项：

这一游戏每天可进行2~3次，为宝宝选择的铃铛一定要安全，不要带有棱角，而且一定要缝结实，以防宝宝把铃铛咬下吞食造成危险。还要注意铃声不要太响、太闹，否则只会给宝宝的听觉带来负面影响。

触觉训练——玩玩具

目的：训练宝宝的触觉能力，提高手的抓握技能，促进宝宝大脑神经发育。

步骤：

↘ 把各种不同的玩具分别放在宝宝手中，让他感受。

↘ 如果宝宝还不会抓握，可轻轻地抚摸宝宝的手背，促使他伸开紧握的小手，再把玩具轻轻放在他的手中，然后轻握住宝宝拿玩具的手，帮他握起来。

注意事项：

在训练宝宝的触觉能力时，动作一定要轻柔。但应注意不要用过冷、过热或尖锐的玩具，以防伤害到宝宝。

♥ 金牌喂养

❤ 母乳仍是不可替代的主角

母乳是任何代乳品都不可替代的。在哺乳过程中，母子的接触、语言、眼神等都对宝宝是一个良性刺激，能促进宝宝对外界环境的认知及增进亲子关系。

母乳喂养3月的宝宝还不宜增加其他代乳辅食，最好仍然坚持用母乳喂养。有的妈妈可能担心母乳的量不能满足宝宝日益增长的需要，最简单的方法就是用称体重的方法来衡量，如果体重每天能增加20克左右（10天称1次，每次增加200克），说明母乳足够宝宝的生长发育，不需要添加任何代乳品。如果宝宝体重平均每大只增加10克左右，或夜间经常因饥饿而哭闹时，父母可考虑增加一些代乳品，但是，母乳仍是绝对的主角。

❤ 鱼肝油到底好不好

鱼肝油究竟对宝宝有什么好处，是不是每个宝宝都需要补充鱼肝油呢？

鱼肝油是无毒海鱼肝脏中提出的一种脂肪油。其主要成分是维生素A和维生素D。维生素A的主要功能是维持机体正常生长、增强免疫力。维生素A缺乏时会引起小儿骨骼发育迟缓、上皮组织结构受损等疾病。维生素D的主要功能是促进人体对钙、磷的吸收。维生素D缺乏时会引起骨样组织钙化障碍、佝偻病等。

宝宝如果缺钙，并有易惊、多汗、烦躁和骨骼改变等征兆时，可适当地补充一些鱼肝油。但是不可盲目过量服用。

宝宝补钙，从妈妈开始

宝宝这个阶段正是身体长得最快的时候，需要大量的钙。钙是构成骨骼，牙齿的主要成分。钙能降低神经肌肉的兴奋度和维持心肌的正常收缩，降低毛细血管和细胞膜的通适性，参与凝血过程。母乳喂养宝宝的妈妈，必须摄取足量的钙，才能更好地满足宝宝对钙的需求。

宝宝缺钙的表现

↘ 多汗。与体温无关尤其是入睡后头部出汗，因为宝宝头颅不断摩擦枕头，久之颅后可见枕秃圈。

↘ 精神烦躁。宝宝对周围环境不感兴趣，家长会发现宝宝不如以往活泼。

↘ 夜惊。夜间常突然惊醒，啼哭不止。

↘ 常有串珠肋。肋软骨增生，各个肋骨的软骨增生连起似串珠样，常压迫肺，使宝宝通气不畅，容易患气管炎、肺炎。

↘ 缺钙严重时，肌肉肌腱均松弛，表现为腹部胀大、驼背。

妈妈补钙的方法

↘ 吃含钙丰富的食物。每天的食物品种要丰富，荤菜素菜搭配着吃。经常吃些含钙和维生素D高的食物，例如牛奶、豆制品、禽蛋、鱼、虾、海产品、骨头汤等。

↘ 少吃不利于钙吸收的食物。竹笋、菠菜等含植物酸，会影响钙、铁、锌等微量元素的吸收，要尽量少食用。

↘ 多晒太阳。经常去户外活动，多晒太阳，太阳中紫外线照射皮肤可促进人体维生素D合成，而维生素D又能促使人体对钙的吸收。

↘ 遵医嘱通过药物补充。一般不提倡药补，但是如果确实缺钙的话，一定要遵医嘱选用安全可靠的补钙产品。

给宝宝补充维生素C

维生素C具有维持细胞的正常代谢、保护酶的活性、促进牙齿和骨骼生长的作用。维生素C也是提高大脑功能极为重要的营养素，可坚固脑细胞结构、防止脑细胞结构松弛，并能防止输送养料的神经细管堵塞、变细。经常给宝宝补充维生素C，一方面能够提高宝宝机体免疫力，另一方面，还能改善宝宝体内铁、钙的吸收和叶酸的利用率。

维生素C缺乏的危害

维生素C缺乏时肌体抵抗力减弱，易患疾病，表现在宝宝身上最常见的是经常性的感冒。维生素C还参与造血代谢等多个过程，缺乏时表现为出血倾向如皮下出血、牙龈肿胀出血、鼻出血等，同时伤口不易愈合。

补充维生素C的方法

维生素C主要来源于新鲜蔬菜和水果，因为宝宝现在还不能直接食用蔬菜，所以容易造成维生素C的缺乏。为给宝宝补充足够的维生素C，从这个月起就可以喂宝宝一些含有较丰富维生素C的蔬果汁。

↘ 自制菜汁：可以为宝宝做菜汁的蔬菜有很多，如萝卜、黄瓜、油菜、小白菜等。将蔬菜洗净后切碎，投入沸水中加盖烧开即关火，焖30分钟，过滤取蔬菜汁就可以了。

↘ 自制果汁：制作果汁，要选用新鲜、成熟、多汁的水果，如橘子、橙子、西瓜、梨等。将水果冲洗干净，去皮，把果肉切成小块状放入干净的碗中，用小匙背挤压其汁，或用消毒干净的纱布挤出果汁。加少量的温开水，即可喂宝宝。不需加热，否则会破坏水果内的维生素。

↘ 果泥：新鲜水果洗净，用清水浸泡15分钟，尽可能去除农药，再用沸水烫30秒，去皮、去核后用小匙压成果泥。

↘ 蔬菜泥：新鲜蔬菜择洗干净，去掉硬脉部分，撕下菜叶，用沸水加盖煮（也可蒸）10分钟，稍凉后将煮烂的菜叶捣烂成泥糊状即可。

♥ 特 | 别 | 提 | 示　　**TIPS**

因为维生素C在接触氧、高温时容易被破坏，因而父母在给宝宝制作蔬果汁和蔬果泥时，要选用新鲜的水果蔬菜，并且现做现吃，以避免维生素被过多地破坏掉。

◉ **新妈妈催乳食谱推荐**

葱焖鲫鱼

原料 鲜鲫鱼1条(重约500克)，食用油50毫升，葱、姜、白糖、黄酒、甜面酱、酱油各适量。

做法

↘ 将鲜鲫鱼去鳞和鳃，剖腹去内脏，洗净，在鱼身两侧划几道斜刀花，用酱油拌匀，腌渍一会儿；葱切段，姜切丝。

↘ 锅放炉火上，放入食用油烧热，放鱼，煎至两面呈金黄色时盛出。锅中留余油烧热，下葱段、姜丝，爆炒至葱变黄色时，加入甜面酱炒几下，放鲫鱼、酱油、白糖、黄酒和水(200毫升)，大火烧开，改用小火炖至汤汁浓稠时即成。

营养分析

补益气血、生精养体、催乳发奶。内含蛋白质、钙、磷、铁、维生素A、维生素B_1、维生素B_2、维生素C、烟酸。

猪蹄金针菜汤

原料 猪蹄1对（重约750克），金针菜100克，冰糖30克。

做法

↘ 将金针菜用温水浸泡半小时，去蒂头，换水洗净，切成小段，待用。

↘ 把猪蹄洗净，用刀切成小块，放入砂锅内，再加清水适量，置于旺火上煮沸，加入金针菜及冰糖，锅加盖，用文火炖至猪蹄烂时即可食用。

营养分析

养血生精、壮筋益骨、催奶泌乳，对产妇乳汁分泌有良好的促进作用。

✿ 合理安排宝宝的睡眠时间

有规律地安排宝宝作息时间，是培养宝宝良好睡眠习惯的基本方法。要让宝宝睡得踏实，就要为他创造良好的睡眠环境和条件。

睡眠时间

一般2~3个月的宝宝白天睡觉3~4次，每次睡1.5~2小时，晚上睡10小时，一昼夜为16~18小时。每个宝宝所需睡眠时间的个体差异较大。只要宝宝睡得踏实，醒后精神饱满，食欲正常，体重按月增长，妈妈就不必担心。

睡眠环境

宝宝的卧内应安静，光线较暗，空气新鲜，温度不宜过高。被褥轻软、干燥，睡前应该先给让宝宝排尿，不要过分逗引宝宝，入睡前可播放固定的音乐，如节奏舒缓的小夜曲或摇篮曲，音量由大到小。要让宝宝睡得香，还应注意白天睡觉时应放下窗帘，一旦建立条件反射，宝宝就能迅速入睡。

睡眠规律

宝宝若作息时间颠倒，白天睡、晚上闹，可能是白天睡觉时间过长的原因。纠正的方法是：白天每次睡觉4小时就应该把宝宝叫醒，逐渐改为合理的作息时间。这样，宝宝体内的生物钟才能正常，从而也可使妈妈在夜间得到休息。生物钟紊乱，也是许多疾病的根源。

➕ 专家叮咛

宝宝长到3个月后，身体逐渐发育，已经学会抬头，脊柱开始出现第一个生理性弯曲——颈曲，为维持生理弯曲，保持体位舒适，这时可以给宝宝用一个小枕头睡觉了。

❀ 让太阳公公亲亲宝宝的脸

户外空气新鲜，含氧量比室内高，能促进新陈代谢，阳光中的红外线，可使宝宝的皮肤组织的血管扩张和血流量增加，从而加快皮肤和全身的新陈代谢。紫外线照射皮肤可使人体合成维生素D，避免缺钙，并能促进宝宝长牙和有助于牙齿健康。阳光能够调节人的情绪，有利于宝宝良好情绪的形成，并且，经常让宝宝的小屁股晒晒太阳，还能预防和治疗尿布疹。所以，妈妈们要多让太阳公公亲亲宝宝的脸哦！

晒太阳的时间

每天可以选择上午9～10点和下午4～5点带宝宝去晒太阳，避开阳光最强烈的时刻。

在寒冷的冬季，要选择天气较好的中午，抱孩子晒一晒太阳，但一定要注意保暖。

晒太阳要注意方法

宝宝太小时，不能直接到室外暴晒。一般要等出生3～4周后，才能把宝宝抱到户外晒太阳。

开始晒太阳的时间要短，先晒宝宝身体的一部分，然后再慢慢地增加时间和扩大范围。

可以先让宝宝头、手、臀、腿等部位的皮肤暴露在阳光下，宝宝的皮肤娇嫩，要避免强烈的太阳光照射宝宝皮肤。

刚开始皮肤暴露时间为1～2分钟，观察宝宝，如果出现流汗、面色发红或出现皮疹等，就应立刻停止晒太阳，若没有不适反应，就逐渐延长时间。

一般每次晒半小时左右。结束后可以给宝宝喝些温开水。

◉ 这样给宝宝洗头

3个月左右的宝宝，还不能自主地控制头部。洗头时，妈妈的一只手掌必须始终托着他的脖子和脑袋，并在整个过程中都要抱着宝宝，给宝宝洗头最好是两个家长协同进行。

↘ 用棉球塞住宝宝的耳朵，防止水流入，或者是给宝宝戴上专用的洗头帽。

↘ 用毛巾蘸水将宝宝的头发弄湿，在手上倒少量婴儿洗发露，轻轻按摩宝宝的头部及头皮。

↘ 用毛巾沾水轻轻揉洗，如果是使用莲蓬头，则要把水调到柔水档，提防溅水。

↘ 用干毛巾轻轻吸干宝宝头发上的水分，如果是冬天最好用毛巾裹住宝宝的头部，然后再洗澡，以免着凉。

◉ 宝宝的口腔护理

口腔是非常适宜细菌生长繁殖的地方，由于婴儿不会漱口、刷牙，更易引起口腔疾病的发生。而且，婴儿在生产过程中，也常常被一些细菌感染，口腔也会污染，因此，婴儿期做好口腔护理十分重要。

↘ 做口腔护理前，要做好准备工作。可先让婴儿侧卧，用小毛巾或围嘴围在婴儿的衣领下，以防止护理时沾湿衣服；同时准备好消毒过的筷子、棉签、淡盐水和温开水，用肥皂和流动水洗净双手。以免由于用具不洁造成口腔感染。

↘ 为婴儿做口腔护理时，家长可用左手的拇指和食指捏住婴儿的两颊，使婴儿张开口，然后再用棉签蘸上淡盐水或温开水，由口腔内的两颊部、牙龈外面、牙龈内面至舌部，逐步擦拭。擦洗时应注意使用的物品要保持清洁卫生，已消毒的物品不要被弄脏。每擦拭一个部位后，要更换一个棉签。同时棉签上不要蘸过多的液体，防止小儿将液体吸入呼吸道造成危险。

↘ 口腔护理后，用小毛巾把宝宝嘴角擦干净。若婴儿口唇干裂，可涂些消毒过的植物油。

规律生活，从排便开始

宝宝大小便的规律是需要从小培养的，因此爸爸妈妈应注意培养宝宝规律大小便的良好习惯。

训练宝宝大便的规律

大便习惯的培养较小便而言要容易一些，尤其在下个月添加辅食后，大便次数会明显减少，一般每天1~2次。

开始培养大便习惯时，可在吃奶前后各大便一次，或在睡前、醒后分别把大便一次，要坚持把大便，渐渐就能摸清宝宝大小便的规律，然后固定在那个时间把大小便就可以了。

训练宝宝小便的规律

宝宝每天的小便次数较大便要多，月龄越小排小便次数越多，但是宝宝大一些后就可以逐渐固定排小便的时间了，细心的话，还会发现宝宝小便也很有规律，白天尿的次数多，夜间少些。

开始培养小便习惯时，可在宝宝睡前、醒后、吃奶前，以及外出前和回来后立即把大小便。宝宝醒着时，可观察宝宝排小便前的表情或反应，如有哼哼声、左右摆动、发抖、两腿伸直、皱眉、哭闹、烦躁不安、不专心吃奶等则需要把尿。如果把尿时宝宝不尿，不要长时间处于把尿的姿势，以免宝宝有排斥和厌倦的情绪。宝宝现在不能频繁地把尿，否则膀胱不能得到锻炼，宝宝一有尿就要排会给以后的生活带来麻烦。

❤ 特 | 别 | 提 | 示　　　　　　　　　　　　　　　　　　　**TIPS**

宝宝排便时要专心，不能边玩玩具边排，排完便后给宝宝擦屁股时（尤其是女宝宝），要坚持从前向后擦，以免引发尿道炎、膀胱炎，擦完不要立即逗宝宝，而应将手洗净。

夜啼：家里有个"夜哭郎"

有些宝宝白天精神很好，但一到了晚上睡觉时却总哭个不停，这种情况在医学上称为"夜啼症"，俗称这样的宝宝为"夜哭郎"。宝宝一般不会无缘无故地哭。如果他哭个不停，一定是不舒服。经常出现夜啼，不但影响宝宝自身的健康，还会让家人寝食难安，因此，父母应根据宝宝不同的哭声及其他的表现来分析、寻找原因。常见的原因有以下几种：

黑白颠倒

白天宝宝睡得多，造成晚上不肯睡。无人理睬就会哭闹不停。建议最好调整生物钟，延迟睡觉的时间，尽量让宝宝白天少睡，晚上等到困的时候再睡，要逐步纠正小儿生物钟日夜颠倒的现象。

生理性原因

环境的温度与湿度不合适，太冷、太热、太闷均能使宝宝感到不适而哭闹。还有饥饿与尿布等原因，宝宝夜间饥饿、尿布潮湿时，多由大声啼哭来唤醒妈妈，久而久之，形成条件反射，导致夜啼症。生理性夜啼的特点是哭声洪亮，哭闹间歇时精神状态和面色都正常，食欲很好，吸吮有力，无发烧等病症现象。这些情况只要家长满足了宝宝的需求，或解除了不良刺激后，哭闹即可停止。

病理性原因

多是由于宝宝患有某些疾病，引起宝宝不舒适或痛苦。其哭闹特点为突然啼哭，哭声剧烈、尖锐或嘶哑，呈惊恐状，四肢弯曲，两手握拳，哭闹不休，虽然妈妈抱起或喂奶都无济于事。有的宝宝会伴有精神萎靡，烦躁不安，面色苍白，吸吮无力或不吃奶等症状。

引起小儿夜啼的常见疾病有中耳炎或外耳道炎、感冒、蛲虫病、湿疹、佝偻病、肠绞痛、肠套叠等。如果宝宝由于病理性原因导致夜啼，一定要尽快查明病因，对症治疗，以免延误治疗。

打呼噜：关注宝宝睡觉时的"另类"声音

在人们的印象中，打鼾好像只有大人才会有。其实，打鼾在婴幼儿中也是普遍存在的。宝宝入睡以后，一般用鼻子呼吸，没有鼾声，如果鼻腔通道受阻塞，空气不能顺利通过，则会不自觉地被迫张口呼吸，便出现鼾声。宝宝偶尔打呼噜是正常的，可以通过改变睡姿或者轻拍背部进行调整，但如果是长期打呼噜，就会引起宝宝的发育障碍，应该及时寻找引起婴儿打呼噜的原因及解决、治疗方法。

睡姿不好

宝宝因为睡觉的姿势不对，有时窝着脖子，使舌头过度后垂而阻挡呼吸通道，才出现打呼噜的现象。这时，试试让宝宝侧身睡，也许呼噜的问题就解决了。因为，侧身睡可使舌头不致过度后垂而阻挡呼吸通道，能够有效降低打鼾的程度。

奶块瘀积

有些很小的婴儿也会打呼噜，这并不是病。可能是由于吞咽的关系，有些婴儿的喉部会有奶块瘀积，一方面使婴儿吃奶不顺，另一方面就是使气道不顺，造成婴儿睡眠时打呼噜。这种情况，妈妈给宝宝喂好奶后，不要立即将宝宝放下睡觉，而是要将他抱起，轻轻拍打其背部，即可防止宝宝因奶块瘀积而打呼噜。如果奶块瘀积较严重，已经影响了喂奶，只需要往鼻腔里滴1～2滴生理盐水，稀释一下奶块就可以了。

肥胖

肥胖宝宝的呼吸道周围被脂肪堵塞，呼吸管径变窄，使呼吸不顺畅，也容易出现鼾声。因此，妈妈们要科学喂养宝宝，避免宝宝过于肥胖。如果打鼾的宝宝过于肥胖，首先要想办法让宝宝减肥，让口咽部的软肉消瘦些，呼吸自然会变顺畅了。

扁桃体炎、支气管炎等疾病

有的宝宝扁桃体过于肥大，以致两侧扁桃体几乎相碰，堵满咽腔，造成呼吸不畅，一到睡眠时就会张口呼吸，发出呼噜声。婴幼儿缺乏咳嗽排痰能力，支气管受到炎症刺激时痰液增加，也会发出呼噜声。对于这些情况，需要引起家长的高度重视，及时带领宝宝去医院医治。

● 腹胀：肚子鼓鼓像个球

　　腹胀，是指婴儿由于出现了某些异常而使腹部膨胀隆起的现象，是婴儿时期常见的现象。有时，宝宝肚子圆圆滚滚的，可能是正常现象，因为，婴儿的腹壁肌肉尚未发育成熟，却要容纳同样多的内脏器官，有时看起来会显得鼓鼓胀胀的。爸爸妈妈们一定要正确区分正常情况和不正常情况，不要过分紧张，发现婴儿腹胀应先找出原因。

　　＼ 宝宝腹胀大多是由于胀气引起的，宝宝进食、吸吮太急促，或者啼哭的时间过长都很容易使腹中吸入空气。如果婴儿腹胀时胀时消，喂奶后腹胀更加明显，但无呕吐现象，排气后腹胀明显减轻，按摸腹部并没摸到粪样物，乳食正常，无日渐消瘦，可能是因哺乳、喂水的方法不当所致。此时，只需改进哺乳和喂养的方法即可。

　　＼ 如果腹胀明显，并伴有频繁呕吐、宝宝精神差、哭闹不安、不吃奶、腹壁较硬、可摸到肿块；有的伴有黄疸，解白色大便、血便、柏油样大便、发热等症状，应尽快到医院诊治。

　　＼ 另外，当宝宝患有全身感染、肺炎、脑炎、腹泻等感染性疾病时，由于其肠道植物神经功能紊乱，使消化功能失调而出现腹胀。这种腹胀当疾病痊愈、肠道植物神经功能正常时，腹胀会自然消失。

　　＼ 对于腹胀的婴儿要注意减少饮食数量和饮食次数，尽量吃一些不含刺激性的食物，如稀粥等。如果是腹胀严重的婴儿，则应暂时停止进食，待病情得到缓解后再慢慢恢复饮食。如果宝宝是母乳喂养，那么，妈妈在饮食上也要注意少摄入容易引起腹胀的食物，如红薯、豆类等食物。

　　＼ 妈妈也可以通过给宝宝按摩，帮助胃肠蠕动来促进消化吸收。具体方法是在宝宝肚脐周围做顺时针按摩，每次20分钟．每天坚持3次。

✚ 专家叮咛

　　一般而言，如果宝宝活动力正常，能玩、能吃、能拉、没有呕吐的情形，而且肚子摸起来软软的、体重正常增加，那么这一类的腹胀大多是没有问题的。

◉ 接种疫苗需要注意的事项

接种疫苗是一种主动免疫的方法，为使人在未患传染病的情况下，自身产生对此种传染病的免疫力。宝宝要健康成长，离不开适时接种疫苗。我国目前实行的有计划内疫苗和计划外疫苗两种，计划内疫苗（一类疫苗）是国家规定纳入计划免疫，属于免费疫苗，是从宝宝出生后必须进行接种的。计划外疫苗（二类疫苗）是自费疫苗。可以根据宝宝自身情况、各地区不同状况及家长经济状况而定。

不适应接种疫苗的宝宝

↘ 在接种的部位有严重皮炎、湿疹的宝宝。

↘ 正在发烧、体温超过37.5℃的宝宝。

↘ 腹泻或患急性疾病的宝宝。

↘ 患过敏性疾病的宝宝（荨麻疹、支气管哮喘等）。

↘ 患有结核病、心脏病、肾脏病等慢性疾病的宝宝。

接种疫苗的注意事项

↘ 接种后在接种地点观察30分钟。

↘ 接种部位24小时内要保持干燥和清洁，不要用手抓，尽量不要沐浴，以防感冒或发生感染。

↘ 打针后2~3天内要好好休息，避免剧烈活动，多喝开水。尽量不吃有刺激性的食物，如大蒜、辣椒等。

↘ 一般情况下，婴儿接种疫苗后不会出现什么不良反应，但由于婴儿个体身体素质各不相同，有一些婴儿在接种疫苗后会出现一些反应。例如接种疫苗的婴儿出现轻微到中度的发热、食欲不好、哭闹烦躁，部分可伴有头痛、头晕、寒战、恶心等。也有的婴儿在注射预防针的部位出现轻微的红肿热病，这些都是接种疫苗后的正常反应。家长一般不需要特殊处理，只要让婴儿多休息，多喂开水，若接种疫苗后反应严重，应去医院诊治。

启迪智慧

经常亲亲抱抱宝宝

宝宝在出生前生活在母亲的子宫里，全身被羊水包围，既温暖又舒适，充满了安全感。出生后，宝宝依然留恋这种感觉，他常以哭的方式表示需要被拥抱，一旦被妈妈抱在怀中，宝宝很快就会停止哭闹，变得安静下来。

宝宝大脑的发育依赖于来自各个感觉器官的良性刺激，如触觉、视觉、听觉、味觉、嗅觉等。妈妈在拥抱宝宝时，与孩子的身体有较大范围的接触，使宝宝受到良好的触觉刺激，获得了安全感和满足感。妈妈经常拥抱宝宝、亲亲宝宝的脸蛋、抚摸宝宝的皮肤，这些肌肤的接触会给孩子的大脑送去许多良性刺激，促进宝宝知觉的发育。

妈妈在给宝宝哺乳的过程中，宝宝被妈妈拥抱着，小手放在妈妈的乳房上，胸、腹部紧贴妈妈的身体，感受到温暖、愉快和安全。仔细观察你会发现，宝宝一边吸吮母乳，一边用小手摸着妈妈的乳房，偶尔还会露出类似微笑的表情。妈妈在给宝宝哺乳时，应微笑地注视宝宝，注意与宝宝的目光交流，抚摸他的小手、脸蛋和身体，与他进行情感的交流。

儿歌念给宝宝听

开发婴儿早期智力的一项必备功课就是给宝宝念儿歌，儿歌的特点是句子简短，结构简单，想象丰富，富有韵律和节奏，宝宝大都喜欢听。虽然3个月的宝宝尚不能理解儿歌的意思，也听不懂儿歌的内容，但是他们听到儿歌时，会特别高兴，有时候正在哭闹的宝宝，一听到他熟悉的儿歌，就会停止哭闹，好像能听懂似的。

给小宝宝念的儿歌，应该选一些适合婴儿特点、有情趣、篇幅短小、读起来朗朗上口的儿歌。念给宝宝听的时候，要面对着宝宝，口形夸张一些，速度稍微放慢，带着亲切而丰富的表情和变换的动作，对宝宝会更有吸引力。

🔊 听觉训练——找声源

目的：训练宝宝的听觉能力，并且让宝宝逐渐熟悉具体事物的声音，可以提高左脑对声音的记忆能力。

步骤：

↘ 妈妈拿着带响的玩具，如拨浪鼓、小铃铛等。

↘ 走到离宝宝较远一些的地方，摇晃手中的玩具，发出声音吸引宝宝的注意力。

↘ 当宝宝盯着玩具看的时候，可对宝宝说："宝宝，看玩具在这儿。"注意观察宝宝的目光是否转向发出声音的地方。

↘ 再依次移到宝宝能看得见的左边和右边摇动，并对宝宝说："宝宝，玩具跑到这儿了。"以吸引宝宝的注意力。

注意事项：

摇动玩具的响声不要过大，持续时间不要过长，以免吓到宝宝。

👁 视觉训练——看看小手手

目的：训练宝宝的眼睛注视能力和眼手协调能力。

步骤：

↘ 让宝宝仰卧在床上，头下枕一个小枕头，面对着妈妈。

↘ 把能发响的玩具（小手镯、小铃铛）系在宝宝的手上。

↘ 把宝宝的双手慢慢地拉到身体前面，并轻轻地摇动双手，对宝宝说："小手手来了。"吸引宝宝看自己的小手。

↘ 让宝宝感到手在晃动，又能看到手和听到铃声，从而注视自己的双手。

注意事项：

宝宝的位置要合适，使其能看到自己的双手。

◉ 触觉训练——虫虫咬手心

目的：对宝宝进行触觉刺激的训练，可以增进亲子关系，对人际关系的强化也很有帮助。

步骤：

↘ 握住宝宝的一只手，并让他的手张开。

↘ 用另一只手的食指当虫子，在宝宝的掌心挠痒痒，模仿虫子爬来爬去，并用温柔的语调对宝宝说："虫虫咬手心了，虫虫咬手心了。"

↘ 观察宝宝的反应，然后用两根手指顺着宝宝的手臂往上移，说："虫虫往上爬了。"

注意事项：妈妈的动作要轻柔，做游戏前最好将手指甲修剪成圆形，避免刮伤宝宝。

◉ 运动训练——宝宝翻翻身

目的：让宝宝学习控制躯干，帮助宝宝尽早学会翻身。

步骤：

↘ 让宝宝仰躺在床上或者地毯上，妈妈用玩具或用声音逗引他。

↘ 如果宝宝不会侧转，可将宝宝左腿放在右腿上，托住其腰部，使腹部侧转，逐渐加大幅度使肩也侧转，直到将宝宝推成俯卧姿势。

↘ 妈妈可以多做点表情，并用双手轻柔地推滚宝宝的身体，并说："宝宝翻身啦，宝宝翻身啦！"

注意事项：帮助宝宝翻身时，妈妈要注意宝宝的表情是否放松开心，翻身成功后要及时给予宝宝表扬。

♥ 金牌喂养

🐌 让宝宝喜欢上奶瓶

奶瓶是重要的育儿工具，让宝宝接受奶瓶需要循序渐进。你可以尝试下列方法，让宝宝愉快地接受奶瓶：

＼ 用一个和宝宝的安抚奶嘴相似的奶嘴。如果宝宝用的是橡胶安抚奶嘴，那就选择橡胶的奶嘴。宝宝会因为比较熟悉而更容易接受它。

＼ 用奶瓶喂食时，妈妈可以从乳房里挤出一些奶抹在奶瓶嘴上。当宝宝尝到奶瓶嘴上母乳的味道后，他可能就会去吸吮奶嘴，就喝到更多的奶。

＼ 不要将瓶嘴放入宝宝的口中。而是把瓶嘴放在旁边，让宝宝拿着奶瓶玩，自己寻找瓶嘴，主动含入嘴里。如果宝宝咬嚼奶嘴，可能很快就会开始吸吮奶嘴了。

＼ 把瓶嘴用温水冲一下，让它和人体温度相近。

如何纠正宝宝的厌奶行为

宝宝以前一直喜欢吃奶，某一天起突然不爱吃了，也没有任何生病症状，活动也正常，不禁让家长焦急万分，其实这是4~6个月宝宝常有的"厌奶"现象。

宝宝一旦出现这种情况，父母先不要烦恼，必须保持轻松愉快的心情，因为宝宝会感受到喂食者不良的情绪，也会影响其食欲。其实只要细心找出宝宝厌奶的原因，采取适当的对策就可以了。

＼ 如果是因好奇导致不专心、贪玩。喂奶时，尽量给宝宝一个安静的进食环境，减少外界的吸引或刺激。

＼ 如果是因为味觉开始发育，对口味一成不变的奶水缺乏兴趣，希望尝试新口味的话，可以适当增加菜泥、胡萝卜泥、果酱等辅食，用多样化的食物变换不同口味以增进其食欲，并适当为宝宝补充维生素。

＼ 如果宝宝有厌奶现象，不要强迫他吃够以前的量，可以顺其自然，宝宝不想吃那么多，就给他少吃点，然后到下次喂奶时间再喂，没到喂奶时间，就不要喂。如果情况没有好转，可以停止1次喂奶，让宝宝体会一下饥饿的滋味。如果宝宝精神状态很好，其他发育也正常，那就让宝宝少吃，因为这种情况说明宝宝发育所需的营养是足够的，根本不用担心。

♥ 特 | 别 | 提 | 示　　**TIPS**

当宝宝厌奶的时候，妈妈们千万不要采取强制的错误做法，这样会使宝宝由厌奶变成惧奶。时间长了，还可能危及母子之间的亲情。

熟悉原则，顺利添加辅食

当宝宝满3个月后，在饮食上就不能单纯以母乳为主了，而应适当添加些辅食，以补充婴儿的营养，并促进婴儿消化系统的不断发育完善，为今后断奶做好准备。

给宝宝添加辅食一定要遵循一定的原则，切不可随心所欲，想添加多少就添加多少，想喂什么就喂什么。宝宝刚接触新鲜的食物，身体和心理都需要一个适应的过程，不可操之过急。

由一种到多种

开始时只添加一种新食物，让宝宝从口感到胃肠道功能都逐渐适应。同时注意观察宝宝有没有什么过敏反应，如果没问题，过3～5天再给宝宝加第二种食物。

量由少到多

添加辅食应从少量开始，待宝宝愿意接受，大便也正常后，才可再增加量。如果宝宝出现大便异常，应暂停辅食，待大便正常后，再以原量或少量开始试喂。

由稀到稠

食品应从汁到泥，由果蔬类到肉类。如从果蔬汁到果蔬泥再到碎菜、碎果；由米汤到稀粥再到稠粥。浓稀程度应以盛在碗中用勺子划一下，划痕立即消失为宜。

由细到粗

开始添加辅食时，为了防止宝宝发生吞咽困难或其他问题，应选择颗粒细腻的辅食，随着宝宝咀嚼能力的完善，可逐渐增大辅食的颗粒。

◉ 怎样给宝宝喂蛋黄

蛋黄中含有丰富的铁和维生素A，又易于被婴儿消化吸收。从这个月开始，就可以尝试着给宝宝添加蛋黄。

↘ 从少量（1/6个）开始，让宝宝逐渐接受蛋黄的味道。如果宝宝消化得很好，大便正常，无过敏现象，那么可以逐步加喂到1/4个、1/2个、3/4个蛋黄，直至能吃完整个蛋黄。

↘ 把鸡蛋煮熟，注意煮的时间不能太短，以蛋黄恰好凝固为宜，然后将蛋黄剥出，用小匙碾碎，直接加入配方奶粉中，搅拌均匀，即可喂给宝宝。

↘ 把生鸡蛋的蛋黄分离出，取1/4蛋黄，加入牛奶或米汤，混合均匀后，用小火蒸至凝固，稍凉后用小勺喂给婴儿。

开始给宝宝添加婴儿米粉

宝宝从4个月开始，应该及时科学地添加辅食，其中很重要的就是婴儿米粉。对添加辅食的宝宝来说，婴儿米粉相当于我们成人吃的主粮，它的主要营养成分糖类是一天人体需要的主要能量来源。小宝宝吃米粉，像我们大人吃饭一样，是为了消除饥饿，补充能量。需要提醒妈妈们的是，添加婴儿米粉的同时，还应坚持母乳或配方奶粉喂养。

不同阶段添加不同的米粉

婴儿米粉是按照宝宝的月份来分阶段设计配方的。第一阶段是4～6个月的婴儿米粉，此阶段的米粉中添加和强化的是蔬菜和水果，而不是肉类等食物，这样有利于小宝宝的消化。第二阶段是6个月以后，此时婴儿米粉里常常会添加一些鱼、肝泥、牛肉、猪肉等，营养成分更为广泛。妈妈在选择米粉时，可以按照宝宝的月份来选择不同配方的米粉。当然，除了注意月份，妈妈还可以根据自己宝宝的需要，交替喂养胡萝卜配方和蛋黄配方的米粉，以让宝宝吃得更均衡、更全面一些。

怎样冲调米粉

↘ 在冲调米粉时，对于米粉和水的比例没有确切的比例，完全可以根据宝宝的月份与适应能力进行冲调。宝宝刚开始接触米粉时，可以冲得稀一点，慢慢地可以冲得稠一些。冲调米粉的比较合适的水温是70～80℃。

↘ 妈妈可以用各种果蔬汁为宝宝冲调米粉，丰富的果蔬品种，可以全面改善米粉的口感，让宝宝尽早适应食物的多种口感。果蔬汁中含有果蔬中相当一部分营养成分，例如维生素、矿物质、糖分和膳食纤维等。需要提醒妈妈们的是，如果妈妈们用果蔬汁调米粉，应注意最好是不含调料的，以免宝宝未发育完善的肾脏不堪重负。

↘ 妈妈可以用牛奶为宝宝冲调米粉，牛奶不仅味道甜美，而且营养丰富。用温奶冲调，可有效调节米粉的口感，使冲调后的米粉香味更加浓郁，味道更加鲜美。此外，牛奶与米粉一起吃，也免去了妈妈二次添加辅食的麻烦。

防止宝宝缺乏微量元素

微量元素是在人体中含量非常少但却是保证人体健康的元素，这样的元素有铁、铜、锌、硒、碘等18种。这个月体检时，宝宝需要检查一下微量元素了，如果缺乏应及时补充。

宝宝缺乏微量元素的症状

宝宝是否缺乏微量元素可以通过某些症状来判断。一般来说，如果宝宝出现厌食、挑食、生长发育迟缓、反复感冒、口腔溃疡、贫血等症状时，都可能与某种微量元素的缺乏有关。一旦出现上述症状，最好及时做血检，并在医生的帮助下进行治疗。

微量元素需血检

血检是通过在宝宝手指上取一滴血，检测出其中的铜、锌等微量元素的准确含量，这种方法较为稳定，一般不提倡用宝宝的头发做检测，头发清洁程度、发质和环境污染等均会影响微量元素的含量，无法准确反映微量元素的状况。

如何防治宝宝微量元素缺乏

﹨ 缺什么补什么，不能多种微量元素一起补，以免某些微量元素过量。

﹨ 可以由妈妈先补，然后再通过母乳补给宝宝。

﹨ 宝宝能吃更多辅食时，可以把相关食物做成粥或煮成汤喂给宝宝。

﹨ 食疗补充仍然不足时，可根据医生的建议酌量补充营养保健品或药品。

﹨ 平时如果合理搭配饮食，宝宝不挑食、不偏食，一般来说不会缺乏微量元素。

含各种常见微量元素丰富的食物

﹨ 锌：猪肝、鲜猪瘦肉、牛羊肉、鲫鱼、虾、蛋黄、松子、小米、大米。

﹨ 铁：板栗、豌豆、绿豆、红豆、猪肝、蛋黄、鸭肉、黑木耳、虾、鸡肝。

﹨ 铜：豌豆、红豆、黄豆、鹅肉、鸭肉、猪肝、虾、猪肉。

﹨ 锰：韭菜、黄花菜、水芹、菜花、油菜。

﹨ 硒：动物肝、肾、心，海产品，蘑菇，洋葱，大蒜，果仁（花生、核桃、栗子）。

﹨ 镁：绿豆、芝麻、蚕豆、豌豆。

﹨ 碘：海带、紫菜、黄豆、绿豆、虾米、红枣、花生、豆芽、豆腐干、鸭蛋。

﹨ 钒：黄豆、沙丁鱼、芝麻、牛奶、鸡蛋、菠菜、贝类。

◉ 如何为宝宝选择水果

　　水果的品种繁多，它不仅富含维生素，有丰富的营养价值，运用得当的话，还能起到防病、治病的作用。婴儿消化系统的功能不够健全，当宝宝开始能吃水果时，摆在父母面前一个很现实的问题就是如何合理地选择水果。

　　＼婴儿常食用的水果有苹果、梨、桃、香蕉、橘子等，多吃苹果可改善呼吸系统和肺功能，降低患感冒的概率。梨能增进食欲，帮助消化，并有利尿通便、解热的作用，还可以润肺，但梨性寒凉，一次不要吃得过多。桃含有多种维生素、果酸以及钙、磷等无机盐，含铁量为苹果和梨的4~6倍。桃的营养价值高，但宝宝不宜多吃，尤其是胃肠功能不良的宝宝。香蕉营养高、热量低，含有丰富的营养物质，还有润肠通便、

润肺止咳、清热解毒、助消化和滋补的作用。如果香蕉因碰撞、挤压、受冻而发黑，最好不要吃。橘子颜色鲜艳，酸甜可口，含有丰富的营养素，但橘子热量较高，如果一次食用过多，容易上火。

　　＼婴儿健康时，父母每天选择1~2种水果喂给宝宝，遇到宝宝身体不适时，可以根据具体的情况合理选择水果，不仅可以补充营养而且还可以起到治病帮助恢复的作用，例如，婴儿大便稀薄，可以用苹果炖成苹果泥，有涩肠止泻的作用；宝宝咳嗽，可以用雪梨炖冰糖，有润肺止咳的作用。

　　＼因为宝宝太小，还要注意水果过敏的问题，容易引起过敏的常见水果有芒果、菠萝、柑橘等。如果担心宝宝对某种水果过敏，可以先少量添加，一定要保证水果本身的品质和新鲜度。在制作和给宝宝喂食的过程中，要保证水果清洗干净，然后在两小时内观察宝宝有无不适反应，如果有就不要再给宝宝喂食了。

炒米糊

原料 大米、小麦、黏米、大豆、芝麻各适量。

做法

1. 将大米、小麦、黏米等谷物以及大豆、芝麻等放在蒸锅里蒸。

2. 蒸后的食物在阳光下晾干并炒制，然后将其磨成粉，即制成炒面。

3. 要吃的时候用40℃的温开水冲开搅匀即可。

营养分析

口感好，营养丰富。特别适合还没有出牙的宝宝食用，若用配方奶粉代替温开水则更有营养。

藕粉牛奶糊

原料 藕粉10克，水20毫升，牛奶10毫升。

做法

1. 把藕粉与水、牛奶一起放入锅内，用微火煮。

2. 边煮边搅，使藕粉和水、牛奶均匀混合，煮至锅内呈透明糊状，晾凉即可。

营养分析

藕粉有清热、补脾开胃的功效，很适合用来调理宝宝的肠胃。在藕粉中加入牛奶，不仅营养丰富，而且也十分适合宝宝的口味。

♥ 日常护理

◉ 吸吮手指是正常现象

4个月的宝宝，会转动小脑袋，好奇地打量周围，同时，变得爱吸吮手指了。传统观念认为吸手指既不卫生，又养成了坏习惯。当吸吮的时候，总是进行呵斥或粗暴地制止。

实际上，宝宝喜欢吸吮手指，是想了解自己的能力，是对外界积极探索的表现，是智力发展的信号，说明宝宝支配自己行为的能力有了很大提高，已经达到了能使手、口动作互相协调的智力发展水平。另外，吸吮手指对稳定宝宝自身情绪也有一定的作用。当宝宝肚子饿了、疲劳、生气的时候，吮吮自己的手指头就会感觉舒适，心情舒畅，自己安静下来。

但是，宝宝吸吮手指时容易将病菌带入口中，总是吮手指，手指皮肤会发红裂口，指甲会被口水泡软，甚至甲沟肿胀，造成感染化脓等，给宝宝带来痛苦。因此，妈妈要注意宝宝的个人卫生及周围环境的卫生，经常给宝宝洗手，修剪指甲，而且，宝宝的玩具及生活用品也要经常清洗消毒，以防病从口入。

◉ 注意宝宝的睡姿

宝宝睡眠，要采取正确的姿势，才能使宝宝健康地成长发育。为此，做父母的必须注意宝宝的睡眠姿势，及时纠正一些不良的睡眠姿势。宝宝睡眠姿势主要有仰卧睡姿、侧卧睡姿、俯卧睡姿3种。仰卧睡姿是我国传统习惯的睡姿。

仰卧睡姿

仰卧呼吸通畅，看似安全，但我们知道宝宝非常容易溢奶，在睡梦中一旦发生溢奶，仰卧很容易使溢出来的奶堵住宝宝的口鼻，引起窒息。同时，长期采用仰卧也最容易造成后脑勺扁平，形成小扁头。

侧卧睡姿

宝宝侧卧，通常是将小脸转向一边，身体侧卧，这样睡梦中万一发生溢奶，奶液会顺着嘴角流到口腔外，不易发生口鼻堵塞，比较安全。同时侧卧不会使枕骨（后脑勺）受到挤压，较少出现正扁头，但如果长期固定一侧睡觉，也容易出现"歪扁头"。

俯卧睡姿

俯卧通常是宝宝最喜欢的一种睡觉姿势，将身体的胸部和腹部放在下面，背部和臀部向上，脸颊侧贴在床面上，这个姿势最不易产生扁头。但由于宝宝头颈肌肉无力，特别是在3个月内，宝宝自己转动头部的能力非常有限，如果床褥过于柔软，宝宝睡觉时一旦将头埋在其中，很容易发生窒息。

◎ 怎样给宝宝剪指甲

宝宝指甲长得非常快，并且两只小手还不停地动，到处乱抓，容易沾染细菌，同时他们又爱吮吸手指，这样细菌就很容易被吃到肚子里，因此，宝宝应该勤剪指甲，最好是每周剪1次，脚指甲每2周剪1次。但是，剪指甲时，宝宝会很不配合，要想顺利，妈妈可以掌握下面一些小窍门。

↘ 可以先给宝宝洗个热水澡，软化指甲，使得指甲更容易剪。

↘ 给宝宝剪指甲最好使用专门为婴儿设计的指甲钳，可以防止剪伤宝宝。

↘ 要在婴儿不动的时候剪，最好等宝宝熟睡时或喝牛奶时剪。

↘ 要把指甲剪成圆弧状，不要尖，剪完后，妈妈用自己的手指摸一摸指甲是否光滑。

↘ 不要在宝宝正玩得高兴的时候剪指甲。

◉ 别忘记给宝宝穿袜子

4个月的宝宝不会走路，可以不穿鞋，但要穿袜子。

⬎ 这个阶段的宝宝体温调节功能尚未发育成熟，产热能力较小，而散热能力较大。当环境温度略低时，宝宝的末梢循环就不好，小脚凉凉的。如果给宝宝穿上袜子，可以起到一定的保暖作用，避免着凉。

⬎ 宝宝这个时期的运动能力也增长了不少，特别是下肢活动能力增加很多，或手舞足蹈，或乱踢乱蹬，这样损伤皮肤、脚趾的机会也就增多了。有的宝宝甚至因此磨破了足跟部位的皮肤，而穿上袜子就可以减少这些损伤的发生。

⬎ 随着宝宝一天天长大，皮肤接触外界环境的机会也越来越多，一些脏东西如尘土等有害物质就可以通过宝宝娇嫩的皮肤侵袭身体，增加感染的机会。这时穿上袜子就可起到保护宝宝的作用，还可防止蚊虫的叮咬。一定要给宝宝选择透气性能好、柔软的棉袜。袜子大小要合适，而且要经常换洗。

◉ 为宝宝准备婴儿车

婴儿车是一种为婴儿户外活动提供便利而设计的工具车，有各种车型。婴儿车是宝宝最喜爱的散步交通工具，更是妈妈带宝宝上街购物时的必需品。根据宝宝的成长、使用用途，婴儿车又可以分成很多种类。那么，如何选择合适的婴儿车呢？使用婴儿车时需要注意哪些事项呢？

婴儿车的选择

⬎ 根据宝宝年龄选择。满月后，就可根据婴儿的状态使用婴儿车了。7个月以下的宝宝因为不能坐立，应该选用能改变后背角度的靠背式婴儿车。这种婴儿推车一般可以大角度（165°~170°）平躺，有的甚至可以180°平躺。7个月以上的宝宝，因为已经能够独立坐了，可以选择功能较少但便携性很强的婴儿伞车，方便宝宝坐着的时候可以四处观看。

ↆ 根据出行的路况条件来选择婴儿车。如果出行路况较好，路面平坦，则可以选择避震性能一般的婴儿车；如果出行路况比较颠簸，则应该选择避震性能较好的婴儿车。另外，如果经常出门，并出行的距离较远的时候，可以选择一款轻便、折叠起来体积小的婴儿车，这样可以一手抱宝宝，一手提婴儿车，比较方便一些。

婴儿车使用注意事项

ↆ 尽量不在高低不平的路上推，车子不断颠簸摇摆，宝宝不舒服，甚至可能对他造成伤害。

ↆ 不要在楼梯、电梯或有高低差异的地方使用婴儿车。

ↆ 不要推车到马路边等车多、灰尘多的地方，宝宝坐在小车里位置低离地面近，会吸入更多的灰尘和汽车尾气。

ↆ 宝宝坐在婴儿车上时，爸爸妈妈不要随意离开，以免宝宝出现意外。若确实需要离开或转身时，必须先固定轮闸，确认婴儿车不会移动后再动。

ↆ 用车带宝宝外出或回家后，切不可在宝宝坐车时，连人带车一起提起。需要提起婴儿车时，正确做法应该是：将宝宝从车里抱出来，一手抱宝宝，一手拎车子。也不要抬起前轮单独使用后轮推行，这样容易造成后车架弯曲、断裂。

ↆ 不要过度使用婴儿车，让宝宝多进行自我锻炼。过度使用婴儿车会降低宝宝运动的积极性，使宝宝的运动量减少，不利于运动能力的发展，并可能导致宝宝在婴幼儿时期过度肥胖。

💬 5妙招防痱子

夏季是小儿痱子的多发季节。一到夏天，不少宝宝都会在头、额、脖子、胸、背等处出现密集排列但互不融合的针头大小的痱子，刺痒难受，严重影响宝宝的情绪和睡眠。痱子首先应预防，可采用以下简易有效的方法：

保持皮肤清洁

要防止宝宝出痱子，首先要注意保持全身皮肤清洁，勤用温水洗澡，不要用刺激性的碱性肥皂，并且在洗澡之后记得给宝宝及时擦干全身，特别是褶皱处。

及时擦汗

有汗的地方最容易长痱子，如果宝宝活动出汗，要立即用柔软的纸巾或毛巾擦拭干净，尤其是宝宝颈部和胳膊、腿部关节等容易堆积汗液的地方。

穿棉质衣服

衣服以棉为好，要轻薄、柔软、宽大一些，以减少衣服对皮肤的刺激，也有利于身体热量的散发。而且，宝宝睡觉时，最好不要让皮肤直接接触凉席，而是在凉席铺一层棉布以吸汗。

保持通风

宝宝睡觉的地方一定要保持通风，但要注意不要让对流风直接吹到宝宝身上，一定要护住宝宝的小肚子。另外，不要把宝宝夹在大人中间睡，这样做宝宝身上的热量无法散发，最容易长出痱子。

饮品解暑

注意给宝宝吃些清淡易消化的食物，多饮水，多喝些绿豆汤、冬瓜汤、丝瓜汤等，还要多吃些蔬菜和瓜果等消暑食物，这样不仅可以补充水分和维生素，还能起到清热去暑的作用。

 专家叮咛

切忌在宝宝大汗之后马上用冷水冲洗，因为突然的冷刺激会使宝宝汗腺孔收缩，导致汗液不能排出，反而容易长痱子。

亲吻宝宝要当心

妈妈的吻是传达母爱最直接的方式，也是母亲和宝宝之间沟通的最佳语言。然而这种亲昵带来的未必全都是甜蜜和温馨，也可能给宝宝带来伤害。专家提醒，在下列6种情况下，不宜亲吻宝宝。

出现水疱

单纯疱疹病毒可通过亲吻等方式传播，对成人危害并不十分严重，却可能对婴儿造成致命的伤害。出现疱疹性口炎等单纯疱疹病毒症状表现的成人应在痊愈前尽量避免接触宝宝，并切忌亲吻宝宝。

浓妆艳抹

爱美的妈妈们，总免不了浓妆艳抹。而化妆品不少都含有铅、汞或其他化学物质。如果妈妈不卸妆就亲吻宝宝，或让宝宝亲吻妈妈，这些有害物质就会进入宝宝体内。

伤风感冒

对感冒病毒应引起高度重视，即使自己只是出现轻微的感冒症状，比如轻微的头疼、咽痛，也应避免相互亲吻等亲昵动作，最好戴上口罩。

口腔疾病

亲吻是直接的口唇接触，如果妈妈本身有口腔疾病，如牙龈炎、牙髓炎、龋齿等，口腔中就会有大量致病病菌存在，通过亲吻宝宝，这些病菌就会进入宝宝的口腔，引发宝宝的口腔疾病或其他并发症。

出现皮疹

妈妈一旦发现自己身上出现星星点点的皮疹，就应警惕是否是麻疹发作。一旦妈妈有得此病的嫌疑，应立即母婴隔离，并积极治疗。

拉肚子

拉肚子虽然是肠道传染病，但也是病从口入。亲吻宝宝，或者给宝宝喂饭前，用舌头尝冷热等动作，都可能增加宝宝得痢疾的概率。如果妈妈最近肠胃不太好，应尽量避免亲吻宝宝。

从舌头看宝宝健康状况

宝宝身体的细微变化，都能从小舌头上反映出来。健康宝宝的舌头应该是舌体柔软，伸缩活动自如，大小适中，舌面有干湿适中的舌苔，颜色淡红且口内无异味。那么，不健康的舌头是什么样子的呢？

地图舌

如果发现宝宝舌面上的舌苔出现了不均匀的剥落，出现地图模样的舌苔，家长一定要引起重视。有地图舌的宝宝大多是与脾胃消化功能疾病有关系，要在治疗、调理脾胃消化功能的同时，在饮食上多注意调理，要多喝水。

舌头发红，有浮苔

如果宝宝感冒发烧，首先表现为舌质发红，舌苔黄白略厚，如果发热较高，舌质绛红，舌苔干燥，说明宝宝热重耗伤津液。发热常常伴有大便干燥，宝宝口中往往会有较重的气味。这种情况通常说明宝宝内热较重，家长应该引起重视。如果发现宝宝发热的话，应及时进行物理降温。如果温度过高或高烧不退，应及时就医。

舌苔厚苔黄白

如果宝宝的小舌头上，有一层厚厚的黄白色垢物，舌苔黏黏厚厚，不易刮去，同时大便秽臭干结，口中会有一种又酸又臭的秽

专家叮咛

有时宝宝吃了某些食物也可使舌苔的颜色发生变化，家长千万不要将正常的舌苔误认为病苔，以免虚惊一场。另外，辨别舌质变化只能作为宝宝健康的参考，必要时一定要去医院就诊。

气味道，这种情况很可能是平时吃得过多、过饱，使消化功能发生紊乱造成的。因此，出现这种舌苔时，饮食要相对清淡些。

舌头上光滑无苔

当宝宝舌头上光滑无苔时，说明宝宝津液耗伤，可能处于久病状态，这时需要及时就医。

● 如何处理中耳炎

中耳炎就是中耳发炎，是由于中耳内发生了细菌感染，婴儿除了先天性耳聋，最常见的耳病是中耳炎。婴儿的耳咽管较直，管腔较大，倾斜度小，因此鼻咽部的细菌、分泌物容易进入鼓室，并且，婴儿的免疫功能较差，抵抗力低下，因此，容易得中耳炎。

中耳炎的危害

急性中耳炎如果不及时治疗，可以并发脑膜炎、脑脓肿或变成慢性中耳炎，会影响婴儿日后的听力。

中耳炎的症状

婴儿患中耳炎时，常表现出哭闹不安、牵拉或摩擦单侧耳朵，有时伴有拒食、高热、怕冷、食欲减退、呕吐、腹泻等反应，甚至耳内流黄色脓性分泌物。当发现婴儿出现以上症状时，如果排除患肺炎的可能性，应注意检查耳部，考虑是否患有中耳炎。

中耳炎的预防

↘ 患了感冒或其他呼吸道感染时，一定要积极治疗，并注意他的耳部是否有异常，因为很多小宝宝中耳炎都是由感冒引起的。

↘ 给宝宝喂奶时应取坐位，把婴儿抱起呈斜位，头部竖直吸吮奶汁，以免吃奶的时候奶水流入耳朵。

↘ 尽量少给宝宝挖耳朵，挖耳朵时，动作一定要轻柔，避免损伤耳内的皮肤黏膜，引起感染。

↘ 宝宝洗澡、洗头时，尽量避免污水流入耳朵。游泳后可用细小卫生棉签轻轻擦拭外耳道以保持耳朵清洁干燥。

▼开心乐园

儿子做错了事，被我训斥后大哭了一个小时，我没有理他。待他不哭了，我问他："你不哭了？"儿子答道："不是不哭，我想休息一会儿。"

宝宝的玩具并非越多越好

玩具是宝宝生活中不可以缺少的东西，玩玩具的过程也是宝宝认识不断发展、能力不断进步的过程。有的家长认为给宝宝买的玩具越多，对宝宝的智力发育越有好处。于是当宝宝还很小的时候，玩具便已经堆得满屋皆是。

其实，给宝宝的玩具太多，并不是一件好事。过多的玩具、过多的信息只会对他们的脑发育产生过度刺激。尤其在宝宝只有几个月大的时候，太多、太复杂的玩具反而会引起他们注意力容易分散。

宝宝的玩具太多，还容易遏制宝宝的探索能力。因为每一件玩具都可以通过不同的方式玩出不同的花样，假如宝宝的选择性太大，他反而会在玩具面前无所适从，无法在同一件玩具上集中注意力，从而无法从中学到知识。父母如果希望培养宝宝具有坚强的耐力，最好是适当减少给他的玩具，让宝宝有研究旧玩具的时间。

如果宝宝子拥有的玩具过多，还会使他养成浪费的习惯。不知道爱惜玩具，会随意把玩具弄坏之后要求换新的，这对于宝宝的人格培养也是非常不利的。

因此，宝宝的玩具尽管在一定程度上可以起到开发智力的作用，但如果玩具过多，反而会影响智力的开发，而且还会养成很多不好的习惯。

选择合适的玩具

玩具在宝宝生活中充当着非常重要的角色，选择玩具除了在数量上要有所节制外，在玩具的种类上也要有所选择，要适合宝宝的年龄段，要符合宝宝的生长发育需要，这样才能引起宝宝的兴趣，对宝宝的智力发展才更有用。

家长采购玩具的时候，要考虑到宝宝的年龄特点，不同年龄阶段的宝宝喜欢的玩具是不同的。例如，1岁左右的宝宝喜欢乱按乱摸，可以给他买一个玩具小木琴，能够发出响声，宝宝肯定会喜欢。但如果家长给他买智力型的玩具，宝宝可能就不感兴趣。

另外，家长在为宝宝购买玩具的时候，还要充分考虑宝宝的兴趣爱好。例如，小女孩大都喜欢洋娃娃，如果给她买遥控飞机，她肯定不会喜欢。

买玩具还有一个不容忽视的问题就是安全性，也就说，玩具牢固不容易拆卸，不会被宝宝吞食，材料必须是严格意义上的无毒、不掉漆、不坚硬、没有尖棱角、不掉毛毛等，总之绝对不能伤害宝宝的身体。

按宝宝月龄推荐玩具：

0～3个月

◥ 悬挂玩具：发展视觉、听觉能力。

◥ 摇响玩具、音乐玩具：发展听觉、抓握能力。

◥ 能发出声音的手镯、脚环：发展全身动作，使手眼协调。

4～6个月

◥ 抓握类玩具：发展手眼协调能力。

◥ 电动玩具：发展听觉、认知能力。

7～9个月

◥ 积木：发展精细动作、手眼协调能力。

◥ 按钮、旋钮、推拉会有声音的玩具：发展解决问题的能力。

◥ 皮球、电动玩具：练习坐、爬行等动作，发展认知能力。

10～12个月

◥ 拖拉玩具：练习站立、锻炼行走大肌肉动作。

◥ 动物玩具、人物玩具：发展语言、认知能力。

◥ 音乐玩具：听觉刺激、促进手眼协调能力。

◉ 带宝宝去游泳吧

游泳是一项十分有益的运动，可增进宝宝的智力。水能对宝宝全身皮肤、骨骼和五脏六腑产生轻柔的抚触，从而促进他们视觉、听觉、平衡感等综合信息的传送，引起全身包括神经、内分泌等系统的良性反应，对宝宝的身心健康发展产生有益的影响。带宝宝去游泳要注意以下几方面的事项：

适宜的水温和室温

由于婴儿的抵抗力差，所以在游泳时，游泳池必须保持清洁，水温最好保持在36～38℃，最低不得低于34℃，室温应保持在26～30℃。

适当的游泳时间

婴儿游泳时间选择在喂奶前40分钟，勿在宝宝生病、饥饿、哭闹或进食后1小时内游泳。每次游泳时间一般为10～30分钟。婴儿每次游泳的时间不宜过长，开始学习阶段10分钟即应出水，以后根据情况适当延长。父母应随时观察宝宝的身体反应，当发现宝宝体温很低或有其他不适时，应立即让宝宝停止游泳。

专人全程监护

婴幼儿游泳时，必须有专人全程监护，监护人应与婴儿保持一定距离，适时给予安抚或回应。如果小宝宝在水中乱抓，就表示他有些害怕，监护人应赶快握住他们的小手安慰他们。游泳时监护人不可只抓住颈圈来移动水中的婴儿，而是要抓住婴儿的手来缓慢移动婴儿。

婴儿游泳颈圈使用前必须进行安全检测

婴儿游泳颈圈使用前要进行认真检查，看看型号是否合适，例如，小号适合0～2个月的宝宝，中号适合3～5个月的宝宝，大号适合6～8个月的宝宝，特大号9～12个月的宝宝。检查游泳颈圈是否漏气，婴儿套好颈圈后，还要检查保险扣是否扣牢，婴儿的下颌是否托在预设位置，以保证宝宝呼吸通畅。

游泳完毕婴儿要迅速擦干水迹和注意保暖

父母还要注意给宝宝保暖，即使在夏天，宝宝一离开水池，父母也应立即把他身上的水擦干，穿上衣服，以免着凉生病。

● 让宝宝用手势表达意愿

用手势表达自己的意愿，是3～4个月龄宝宝智力发展、自我意识形成的标志之一。

最初，可能只是一个偶然，例如，宝宝在婴儿床上，发现妈妈走过来，伸出小手要妈妈。如果得到妈妈及时，连续几次后，宝宝就能认识到：主张伸手，妈妈就会抱抱。天长日久下来，宝宝会更深体会到，通过手势能表达很多的心愿和需求。因此，这个月龄的宝宝，已经成为学习手势表达的最佳时段。日常玩耍过程中，可以尝试让宝宝学习以下两种手势。

逗逗飞

让宝宝坐在妈妈怀里，妈妈左右手分别捏住宝宝的两个食指，指尖对拢时，说"逗，逗，逗"，点一下，说一次。分开两只手时，说"飞，飞，飞"。做得次数多了以后，只要妈妈说"逗，逗"，宝宝就会用双手指尖对拢，说"飞，飞"，宝宝就能够张开双手。

"Bye-Bye"

爸爸离开外出时，对宝宝挥手说"再见，Bye-bye"，教宝宝也挥手学做招手再见的手势。宝宝如果不会模仿，妈妈可以拿起宝宝的手臂，边挥边说"爸爸再见"，经常和反复地做练习，宝宝就能学会挥手"再见"。

需要注意的是，宝宝学手势表达需要一个过程，不宜操之过急。

● 激发宝宝的自我意识

宝宝会以为自己和妈妈仍然是一体的，他不知道自己和妈妈的区别，也不知道自己和其他人的区别。随着宝宝的一天天长大，他们注意到，原来妈妈并不是无时无刻地在自己身边。尿布湿了、肚子饿了，如果妈妈不在身边，无论怎么哭闹，好像事情都没有改变，原来"我和妈妈不完全是一体的啊"。

有时候，宝宝既没有尿裤子，也不饿肚子，但他就是哇哇地哭。其实，这是他在试探和探索。

思维训练——躲猫猫

目的：启发宝宝知道有些看不到的人或物仍然存在，为发展智力打下良好的基础。

步骤：

↘ 妈妈让宝宝躺着或者靠着被子坐着，让宝宝能够看着妈妈的脸。

↘ 妈妈用手帕遮住自己的脸，然后突然从左边探出头，嘴里一边说"喵——，喵——"。

↘ 妈妈的脸突然在宝宝面前消失，然后又出现时，宝宝先是吃惊和不安，然后会高兴地放声大笑。

↘ 反复几次之后，妈妈可以再从右边探出头，吸引宝宝的注意。

↘ 宝宝熟悉这个游戏后，妈妈可将手帕放在宝宝脸上，启发他把蒙在脸上的手帕抓下来与你躲猫猫玩，逗他笑，他就会模仿你的动作。

注意事项：

妈妈的动作不要太快，以免宝宝的眼睛反应不过来。

运动训练——抓手绢

目的：训练宝宝手的运动能力。

步骤：

↘ 妈妈将手帕展开，在宝宝面前轻轻抖动，并对宝宝轻声说："宝宝看，好漂亮的手帕啊。"宝宝这时会高兴地伸手来抓。

↘ 妈妈的手轻轻一闪，让宝宝抓个空。

↘ 然后妈妈再引导宝宝来抓，这次应该让宝宝抓住，并且表扬他："宝宝抓住手帕啦！宝宝真能干！"

↘ 让宝宝放开手帕，继续将手帕在宝宝面前抖动，并用话语吸引宝宝来抓。

↘ 宝宝抓空两次之后，要让宝宝抓住一次。

注意事项：

妈妈随意控制让宝宝抓住手帕的次数和频率，最好是过一两次就要让宝宝抓住手帕一次，以免宝宝总是抓不住会失去兴趣，甚至会哭。

● 发音训练——你好，宝宝

目的：通过游戏促进宝宝的发音练习，训练宝宝的语言能力。

步骤：

↘ 让宝宝坐在小车里，妈妈的脸面对宝宝，目光温柔地注视着宝宝。

↘ 妈妈对着宝宝打招呼说："你好，宝宝。"并做招手的动作，向宝宝问好。

↘ 观察宝宝的反应，可以拿起宝宝的手，做招手的动作，教宝宝说："妈妈，你好。"

注意事项：

注意观察宝宝的表情，不要让宝宝感到疲倦。

● 听觉训练——八音盒响了

目的：这个游戏能刺激宝宝的好奇心和观察力，促进其发展智力。

步骤：

↘ 妈妈抱着宝宝，将八音盒放在面前。

↘ 妈妈慢慢做打开八音盒的动作给宝宝看。

↘ "叮咚"声一响，妈妈就说："多好听的声音。叮咚、叮咚!"

↘ 反复几次。让宝宝仔细看和听。

注意事项：

每当音乐停止，观察宝宝的反应，是否用手触摸八音盒的开关要求妈妈再次打开八音盒。

开心乐园

工地上，有个年轻工友抱怨道："活是我们干的，受到表扬的却是组长，最后的成果又都变成经理的了，真不公平！"

旁边一位老工友笑着说："你看表的时候，是不是先看时针，再看分针，可是运转最多的秒针，你却看都不看一眼的？"

5月宝宝，左翻右翻真厉害

♥ 金牌喂养

恰当地给宝宝补水

水，是一切生命过程得以正常进行的生理要素，宝宝的健康成长，更是离不开体内水分的平衡。在正常情况下，婴儿体重中的70%以上为水，并且婴儿每日的需水量与年龄、体重、摄取的热量及尿的比例均有关系。如果宝宝体重按标准曲线在成长，每天小便次数为6～8次，小便颜色清淡不浓，即表示身体的水分够了，不需要刻意补水。如发现宝宝嘴唇干、尿少时，可适当多喂些水。

白开水是最佳的补水选择

对于小宝宝，白开水是最好的补水选择。但是，久存的白开水不宜给宝宝饮用。室温下存放超过3天的饮用水，尤其是保温瓶里的开水，易被细菌污染。

饭前不要给宝宝喝水

饭前给宝宝喝水会影响婴儿食欲，并且会稀释胃液，不利于食物消化。

睡前不要给宝宝喝水

年龄较小的婴儿在夜间睡熟后，还不能完全控制排尿。若在睡前喝水多了，很容易尿床，即使不尿床，也会影响睡眠质量。

不要等到宝宝渴了才补水

宝宝口渴时表明体内水分已失去平衡，身体细胞已经脱水。要经常让宝宝喝一定量的水。

不要让宝宝渴后暴饮

宝宝口渴时，应该先让他喝少量的水，休息一会儿，等身体状况逐渐稳定后再喝。不要一次喝下过多的水，宝宝短时间内喝下太多的水，会使体内的血液浓度急剧下降，从而增加心脏的工作负担，甚至可能会出现心慌、气短、出虚汗等现象。

❤ 不要太早给宝宝添加固体食物

宝宝在开始添加辅食时，大多还没有长出牙齿，因此妈妈只能给宝宝喂流质食物，逐渐再添加半流质食物，最后发展到固体食物。如果一开始就添加半固体或固体的食物，宝宝肯定会难以消化，从而会导致腹泻。

应该根据宝宝消化道的发育情况及牙齿的生长情况逐渐过渡，即从菜汤、果汁、米汤过渡到米糊、菜泥、果泥、肉泥，然后再过渡到软饭、小块的菜、水果及肉。这样，宝宝才能吸收好，才不会出现消化不良。

❤ 给宝宝添加辅食的注意事项

给5个月的宝宝喂辅食，一定要耐心、细致，要根据季节和宝宝的身体状态添加。在炎热的夏季和宝宝身体不适的情况下，不要强行添加辅食，以免加重宝宝肠胃道的负担。

↘ 喂食时要特别注意卫生，宝宝的餐具要专用，每次用完除认真洗刷外，还要每日消毒。

↘ 喂食时，应使用小匙。妈妈不要用嘴边吹边喂，更不要放到嘴里咀嚼后再喂给宝宝吃，这样很容易将细菌或病毒传染给宝宝。

↘ 头几天宝宝可能将新食物从大便中原样排出，此时不可加量，待宝宝大便正常后，再慢慢加量。宝宝吃番茄、西瓜、胡萝卜后大便可能会有红色，或吃青菜有绿色，这是正常的。再做辅食时可做得更细些。

↘ 宝宝吃了新添加的食品后，妈妈要密切观察宝宝的消化情况，如果出现腹泻，或大便里有较多黏液出现，就要立即暂停添加的食品，等宝宝恢复正常后再重新少量添加。

❤✚ 专家叮咛

宝宝的辅食（特别是初期的辅食）口味要以清淡为主。辅食以尽量少加盐，甚至不加盐为原则，以免增加宝宝肝、肾的负担。

宝宝可以吃味精吗

味精是一种常用的烹饪调味品，做菜时放入少许味精，可以调味，许多家长在给宝宝烧菜、煮面条时，总喜欢放许多味精，认为能增加食物的口感，激发宝宝的食欲。但是不知道，宝宝常吃味精食品会给身体带来不良影响。

味精的主要成分为谷氨酸钠，谷氨酸钠对宝宝生长发育有不良影响，它能同宝宝血液中的锌发生特异性结合，生成不能被机体吸收的谷氨酸锌，随尿排出体外，导致宝宝缺锌，进而造成宝宝味觉变差、智力减退（脑细胞坏死）、厌食、生长发育迟缓及性晚熟等。

味精在120℃以上时，会变成焦化谷氨酸钠，这时不但失去了鲜味，而且有毒。

宝宝常吃加味精的食物，会引发美味综合征，觉得不加味精乏味，甚至拒食。

因此，为了宝宝的身体健康，味精还是少吃为宜。

适当给宝宝吃些大豆制品

一般豆制品是指黄豆制品。豆制品主要含有植物蛋白，黄豆所含的蛋白是植物蛋白质中最好的一种。大豆内的蛋白质主要是大豆球蛋白，氨基酸与酪蛋白中的氨基酸相似，仅赖氨酸、缬氨酸较低，但仍是植物蛋白中最适合宝宝营养需要的一种。

豆制品的吃法可制成豆浆、豆腐。大豆经过加工后可提高人体对大豆中蛋白质的吸收率。

❤ **宝宝营养食谱推荐**

白菜泥

原料 嫩叶小白菜1棵，牛奶半杯，玉米粉少量。

做法

1. 将绿色蔬菜嫩叶部分煮熟或蒸熟后，磨碎、过滤。

2. 取碎菜加少许水至锅中，边搅边煮。

3. 快好时，加入2汤匙牛奶和半小匙玉米粉及适量的水，继续加热搅拌煮成泥状即可。

营养分析

可补充各类维生素，如胡萝卜素、维生素A、维生素C等，维生素A能促进骨髓与牙齿的发育，有助于血液的形成。

豆腐泥

原料 嫩豆腐1小块，鸡蛋半个，胡萝卜少许，扁豆半根，高汤半杯，酱油少许。

做法

1. 将去皮的胡萝卜与扁豆分别汆烫过后，切成极小的块；嫩豆腐捣碎。

2. 高汤与胡萝卜、扁豆一同放入锅里炖至菜熟烂，再加入嫩豆腐。

3. 锅中加入微量酱油调味，煮至汤汁变少，淋入半个打散的鸡蛋即可。

营养分析

豆腐、鸡蛋含有丰富的钙、铁及蛋白质，对宝宝的骨骼和视力的发育有极好的帮助。豆腐、鸡蛋与富含营养的胡萝卜、扁豆搭配，营养全面均衡，更利于宝宝的身体发育。

❤ 口水滴答小心护理

宝宝4～5个月大的时候，唾液分泌开始逐渐增多。另外，宝宝出牙时也会刺激唾液腺分泌唾液。再加上宝宝的口腔小而浅，吞咽反射功能的发育还没有完善，不能将分泌的口水吞咽下去，所以只要口水多了就会流出来。

那么，宝宝口水不断流出来，我们该怎么帮助宝宝呢？

给宝宝戴上围嘴

给宝宝围上围嘴，以防止口水弄脏衣服。围嘴可以到宝宝用品商店去买，也可以用吸水性强的棉布、薄绒布或毛巾布自己制作。值得注意的是，不要为了省事而选用塑料及橡胶制成的围嘴，这种围嘴虽然不怕湿，但对宝宝的下巴和手都会产生不良影响。

宝宝的围嘴要勤换洗，换下的围嘴每次清洗后要用开水烫一下，最好能在太阳下晒干备用。

轻轻拭干口水

经常用质地柔软的手帕帮宝宝擦拭不小心流出来的口水，让宝宝的脸部、颈部保持干爽，以避免湿疹的发生。擦拭时不可用力，轻轻将口水拭干即可，以免损伤局部皮肤。尽量避免用含香精的湿纸巾帮宝宝擦拭脸部，以免刺激肌肤。手帕以棉布质地为宜，要经常洗烫。

严重者须就医

假如宝宝口水流得非凡严重或者局部出现了疹子或糜烂，就要去医院检查，看看宝宝口腔内有无异常病症、吞咽功能是否正常等。在皮肤发炎期间，更应该保持肌肤清洁、干爽，并根据症状治疗。

调整宝宝的睡眠节律

对于4~5个月大的宝宝来说，好的睡眠习惯是十分重要的，所以要尽量保证每天的日间小睡和夜晚就寝的时间和方式都相同。父母应帮助宝宝养成一种固定的睡眠习惯，以使他在白天和晚上都能够安然入睡。父母不一定严格要求，不要强迫，只要尽可能地坚持就可以了。

培养良好睡眠的方式

4~5个月的宝宝大多数能一夜睡到天亮，小部分有入睡困难或夜间醒后哭闹的现象。睡眠好坏不仅影响宝宝的健康和智力发育，也牵动父母和全家的精力和情绪。

- 严格执行入睡、起床的时间，加强生理节奏周期的培养。
- 卧床时应避免饥饿，上床时或夜间不宜饮水过多，以免扰乱睡眠。
- 宝宝最好单独睡小床，研究证明，单独睡比和母亲同床睡能睡得更好。
- 睡前1~2小时避免宝宝剧烈活动或玩得太兴奋。
- 白天睡眠时间不宜过多。

让宝宝白天多玩晚上多睡

睡眠既然是个生活习惯，就可以调节，这需要母亲有意识地训练自己的孩子，养成他良好的睡眠习惯。

白天让孩子尽量多玩少睡，在夜间除了喂奶，换1~2次尿布以外，不要打扰孩子。在后半夜，如果孩子睡得很香也不哭闹，可以不喂奶。随着孩子的月龄增长，逐渐过渡到夜间不换尿布，不喂奶。

如果妈妈总是不分昼夜地护理孩子，那么孩子也就会养成不分昼夜的生活习惯。

带宝宝进行户外睡眠

春秋季节，天气晴朗，可让宝宝躺在婴儿车里到室外或阳台上午睡。冬季在日光较充足时，到背风暖和的室外或打开朝阳的窗户在室内午睡。夏季只在早晨或下午凉快时进行。

注意不要让日光直射宝宝的脸，注意天气变化，随时用手伸进宝宝包被中检查温度，不可太冷或太热，防止宝宝感冒或中暑。

◉ 宝宝爱蹬被，睡袋来帮忙

5个月大的宝宝四肢力量逐渐增强，睡觉也变得不再安分，稍不留意就把被子蹬开，很容易着凉、感冒。这时候，父母可以考虑给宝宝准备一个舒适的睡袋，就可以很好地解决宝宝睡觉蹬被子的问题。

睡袋的款式

睡袋的款式非常多，爸爸妈妈可以根据宝宝的睡觉习惯来选择，一般抱被式的睡袋婴儿都适用。睡觉时喜欢露着两只手，并做出"投降"姿势的宝宝，可以选择背心式的睡袋，怕宝宝着凉也可以选择带袖的。

睡袋的薄厚

现在市场上宝宝的睡袋有适合春秋季用的，也有适合冬季用的。选择睡袋的时候，爸爸妈妈一定要考虑家里的气候因素，还要考虑自己的宝宝属于什么类型的体质，然后再决定所买睡袋的薄厚。

睡袋的花色

考虑到现在的布料印染中的不安全因素，建议尽量选择白色或浅色的单色内衬睡袋。

睡袋的数量

多数宝宝晚上都是穿着纸尿裤入睡的，尿床的机会很少，一般两条睡袋交换使用就可以了，建议不同样式的睡袋搭配使用。

睡袋的做工

选择睡袋时还要看标志，最好亲手摸摸，感受一下睡袋的质地、厚薄和柔软度，注意一些细小部位的设计，比如拉链的两头是否有保护措施，确保不会划伤宝宝的肌肤，睡袋上的扣子及装饰物是否牢固，睡袋内层是否有线头等。

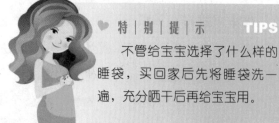

♥ 特 | 别 | 提 | 示　　**TIPS**

不管给宝宝选择了什么样的睡袋，买回家后先将睡袋洗一遍，充分晒干后再给宝宝用。

🐾 夏季预防蚊虫叮咬

夏天，父母要留心宝宝被蚊虫叮咬。小儿皮肤娇嫩，表皮薄，皮下组织疏松，血管丰富。一旦被蚊虫叮咬后，局部即有明显的反应，会很快发红、肿胀，这是由蚊虫叮咬而引起的小血管渗出、充血造成的。

最佳的防蚊方法

↘ 蚊帐：这是为宝宝防蚊防蝇的首选，爸爸妈妈应尽量使用蚊帐，不过有的蚊帐空间狭小，宝宝靠近蚊帐时仍然会被叮咬，可以将宝宝放到大床上睡，并罩上一个大蚊帐。

↘ 捕蚊灯：对于夜间活动的蚊虫效果很好，对宝宝的伤害也较小，可以配合蚊帐使用。

↘ 植物巧妙防蚊防蝇法：如把橘子皮、柳橙皮晾干后包在丝袜中放在墙角，散发出来的气味既防蚊又可以使空气清新；把天竺葵精油（4滴）滴于杏仁油（10毫升）中，混合均匀，涂抹于宝宝手脚部（脸部要少涂一些），宝宝外出或睡觉时可防蚊子叮咬。

↘ 橘红玻璃纸驱蚊法：用透光性强的橘红玻璃纸套在60瓦的灯泡上，蚊子会四处逃散。

↘ 纱门、纱窗防蚊法：这个方法也是简单经济的方法，在宝宝房间与外界相通的门和窗上安装防蚊的纱布，纱布的空隙应尽量小。

被蚊子叮咬后的处理

↘ 首先是止痒，可外涂虫咬水、复方炉甘石洗剂，也可用市售的止痒清凉油等外涂药物。

↘ 可以涂一点点花露水或风油精，出现小包时，小包上也应涂抹一点，可多次涂抹，直到把包控制住。

↘ 可少量给宝宝涂一些有消炎、止痒、镇痛作用的无极膏，对治疗蚊虫叮咬效果很好，对宝宝的副作用也小，但不能长期使用。

↘ 如果宝宝的小鸡鸡被叮咬后出现水肿，则不能随便用药，水肿刚出现时用冷毛巾敷一下，再涂抹一点花露水，如果水肿仍没好转，应立即去看医生，不能任由水肿发展下去，否则可能导致排尿困难。

为宝宝提供一个安全的环境

在照料宝宝日常起居的同时，父母要经常根据宝宝的身体发育状况及活动能力，检查周围环境中是否有危险物品。起码在宝宝的活动范围内不要有危险物品，如尖锐物、热水、药品、易燃烧物、未覆盖的插座和电线等。宝宝的好奇心越来越强，肢体动作开始向外探索，所以这些物品要远离宝宝，以免他好奇乱摸时被伤到。

＼宝宝的活动场所要保持清洁卫生，去除所有杂物。

＼宝宝身边的玩具和物品都必须仔细检查其安全性，如尖锐物、热水、药品、易燃烧物、可剥离的物件都不能靠近宝宝。宝宝太小，根本不懂得如何避开潜在的危险，只要他感兴趣的东西，他都会去摸摸看看，勇敢地进行探索。

＼会翻身的宝宝睡觉及游戏时，一定要有安全护栏，而且护杆的高度或栏杆间的距离一定要适当，以防宝宝摔下，或头被栏杆卡住。

＼宝宝喜欢把手里的东西往嘴里送，他的小嘴巴是他认识事物的主要武器，家长一定要将宝宝可能塞入嘴里造成危险的物品拿开，例如不经意掉落的花生米、瓜子、钮扣、硬币、水果籽、玩具零件等。

＼宝宝的好奇心越来越强，肢体动作开始向外探索，因此，家长在给宝宝冲牛奶或准备食物的时候，一定要注意热水、杯了、勺子等物品远离宝宝，以免他碰着被伤到。

＼宝宝洗澡时，应先放冷水，再加热水，以防其冷不防伸出手、脚到水里而被烫伤。而且，最好在浴盆内放入毛巾或防滑垫，防止宝宝滑倒。

＼家长因工作或有急事需要外出一会儿时，绝对不要把宝宝单独放在家里睡觉，这是最不安全的办法，宝宝已会翻身，可能会发生各种意想不到的事故，例如哭昏，跌伤、撞伤、重物压伤等。

开心乐园

"爸爸，墨水很贵重吗？"

"啊，不。你怎么会这样想呢？"

"因为我洒了一点点墨水在地毯上，妈妈好像非常痛心似的。"

防胜于治，宝宝百日咳的防护

百日咳是宝宝常见的传染病，是一种由百日咳杆菌（又名百日咳博尔代菌）引起的急性呼吸道传染病，主要通过飞沫传播。

如何判断宝宝百日咳

患病宝宝流鼻涕、咳嗽、发烧、眼睛疼痛，常有阵发性痉挛性咳嗽，咳后有鸡鸣样的回声，咳嗽发作的时候，会发生呕吐甚至因窒息的导致面孔青紫的症状，由于病程可长达2～3月，故名百日咳。

宝宝百日咳的预防

↘隔断传染源，若发现其他宝宝患病，应避免宝宝接触，至少应保持隔离状态40天。

↘宝宝的卧室要经常进行室内通风换气，保持空气新鲜。

↘主动免疫，接种常用百白破（百日咳、白喉、破伤风）三联疫苗。

宝宝患百日咳后的护理

↘宝宝患百日咳后，咳嗽的间隙应及时补充大量的水分。

↘初患病的半月内传染性最强，应注意患儿的隔离，被服用具等应经常煮沸消毒或暴晒。

↘宝宝呕吐后要补给少量食物，宜少

量多餐，应该选择营养高、易消化、较黏稠的食物，宜食食物有胡萝卜、萝卜、冬瓜、梨、金橘等。

↘防止宝宝劳累、受凉、情绪激动以及烟熏等不良刺激，减少阵咳的发作，最好由妈妈抱着，使其得到心理安慰，也可减少痉咳。

↘宝宝呼吸困难，出现青紫或抽搐时需有专人守护，必要时可人工呼吸，严重时要立即送医院。

◉ 经常和宝宝说说话

经常和宝宝说说话，可帮助父母和宝宝之间建立起亲密无间的感情，并可以鼓励宝宝表达意思，促进宝宝的语言交流能力。有人会问：宝宝听得懂吗？也许他还不懂，但他能从你的语气和表情中感受到关爱，并产生交流的欲望。那我们可以和宝宝说些什么呢？

在宝宝临睡前

父母：宝宝困了，我们躺下睡觉吧，妈妈给宝宝唱首歌，好不好？

（停顿）假设宝宝正在回答。

父母：要不然我们讲个故事？

（停顿）假设宝宝正在回答。

父母：睡吧，亲爱的，晚安。

当宝宝早上醒来时

父母：宝宝早上好啊！睡的好不好？做美梦了没有？

（停顿）假设宝宝正在回答。

父母：哟，还打哈欠呢？真是可爱！

（停顿）假设宝宝正在回答。

父母：瞧，太阳公公马上要出来了，新的一天又开始了，今天宝宝要做点什么呢？

（停顿）假设宝宝正在回答。

父母：嗯！好吧！我们和小豆豆一起到公园玩去，好不好？

当宝宝哭泣时

父母：宝宝哭起来喽！宝宝是饿了吗？

（停顿）假设宝宝正在回答。

父母：宝宝不饿啊！那宝宝是怎么了？

（停顿）假设宝宝正在回答。

父母：噢，原来是宝宝尿湿了呀！来，让妈妈看看！

父母：噢，真的是尿湿了呀！

父母：小坏蛋，我给你换尿布啊。哦！哦！不哭了！不哭了！

（停顿）假设宝宝正在回答。

父母：宝宝真乖啊，这回舒服喽！

当给宝宝穿衣服时

父母：今天宝宝要穿什么衣服呢？嗯？

（停顿）假设宝宝正在回答。

父母：穿黄色的呀？好吧！那就给宝宝穿黄色的！（拿起黄色的衣服）

（停顿）假设宝宝正在回答。

父母：不穿黄的呀？黄的不好看？那好，你要穿什么颜色呢？

（停顿）假设宝宝正在回答。

父母：嗯！好吧！穿白色的！宝宝最喜欢这件白色的衣服了！（拿起白色的衣服）

玩具颜色对宝宝的影响

丰富的色彩对于活化宝宝的视觉感受，开发宝宝智力都是极有好处的。如果婴儿经常生活在黑色、灰色等暗淡令人不快的色彩环境中，会影响大脑神经细胞的发育，使宝宝显得呆板，反应迟钝和智力低下；反之，如果宝宝在五彩缤纷的环境中成长，其观察、思维、记忆的发挥能力都高于普通色彩环境中长大的宝宝。

玩具是宝宝童年当中不可或缺的重要部分，将色彩的元素赋予到玩具中，不仅能够让宝宝快乐地玩耍，还能够强化宝宝的认知能力。家长可以从婴儿大脑发育的需要以及开发大脑功能的角度来为宝宝选购色彩丰富，各式各样的漂亮玩具。

一般来讲，红色可以培养宝宝活泼开朗的性格。绿色可以缓解宝宝的视觉和精神疲劳，让宝宝在轻松的氛围中玩耍。蓝色可以培养宝宝沉稳良好的性格，缓解压力和不良的情绪。黄色能够增强宝宝的食欲，促进消化和吸收。

培养宝宝的辨别能力

辨别能力是指知道事物的名称及其用途的能力。例如，知道奶瓶、电视等名称，明白奶瓶是用来喝东西的，电视是用来看的。形成婴儿辨别能力的基础，源于婴儿时期的摸索和接触的东西，为了更好地培养宝宝的辨别能力，妈妈可以通过给宝宝看带图画的卡片来培养，还可以指着他周围的事物并告诉他"这是什么"，例如，指着宝宝周围的环境亲切地告诉宝宝："这是你的小床、小椅子……"每天反复说给宝宝听，将对培养辨别能力会起到良好的作用。

☺ 听觉训练——听各种声音

目的：锻炼听力，训练语言表达能力。

步骤：

↘ 录下各种各样的声音，如汽车的"嘀嘀"声，小猫的"喵喵"声，小鸟的"叽喳"声；还有爸爸妈妈和宝宝发出的各种声音，如爸爸的说话声，妈妈的炒菜声，宝宝的笑声等。

↘ 找一个安静的时候，和宝宝一起听这些声音，"咦，什么声音在响，哦，汽车喇叭'嘀嘀嘀'。""咦，什么声音在响，哦，是宝宝的笑声哦。"

注意事项：

宝宝可能还不会开口说话，妈妈自问自答就可以，可以尝试引导宝宝发出"嘀嘀"、"喵喵"等象声词。

☺ 视觉训练——开关手电筒

目的：训练宝宝的视觉认知能力，将所看到的和听到的联系起来。

步骤：

↘ 在夜间室内光线比较暗的情况下，妈妈将手电筒打开，然后吸引宝宝的视线。

↘ 慢慢将手电筒往旁边移动，宝宝的视线会追随你的动作。

↘ 当宝宝追寻时，妈妈对宝宝说："亮了。"

↘ 然后熄灭手电筒，告诉宝宝"黑了"，让宝宝体会黑暗和光明的不同。

注意事项：

不要将手电筒直射宝宝的眼睛，应将手电筒的光照在宝宝对面的墙上。

◉ 运动训练——蹬小车

目的：训练宝宝的四肢，为日后宝宝的爬行作准备。

步骤：

↘ 让宝宝仰卧在床上，妈妈拉着他的两只手，轻轻带动宝宝做双臂前举的动作。

↘ 妈妈轻轻握住宝宝的左脚脚踝，帮他轻轻屈膝，再慢慢拉直，做3次，再换另一只脚做3次。

↘ 用两手握住宝宝的两条小腿，一前一后屈伸活动，像蹬小车一样，反复3次。

注意事项：

注意观察宝宝的反应，如果宝宝有厌烦的表情，立刻停止游戏。

◉ 思维训练——比大小

目的：通过比较大小的练习，锻炼宝宝的思维能力。

步骤：

↘ 将桌子上放一大一小两个苹果，然后将宝宝抱到桌子前面。

↘ 妈妈拿起大苹果，对宝宝说："这个是大苹果。"再拿起小苹果说："这个是小苹果。"

↘ 反复几次之后，妈妈让宝宝拿起大苹果或者是小苹果，看看宝宝是否能够拿正确。

注意事项：

可以先将苹果洗干净，以免宝宝将脏苹果吃进嘴里。

6月宝宝，长出漂亮小白牙

💗 金牌喂养

◉ 多为宝宝准备点磨牙食品

由于宝宝开始长牙了，牙龈发痒宝宝会有啃噬的欲望，而且适当磨牙可以锻炼宝宝的咀嚼能力，促进牙龈、牙齿健康发育，爸爸妈妈不妨多为宝宝准备一些磨牙食品。

新鲜水果条和蔬菜条

可以把能生吃的蔬果如新鲜黄瓜、苹果、番茄等，切成小长条形，让宝宝自己用手拿着吃，不但可以磨牙，还能帮宝宝补充维生素。

硬馒头片、手指饼干或其他长条形饼干

这样的食物可以满足宝宝啃咬的欲望，又可以让宝宝练习自己拿东西吃，甚至有的宝宝还会将饼干塞到爸爸妈妈的嘴里表示亲昵。需要注意的是，不能给宝宝口味重的饼干，这会破坏掉宝宝的味觉。

柔韧的条形地瓜干

这也是一种非常好的磨牙食品，不但硬度适中，价格也十分便宜，一袋地瓜干可以

陪宝宝度过不少时间。如果担心地瓜干太硬损伤宝宝的牙床，可以在米饭煮熟后，将地瓜干放在米饭上焖一下，地瓜干就会变得又香又软，不过一定要先凉一凉再拿给宝宝。

● 让宝宝顺利接受小匙里的辅食

随着宝宝的逐渐长大，饮食里添加了各种辅助食品，小匙喂食成了一种新的喂养方式。刚开始宝宝因不习惯而拒绝小匙里的辅食时，妈妈一定要坚持用小匙喂食，只是要采取宝宝容易接受的方式。

可使用外形可爱、不易破碎的小匙。在第一次改用小匙喂食时，妈妈可以先喂宝宝平时就喜欢吃的食物。一旦宝宝觉得小匙中的东西很好吃，形成条件反射，再喂时，宝宝就比较容易接纳小匙了。

● 作好过渡准备，帮宝宝顺利断奶

宝宝现在已经进入断奶初期了，在正式断奶之前爸爸妈妈应做好充分的过渡准备，帮助宝宝顺利度过断奶期。

心理准备：断奶是一个自然过程

首先，爸爸妈妈要在心理上有所准备，断奶并不是一朝一夕的事情，而是经过了一段长时间的准备才进行的，实际上断奶是一个长期的自然的过程。从第四个月时考虑给宝宝添加辅食开始，宝宝断奶的过渡期就开始了，这个过程会持续到宝宝12个月正式断奶时为止。

物质准备：逐步添加辅食的次数和量

完全断奶前要有一个逐步减少奶量的准备过程，这同时也就是逐步添加辅食的过程，宝宝的肠细胞需要时间才能逐步发育成熟，不能一下子接受食物，也不能一下子断奶，所以断奶应该一步一步地进行，慢慢减少吃奶的次数，逐渐增加辅食的次数和量。

过渡载体：逐步改变食物的形态

宝宝一开始是完全吃液体食物（单纯母乳、奶粉等）的，断奶前应逐步更换食物形态，以食物形态的改变为载体，先由液体到泥糊状，再由泥糊状到小片软固体，然后再由小片软固体到固体，逐步过渡到以正餐食品代替一日三顿奶。

鸡肝糊

原料 鸡肝15克，鸡架汤15毫升。

做法

1. 将鸡肝放入水中煮，除去血沫后再换水煮10分钟，取出鸡肝剥去外皮，将肝放入碗内研碎。

2. 将鸡架汤放入锅内，加入研碎的鸡肝，煮成糊状即成。

营养分析

此糊含有丰富的蛋白质、钙、铁、锌及维生素A、维生素B_1、维生素B_2和维生素C等多种营养素。尤以维生素A、铁含量较高，可防治贫血和维生素A缺乏症。

蔬菜面汤

原料 自制面片或龙须面10克，蔬菜泥少许。

做法

1. 将自制面片或龙须面切成短小的段，加入半杯沸水煮熟，捞起备用。

2. 将煮熟的面与水同时倒入小锅内捣烂，煮开。

3. 起锅后加入少许蔬菜泥，待汤面温时即可喂食。

营养分析

此汤面能为宝宝提供较多的糖类和B族维生素。糖类能帮助宝宝吸收和消化所有食物，使营养得到更充分地吸收。

❤ 日常护理

◉ 保护好宝宝正萌出的乳牙

6个月左右宝宝会萌出第一颗乳牙，这时就应重视护理宝宝的牙齿了，否则宝宝很容易得龋齿，从而影响食欲和身体健康。

护理宝宝的乳牙要做好以下几点：

↘ 每次给宝宝喂食后，再喂几口白开水，以便把残留食物冲洗干净。牙齿萌出后，应早晚各一次，把干净的湿纱布或手帕裹在洗干净的手指上，或将消毒棉签浸湿以后抹洗宝宝的口腔及牙齿，以清除食物残渣。

↘ 经常带宝宝到户外活动，晒晒太阳，不仅可以提高宝宝免疫力，还有利于促进钙质的吸收，帮助牙齿发育。

↘ 要注意纠正宝宝的一些经常性的不良习惯，如咬手指、偏侧咀嚼、咬空奶嘴、睡前喝奶等，以免造成龋齿、牙齿错位或牙颌畸形。

↘ 发现宝宝有出牙迹象，如爱咬人时，应为他准备磨牙口胶或磨牙棒，也可以给些硬的食物如苹果、梨、面包、饼干等让他啃，既锻炼牙齿又增加营养。

↘ 坚持训练宝宝正确使用口杯，宝宝开始长牙后，使用奶瓶会使奶水渗透到牙齿根部，容易引起发炎或病变。

↘ 在宝宝长牙时期（6~12个月）经常带宝宝到医院牙科检查一下牙齿，了解宝宝长牙的情况，还可向医生请教如何保护宝宝的牙齿。

不要让宝宝吸吮空奶嘴

有些用奶瓶喂养的宝宝吃完奶后，父母仍让宝宝咬着空奶嘴吸着玩，这样很不好。

↘ 宝宝长时间吸吮空奶嘴，会使上下前牙变形，牙齿排列不齐。

↘ 宝宝吸吮空奶嘴会引起条件反射，促进消化腺分泌消化液，等到真正吃奶时，消化液则供应不足，影响食物的消化、吸收，同时也会影响食欲。

↘ 宝宝吸吮空奶嘴会将大量的空气吸入胃肠道中，引起腹胀、食欲下降等一系列消化不良的症状。

↘ 如果宝宝吸吮的空奶嘴没有经过很好的消毒，还会引起一些口腔疾病，如鹅口疮等，从而增加宝宝的痛苦。

千万不要为了哄宝宝而让宝宝按大人的意愿把安抚奶嘴作为安慰物。

宝宝的衣服要考虑其安全性

对6个月的小宝宝来说，在服装的选择上安全问题不可忽视。

↘ 衣服正面最好不要有扣子。这么大的宝宝喜欢什么东西都往嘴里塞，一旦抓住衣服上的扣子，也会本能地放进嘴里。因此，给6个月大的宝宝准备衣服时，最好不要钉扣子，以免被宝宝误食。如果有钉扣子的必要，则要经常检查扣子是否牢固。

↘ 可以去掉衣服上能被宝宝摸到的装饰物。宝宝衣服上的装饰物也要尽可能地少，装饰性的小球之类则一定要去掉，还要经常检查宝宝的内衣裤上是否有线头。

↘ 以宽松的设计为好。6个月大的宝宝生长发育比较迅速，活动量比以前多，活动范围和幅度也比以前大大增强，所以衣服一定要以宽松为主，否则会影响宝宝正常发育。衣服的袖子或裤腿不能过长，否则也会妨碍宝宝的手脚活动。

宝宝难带怎么办

6个月的宝宝越来越不愿意一个人躺在小床上了，动不动就要妈妈抱，两只眼睛望着窗外，要去外面玩；或者待在家里也不老实，东爬西爬的，弄得妈妈很疲惫，认为自家的宝宝真不好带。

难带宝宝的特质

↘ 容易受到惊吓，而且听到不同的声响会有神经质的表现或啼哭。

↘ 极度敏感，不喜欢强光，不喜欢多项活动和某些衣物。

↘ 凡事都不和父母合作，包括从沐浴到睡觉。

↘ 显得烦躁且拒绝小睡。

↘ 新的面孔和新地方或新方法都有可能扰乱宝宝的正常生活。

↘ 很少微笑，相反地，经常会啼哭、啜泣、号啕或尖叫。

应对措施

↘ 了解使宝宝烦扰的事物。你虽无法改变宝宝的性情，但可以找出令宝宝烦扰的事物，尽量避免那些情况。以任何可能的方式来响应宝宝的需要。

↘ 找出宝宝情绪变化的情况。这样可以帮助你发现引发宝宝焦躁的原因，如宝宝小睡醒来饿了，就在那时喂宝宝，帮助宝宝建立固定的生活作息时间。

↘ 减少刺激，特别是在宝宝敏感时。我们这里所谓的刺激指的是光、噪声、颜色和活动等。建立一套固定的常规模式，如沐浴之后轻摇宝宝或拥抱宝宝。当宝宝焦躁时，尽可能地以同样的方式安抚宝宝，并保持冷静，别因此而受到打击或感到挫败。

当父母意识到自己的宝宝不是个"好带"的宝宝时，可能会觉得有挫败感。不好带的宝宝有许多特质是出生前就具有的，假如宝宝难缠或不好带也别觉得内疚，这不是你或宝宝的问题，只是宝宝生来就是那个样子。

开心乐园

公园，一个小男孩不停地把流出鼻孔的鼻涕吸进去，一位女士实在忍不住，就非常和善地对他说："小朋友，你有手帕吗？"结果小男孩非常不高兴地说："我妈妈说了，手帕不能给别人用！""……"

◉ 学会给宝宝量体温

观察宝宝体温，是了解婴儿健康状况的一个重要方面。测量体温一般有3种方法：肛测、口腔测和腋下测。由于婴儿多动，且大多是无意识的动作，测量肛门和口腔的温度很容易发生意外，一般采用腋下测量体温，既方便卫生又安全。

↘ 测体温前，要将体温计的水银柱甩到35℃以下。然后解开婴儿的衣服，将体温表的水银端放置于婴儿的腋窝深处，并使婴儿屈臂夹紧体温表，5分钟后取出体温计，查看体温计的读数。

↘ 宝宝在测体温时，家长要一直守候在旁边，宝宝自己不能夹紧腋窝，家长应帮助婴儿夹紧至5分钟后再拿出体温计。

↘ 正常婴儿的基础体温为36～37℃。超过37℃为发热，38～39℃为中等热，39℃以上是高热。连续发热两个星期以上称为长期发热。

◉ 别让宝宝与佝偻病结缘

佝偻病是由于体内维生素D不足引起的，维生素D不足会导致全身钙、磷代谢失常，使钙、磷不能正常沉着在骨骼的生长部位，严重的可以发生骨骼畸形。

佝偻病的症状

宝宝患佝偻病一般表现为：抵抗力低下、烦躁不安、易激怒、夜惊、吃奶或哭闹时出汗特别明显，睡觉时汗多，可浸湿枕头，有的宝宝出现方颅、前囟门大、10个月还不出牙等症状。

佝偻病的预防

宝宝预防佝偻病的重点在于合理补充维生素D：

↘ 应及时给宝宝吃鱼肝油。

↘ 天气晴好时，宝宝最好每天到室外活动一下，以帮助身体产生更多的具有活性的维生素D。

↘ 要及时、合理地添加如蛋黄、猪肝和蔬菜等辅食，帮助增加维生素D的摄入量。

启迪智慧

啃啃咬咬，宝宝在探索

6个月以后的婴儿，往往会坐着了。坐起来后的宝宝视野比躺着的时候开阔了许多。随着视野的开阔，宝宝双手的活动越来越自如，开始到处抓东西，并总是喜欢把东西放进自己的嘴巴里。

家长不必太担心

不管是毛巾，还是自己的小臭鞋，或者是其他的杂物，宝宝都要抓过去吮一吮，舔一舔，或者咬一咬。这些动作往往会让家长担心，宝宝会不会因为什么都往嘴里放而引起疾病。因担心就会忍不住夺下孩子口中的东西，其实大可不必。

啃咬是一种探索

宝宝用嘴巴啃咬东西是他了解事物、探索世界的一种非常重要的方式，6～8个月的婴儿，正值探索事物的萌芽期。当婴儿抓到东西时，除了看看、敲敲外，还总是把东西马上放入口中，进行吮、舔、咬，用这种方式来尝试、探索。这样的动作，不但会带给他无比的快感，还能使他的心灵获得满足感和安全感。

要保护而非制止宝宝的探索行为

把东西往嘴里放固然很不卫生，但这是婴儿成长发育必须经过的一个阶段。如果宝宝有这些举动的时候，总是招来大人的责骂和制止，会逐渐降低宝宝对各种事物探究的兴趣，反而对宝宝的健康成长不利。

因此，家长们应采取积极的方法解决这个问题，尽量给宝宝创造一个安全的环境，让他尽情去玩耍，例如，可以把婴儿经常会抓到的东西或玩具清洗干净，不要将有毒或不能吃的东西放在宝宝周围，以免给宝宝带来意外伤害。

❤ 特|别|提|示　**TIPS**

在这一时期，宝宝的学习能力和兴趣是很强的，对什么事物都特别好奇，在这种好奇的探索过程中，宝宝的自信心和认知能力都会得到加强，家长一定不要扼杀宝宝的好奇心。

给宝宝照镜子

很多带小宝宝的家庭都会遇到这样的分歧，当妈妈抱着宝宝照镜子，逗宝宝玩的时候，总会遭到家中长辈的制止，说宝宝不能够照镜子，会被吓着。那么，宝宝可以照镜子吗？其实，婴儿不能照镜子是一种不科学的说法。婴儿多照镜子，不仅可以促使他早日对自己有所了解，还能够增加宝宝视觉体验，培养宝宝的社会亲和力。

怎样给宝宝照镜子

在婴儿面前放 面大镜了，让他看到镜了中自己的影像时，第 次可能会有些紧张，会睁大眼睛看着镜子里的自己，但逐渐地就会对镜子里那个"小伙伴"感兴趣。他会伸出手去触摸对面镜子中的人，会对着镜子中的人笑和说话。这个时候他并不会意识到镜子中的影像是自己，他把镜子中的人当作另外一个婴儿。他会自发地去摸他，拍打镜子，对其表示亲昵、友爱，这些行为都是宝宝对周围环境的信任感和安全感的体现。

给宝宝照镜子应注意的问题

尽管给宝宝照镜子有各种各样的好处，但是，妈妈在给宝宝玩镜子的时候还是要注意以下几个问题：

↘ 用镜子培养宝宝社会性的最佳时间是在宝宝出生后第8～9周，也就是说宝宝满2个月之后开始照镜子比较好。

↘ 要掌握宝宝与镜子的最佳视距。一般来说，镜子不能太远也不宜太近，不能太高也不能低，最好是挂在距宝宝眼睛15厘米的地方，与宝宝平视为宜。

↘ 要注意安全。镜子是易碎的玻璃制品，所以在给宝宝玩镜子时，大人一定要在旁边看护。

语言训练——打哇哇

目的：锻炼宝宝的模仿能力，并为宝宝说话打下一定的基础。

步骤：

↘ 妈妈把手放在自己嘴上，有节奏地拍着，嘴里发出"哇哇哇"的声音，并对宝宝说："宝宝，打哇哇！"

↘ 妈妈将手放在宝宝的嘴边，轻轻拍着，嘴里发出"哇哇哇"的声音，并对宝宝说："宝宝，打哇哇！"观察宝宝的反应，如果宝宝没有任何反应，妈妈可继续自己的动作和语言，时间稍长一些，宝宝就会有所反应了。

↘ 一旦宝宝发出了"哇哇哇"的声音，妈妈要及时给予鼓励，抱起宝宝，亲一亲。

注意事项：

妈妈、宝宝都要洗净手。另外。游戏尽量不要在刚吃完饭进行，因为刚吃完饭的宝宝容易犯困。

运动训练——两手握物对敲

目的：训练宝宝的手部动作控制能力。

步骤：

↘ 让宝宝坐在床上，妈妈将两个玩具分别握在宝宝手里，最好是能够发出悦耳声音的玩具，如摇铃。

↘ 妈妈也双手分别拿一个玩具，在宝宝面前有节奏地敲击出声音，要宝宝也模仿着将手中的玩具对敲出声。

↘ 开始时，妈妈可以轻轻扶住婴儿的手臂，帮助他将玩具对敲出声，以此引起宝宝的兴趣。

↘ 宝宝在妈妈的诱导下很快学会双手拿着玩具对敲。

注意事项：

妈妈要有耐心，对宝宝进行引导，以引起宝宝进行对敲的兴趣。

认知训练——花儿真漂亮

目的：让宝宝认识花，增强宝宝的观察能力，培养宝宝对美好事物的欣赏能力和对大自然的热爱。

步骤：

↘ 妈妈带着宝宝到花园里去，或者在家里看着花盆里的花或者图片，指着五颜六色的花朵给宝宝看，并且告诉宝宝："这是花儿，宝宝就像花儿一样美丽。"

↘ 妈妈一边让宝宝欣赏花朵，一边加深宝宝对颜色的认知："这是红色的花朵，这是粉色的花朵，而这个则是白色的花朵……"

↘ 一边让宝宝看花，一边也可以唱儿歌："花儿花儿美，花儿花儿香，宝宝就像花儿一样。"教导宝宝熟悉"花"的发音。

注意事项：

看花朵的时候不要靠得太近，以免花粉之类的小颗粒伤到宝宝。

触觉训练——这是什么呀

目的：在快乐的交流中进行触觉训练，培养宝宝的欢乐情绪。

步骤：

↘ 父母把宝宝抱在怀里，之后就用毛毯、羽毛、棉球等柔软的物品来轻轻触摸宝宝的手和脚，同时跟宝宝低声地说话："这是什么呀？这是宝宝的小脚丫子，胖嘟嘟的小脚丫。胖嘟嘟的小脚丫，痒痒来喽！"这会让宝宝感觉非常开心。

↘ 每次触摸宝宝的手和脚的时候，可以采用不同的物品。物品不同，给宝宝造成的触感也就不同，逐渐的，宝宝就能对某种物品产生独特的喜好，也更会加深这个喜好。

注意事项：

一定要轻轻地触摸宝宝，这样才能更刺激宝宝，让宝宝的感觉更细腻，也更有趣。

7月宝宝，独坐稳当不摇晃

♥ 金牌喂养

● 均衡安排宝宝的饮食

饮食均衡实际上就是保证宝宝每日摄取的营养平衡，这可以通过各种食物的合理搭配来实现，以符合宝宝生长发育、智力发展的需求，预防各种营养缺乏和营养过剩所引发的疾病。

热能供给的平衡

宝宝热能的来源主要是脂肪和碳水化合物，脂肪主要来源于乳类、蛋黄、肝类、鱼类、食用油等；碳水化合物主要来源于蔗糖、谷物、水果、坚果、蔬菜等。家长应该根据宝宝的生长状况为宝宝合理补充能量，只要均衡地给宝宝摄取以上食物，就足够满足宝宝对热量的需求。

必需营养素的平衡

必需营养素即产生热能的种种营养素如蛋白质、脂肪、碳水化合物等，这些元素在人体内产生热能时所占的比例是相对稳定的：蛋白质供给的热能应占总热能的10%～15%，脂肪占15%～25%，碳水化合物占60%～75%。任何一种营养素都不能过量补充，宝宝身体健康发育更是如此。

产热营养素与维生素的平衡

维生素是不产热的营养素，但产热的营养素发生作用离不开维生素的调节和支持，产热营养素摄入增加了，各种维生素的补充量也要随之加大，这样才能保持平衡。

微量元素与大量元素的平衡

微量、大量元素都称为矿物质，如钙、铁、锌等，这些元素在人体内的比例是一定的，过多会中毒，过少也会患病。

矿物质之间也存在平衡，爸爸妈妈绝对不可只给宝宝吃含某种矿物质多的食物，而应该均衡摄取。

● 断奶第一步：减少奶量，增加辅食量

顺利的话，宝宝现在已经添加了种类丰富的辅食，而且这一阶段是宝宝学习咀嚼的敏感期，为宝宝提供种类丰富的食物，可以满足宝宝口味和营养方面的需要。宝宝此前一直需要喂母乳或配方奶粉，不过，从这个月开始，爸爸妈妈应该考虑开始给宝宝断奶了，一来母乳和配方奶粉不能满足提供宝宝生长所需的营养，二来宝宝通过辅食摄取营养的能力也比较强了，因此这个月可以给宝宝适当减少奶量，增加辅食量，为进入断奶阶段作准备。

现在，宝宝每天不必吃很多奶，奶量保持在每天500毫升左右就可以了，其余的可以通过增加半固体性辅食来补充，如米粉、稠粥、烂面条、馒头、饼干、肝末、动物血、豆腐等。可以增加两次代乳性辅食，减少两次奶量。

现在宝宝吃的每一餐最好要由淀粉、蛋白质、蔬果、油这4类食物组成，煮熟的蛋黄可以增至每天1个，并可以渐渐过渡到蒸蛋羹，菜汁、果汁可增至每天6汤匙。

● 让宝宝接受新食物的方法

父母在使宝宝养成良好饮食习惯的同时，还要让宝宝对新添的食物感兴趣并愿意接受。

↘ 把新食物和宝宝熟悉的食物搭配在一起吃。

↘ 父母边讨论新食品的味道、颜色、质量及香甜可口，边咀嚼新食品，并做出兴致很高的表情，以增加宝宝对新添食物的感官了解和熟悉程度。

↘ 如果宝宝接受了这种新食品，要给予适当的表扬，至少4～5天后，再让宝宝尝另一种食品。

↘ 如果初次进食被宝宝拒绝，暂且不去理会，切勿强迫他再进食或对他表示不满，要等以后有机会时，再试试其他的办法。

↘ 将一种新食物烹调成多种菜肴，让它以另一种形式去引起宝宝的兴趣，或许宝宝更乐于接受。

父母在为宝宝准备新添食物时，应注意色、香、味、形，以增加宝宝的进食兴趣。

宝宝不爱吃辅食怎么办

宝宝开始吃辅食了，但不少父母常为宝宝不肯吃辅食而烦恼。那么，父母应该采用哪些措施呢？

准备一套儿童餐具

用大碗盛满食物，会使宝宝产生压迫感而影响食欲；尖锐及易破的餐具也不宜让宝宝使用，以免发生意外。市售的儿童餐具有可爱的图案、鲜艳的颜色，可以促进宝宝的食欲。

示范如何咀嚼食物

有些宝宝因为不习惯咀嚼，会用舌头将食物往外抵，父母在这时要给宝宝示范如何咀嚼食物并且吞下去。可以放慢速度多试几次，让宝宝有更多的学习机会。

不要喂太多或太快

按宝宝的食量喂食，速度不要太快，喂完食物后，应让宝宝休息一下，不要有剧烈的活动，也不要马上喂奶。

品尝各种新口味

饮食富于变化能刺激宝宝的食欲。在宝宝原本喜欢的食物中加入新材料，分量和种类由少到多。宝宝不喜欢的食物可减少供应量，但应逐渐增加辅食的种类，让宝宝养成不挑食的好习惯。宝宝讨厌某种食物，有时不在于味道，而在于烹调方式。因此，父母应在烹调方式上多换花样。食物也要注意色彩搭配，以激起宝宝的食欲，但口味不宜太浓。

保持愉快的用餐情绪

若宝宝到吃饭时间还不觉得饿的话，不要硬让他吃，常逼迫宝宝进食，会让他觉得吃饭是件讨厌的事，长此以往则会产生排斥心理。

勿在宝宝面前品评食物

宝宝会模仿大人的行为，所以父母不应在孩子面前挑食及品评食物的好坏，以免养成他偏食的习惯。

专家叮咛

这个月龄的婴儿已经习惯于各种味道，开始走上正轨了。从这个月开始，可以大量增加辅助食物的量了。在增加辅食量和次数的同时，还应增加辅助食物的花样，要考虑到各种营养的平衡。

◎ 别步入婴儿喂养误区

为了宝宝健康成长，爸爸妈妈费尽了心思，也步入了许多喂养误区，这都是需要父母注意的。

用葡萄糖代替其他糖类

一些家长让宝宝长期口服葡萄糖，代替白糖、砂糖，以为这样更有利于吸收，可补充营养。常用葡萄糖代替其他糖类，肠道中的双糖酶和消化酶就会失去作用，时间长了就会造成消化酶分泌功能低下，导致消化功能减退，影响小儿生长发育。

用麦乳精代替奶粉

麦乳精的营养价值远远低于奶粉，如麦乳精中蛋白质的含量仅为奶粉的35%。食用麦乳精只能增加热量，不能供给机体足够的营养。

用饮料果汁代替水果

一些家长常给宝宝喝橙汁，以代替吃新鲜水果，这是错误的。因为新鲜水果不仅含有丰富的营养成分，而且宝宝在吃水果时，可锻炼咀嚼肌及牙齿的功能，刺激唾液分泌，促进宝宝的食欲，而各类饮料果汁里含有食用香精、色素等食品添加剂，且甜度高，会影响宝宝食欲。

用鸡蛋代替主食

过多食用鸡蛋，会增加小儿的胃肠负担，甚至引起消化不良性腹泻。因此，宝宝吃鸡蛋不宜多，一般每天1~2个鸡蛋就足够了。

用乳酸奶代替牛奶

现在市面上有不少用乳酸菌制成的乳酸奶。它们的味道很受宝宝喜爱，稍大的孩子适量喝一些还可以，但不能作为代乳品喂养婴儿，因为它们不是百分之百由牛奶制成。由于含的牛奶量不确定，营养素远远低于牛奶，长期以这样的乳酸奶代替牛奶喂养宝宝，会造成营养缺乏，影响宝宝正常的发育，所以乳酸奶不能代替牛奶喂养宝宝。

▽开心乐园

一个过路人问一个小女孩："小妹妹，请问，这两条路，通什么地方？"

小女孩回答道："东边的一条，可以通我的家；西边的一条，不通我的家。"

鸡蛋面条

原料 煮烂切碎的细面条50克，切碎的洋葱10克，切碎的番茄5克，鸡蛋半个，黄油、肉汤、盐各少许。

做法

1. 将锅置火上，放入黄油熬至熔化。下洋葱略炒片刻，再放入面条、肉汤和盐一起煮。

2. 将鸡蛋调匀后倒入锅内，与面条混合均匀后盛入碗内，上笼蒸5分钟，把番茄放在面条上即可。

营养分析

此面条色美、味鲜，含有丰富的蛋白质、脂肪、糖类及矿物质和维生素，能为宝宝提供机体所需的充足的热量，是很适合宝宝的营养膳食物。

麦片粥

原料 麦片100克，牛奶50克，水果（香蕉或苹果）50克。

做法

1. 将干麦片用清水300克泡软，水果洗净切碎。

2. 将泡好的麦片连水倒入锅内，置火上烧开，煮2～3分钟后，加入牛奶，再煮5～6分钟，等麦片酥烂，稀稠适度，加入切碎的水果略煮一下即可。

营养分析

此粥软烂适口，果香味浓，含有宝宝发育所需的蛋白质、脂肪、糖类、钙、磷、铁、锌和维生素A、维生素B_1、维生素B_2、维生素C及烟酸等多种营养素。

♥ 日常护理

◉ 训练宝宝有规律地大小便

半岁以前，宝宝排便不能自己控制，次数多且不规律。但当宝宝已经6~7个月的时候，父母就可以有意识地训练宝宝有规律地大小便了。

把尿训练

宝宝在睡前、醒后、喂奶或水后15分钟可能有尿，这时给宝宝"把尿"，并把排尿的无条件反射同一些条件刺激联系，如发"嘘——嘘——"声。经过一段时间的训练，当宝宝一解开尿布并听见"嘘——嘘——"声后，即使膀胱未胀满，也会排尿。

大便训练

宝宝大便时一般表现为，停止其他动作，安静下来，脸上有"一本正经"的样子，并且涨得发红。一遇到这种情况就要及时给宝宝把大便。妈妈在把的时候一定要让宝宝感觉很舒适。

在宝宝6~7个月的时候，可以开始训练坐便盆大便。不要让宝宝随便在床上、在玩的时候大小便。便盆最好放在固定的、光线充足的地方，以免因黑暗引起宝宝不安，干扰便意和形成条件反射。

注重宝宝的心理训练

妈妈可以有意识地让宝宝了解去便便、去厕所是什么意思，并且让宝宝听懂你的指示。当宝宝认知能力达到了解某些单字或语汇之后，才能听得懂对他所提出的口语指令，如"便便""嘘嘘"等日常生活中所必需的行为。当宝宝尿湿或弄脏裤子时，要清楚地告诉他"宝宝尿尿了""宝宝大便了"。

♥ 特｜别｜提｜示 TIPS

一般宝宝刚开始时不习惯，一坐便盆就打挺，这时父母不要太勉强，但每天都要坚持让孩子坐，这样训练几次后，宝宝慢慢也就习惯了。

避免宝宝养成揉眼睛的习惯

宝宝哭闹、玩耍、眼睛不适时，往往喜欢揉，久而久之，就会养成经常揉眼睛的不良习惯。各种眼病及不适都会引起揉眼，其中尤以过敏性结膜炎需引起高度重视。

↘ 当宝宝哭闹或揉眼睛时，应及时用柔软的纸巾帮他擦净眼泪。如宝宝面孔、眼部有汗水或灰尘时，应及时帮他洗净擦干，保持宝宝眼睛和面孔的清洁干净，这样便可减少宝宝揉眼的机会，避免养成揉眼的不良习惯。

↘ 如果有灰尘进入宝宝眼内，不要让宝宝自己揉，妈妈也不要用手揉，更不要用嘴吹。最好的方法是滴几滴眼药水，刺激眼睛流泪，从而将异物冲出来。如果用上述方法仍未将灰尘取出，可用消毒棉签轻拭，注意动作一定要轻柔，以免损伤宝宝眼睛。如果异物嵌入眼角膜，用棉签蘸拭不动，不要用力擦，也不要用手硬取，以免损伤眼角膜造成感染，应立即带宝宝去医院，请医生帮忙取出。

不要拧、捏宝宝的脸蛋

许多父母在逗宝宝玩时，会在宝宝的脸蛋上拧、捏；有些父母在给宝宝喂药时，由于宝宝不愿吃而用手用力捏宝宝的嘴巴。这样做都是不对的。

↘ 如果宝宝的腮腺和腮腺管一次又一次地受到挤伤，会造成流口水、口腔黏膜炎等疾病。因此，不宜拧、捏宝宝的脸蛋。

↘ 拧、捏宝宝的脸蛋对健康不利，一是宝宝的皮肤上血管丰富而且脆弱，大人在不经意间很有可能将宝宝的血管、皮肤组织弄伤，造成感染进而形成斑块和伤疤；二是大人的手不干净，在宝宝脸上摸来摸去，会给宝宝增加生病的概率。

❤ 不要逗宝宝过分大笑

有些家长喜欢把小宝宝逗得笑声不绝，却不知这样做会对孩子的健康成长带来一些不良的后果。

过分逗笑，不但会造成婴幼儿瞬间窒息、缺氧，引起暂时性脑贫血，时间长了，还会使婴幼儿形成口吃和痴笑；婴幼儿过分张口大笑，还容易发生下颌关节脱臼，久而久之会形成习惯性脱臼。

如果在宝宝进食时与其逗乐，不仅会影响宝宝良好的饮食习惯的养成，还可能将食物吸入气管，可能引起窒息发生意外。

专家叮咛

睡前不要过分逗笑宝宝。如果宝宝睡前过于兴奋，往往会迟迟不肯睡觉，即使睡了也不安稳，甚至出现夜惊现象。

❤ 调整宝宝早起床的办法

早起对于大人来说是个好习惯，可对于7~8个月的宝宝来说，每天五六点就闹着要起床可不是好事，这多半表示宝宝晚上休息不够，而且还会打扰精力不足的爸爸妈妈，这时要怎么办呢？

↘ 对宝宝不加理睬。在宝宝清晨发出第一声啼哭时，爸爸妈妈不妨稍微等待一下，如果宝宝不是大哭尖叫，可以慢慢加长等待的时间，宝宝哭一会儿后也许能翻个身再睡，或乖乖地自我娱乐一番。

↘ 避免晨光直射进来。宝宝对光线比较敏感，早上天一亮就会醒来，可以将宝宝卧室的窗帘弄得厚一些，以便更好地隔离光源，不让早晨的阳光直接照进宝宝的卧室。如果这样宝宝还是天微微亮就哭，可以在他醒来后看得到的地方如床边，放一些安全的玩具，这样宝宝一睁眼就看到玩具，能降低哭闹的概率。

↘ 不要让房间能听到噪声。宝宝对噪声非常反感，如果睡觉时能听到噪声，他必然会哭闹。因此，宝宝的房间一定要隔音，尤其是当房子面对大街时，睡前一定要关紧窗户，宝宝的房间尽量远离街道，以免早晨的噪声惊醒宝宝。

看宝宝外观预知疾病

通过外观预知疾病是一种非常直观、实用的方法。每一个家长都应掌握这种方法，在孩子生病之前就能发现一些疾病的蛛丝马迹。

面色

在中医理论中，脾在人体诸多功能中的运化功能是非常重要的。孩子过食生冷、寒凉的食物，会损伤脾胃之阳气，使脾胃运化功能失常，因而导致寒湿内生，发生腹胀、腹痛、腹泻等症状；而寒和痛都可以表现为面色发青，特别是鼻梁两侧发青较为明显。

有的婴幼儿患病后皮肤会出现暗红色或紫红色的斑点状疹。

手足

在正常情况下，孩子的手心、脚心温和柔润、不凉不热。但如果发现孩子手心、脚心干热，则往往是孩子将要患病的一种迹象，爸爸妈妈就要注意孩子的精神状态及饮食情况了。

口鼻

鼻是肺脏在体表的大门，口腔是消化道的上端，口鼻干燥发热，口唇鼻孔干红，或者鼻中有黏涕、黄涕，严重者气喘、口周发青，都是肺和胃燥热的迹象。肺热、胃热如果不及时解除，孩子可能很快就会出现高热。

舌头

在正常情况下，人的舌头表面都有一层白苔，薄而清透，舌为淡红色。如果孩子的舌苔白而且厚，一般来说是浊湿内滞或消化不良。此时，还可闻到孩子口中呼出的气带有一种酸腐味。如遇到这种情况，应及时在医生的指导下给孩子服用适当的消食导滞的药物，如小儿化食丹、王氏保赤丸等。

指甲

宝宝指甲呈绿、灰、黑等颜色时，多半是真菌感染引起的；指甲出现紫红色，可能是先天性心脏病的征兆，要及时带宝宝去医院检查。

如何给小宝宝喂药

宝宝面对苦药皱眉、吐舌，甚至哭闹而拒绝下咽，因此给宝宝喂药是件令家长头疼的事情。这种情况家长该如何应对呢？

别让宝宝认为吃药是妈妈的错

在宝宝面前，妈妈不要表现出让他吃药是自己的错。因此，不断地表示歉意或自责，说一些"坏妈妈，让宝宝吃药"之类的话；也不要说让宝宝吃药妈妈很难过。这样，宝宝就会认为自己不应该吃药。

要尽量保持轻松平常的样子

妈妈不可过分紧张地手忙脚乱，制造出很紧张的气氛。这样，一是使宝宝感到害怕，二是他会以为药非常难吃，吃下它是一件很痛苦的事，因此而啼哭和挣扎。

妈妈不要恐吓宝宝吃药

当宝宝不肯吃药时，不要用"叫医生给你打针"这样的话来吓唬宝宝。但是，可利用医生在宝宝心目中的影响，告诉小宝宝："这是医生希望你做的事，他认为你很勇敢，你吃了药病就会很快康复，能和别的小朋友一起玩儿了。"

妈妈的态度一定要坚决

对宝宝坚决地讲清楚，妈妈根本不会因为他的哭闹，就改变让他吃药的主意，宝宝除了老老实实地吃进去别无选择，但要语气温和、有耐心地对宝宝说。

选择宝宝喜欢的方法

妈妈可把药放在果汁或奶汁中，但有些药如果这样，可能会影响药效。如果这样做，一定要事先征得医生的同意。另外，妈妈不要一下子把果汁或奶汁兑入得太多，那样宝宝会喝不完，就不能保证药量的摄入了。

将药末撒在宝宝喜欢的食品上

妈妈可把碾碎的药末撒在饼干、小点心、布丁或果酱上。这样，宝宝就不会觉得很难吃，不知不觉就把药吃了进去。但妈妈不可对宝宝谎称吃的是糖果。

鼓励宝宝做小勇士

告诉宝宝，他生病是因为有一个叫病菌的小坏蛋悄悄地跑进他的身体里了，如果把药吃进去，宝宝就成了小勇士，能够把这个小坏蛋消灭掉。

❤ 启迪智慧

◉ 爱扔东西也是一种学习

宝宝能独坐以后，可以灵活使用双手了。他们开始变得越来越调皮，总是喜欢往地上乱扔东西，家长帮他捡起来放好之后，他会再次丢到地上，进行多次重复，而且乐此不疲。大人看到这种情况千万不要生气哦！

宝宝不是淘气，是学习

其实，宝宝扔东西的行为在大人看来是淘气，却是他独有的学习方式。通过学习，他才能逐渐了解周围世界的运行规律。例如，他会观察物体是怎么掉到地上的，并注意聆听不同物体落地时的声音；他会逐渐发觉扔东西和发出声音之间是存在着必然联系的，从而学习了逻辑知识。因此，扔东西对宝宝而言，是必经的一个成长阶段，对于宝宝的智力和心理成长都有很大好处。

让宝宝扔个够

宝宝每学会做一件事，都会因为高兴而一做再做，也正是因为一做再做，动作会变得越来越熟练。家长的态度对宝宝很重要，在宝宝乱扔东西的时候，家长要适时地给予一定的鼓励和表扬，这样可以增强宝宝的自信心和快乐情绪，让他能快乐愉快地玩、轻松地学习。家长还可以提供给宝宝一些适当的玩具，例如线球、皮球等，并创造一个安全、宽敞的环境，让宝宝扔个够。

提前预防乱扔东西

当宝宝有了一定的辨别能力时，家长要耐心地告诉他什么东西可以扔，什么东西不能扔。告诉宝宝扔出的东西要自己捡回来，这样可以有效地减少宝宝乱扔东西的毛病。

✚ 专家叮咛

宝宝因为年纪小，手、脑综合协调能力不够完善，所以在扔东西的时候，可能会不慎损坏物品，对此家长不要过于批评宝宝，注意为宝宝提供一个相对安全的区域即可。

● 教宝宝认识日常生活中的事物

宝宝早上睡醒后很快就能清醒过来，而且要求马上起床，投入新的一天中去，由于感知觉的发展和对身体控制能力的提高，宝宝对周围事物的认知欲望越来越强，爸爸妈妈不妨有计划地教宝宝认识他周围的日常事物。

↘ 教宝宝认识事物一般是先将物品的名字说给宝宝听，然后引导宝宝注视着物品，同时用手指着所认识的那个物品，这个过程可能不会太顺利，通常一开始宝宝会东张西望，但爸爸妈妈要设法吸引他的注意力，每天坚持进行5次以上，这样宝宝就会渐渐熟悉起来。

↘ 通常宝宝学会认第一种东西需要15～20天，学会认第二种东西的时间会减少2～3天，以后时间会越来越短，甚至1～2天就能认识一件东西。但不能因宝宝认东西慢就同时认好几件，这反而会延长认识的时间。最先教给宝宝的应是在眼前变化的东西，如能发光的灯、发音的闹钟、会动的玩具等，此外宝宝对他感兴趣的东西会认得特别快。

● 引导宝宝开始说话

7个月以上的婴儿，已经能够无意中地发出一声"baba"或"mama"的声音，虽然这些音都是婴儿无意识地发出来的，但是妈妈可以在这个时期利用婴儿的发音，有意识地加强婴儿的记忆，训练其说话能力。

当婴儿发出"mama"的声音时，妈妈应马上重复复婴儿的发音，并引导婴儿反复发音，以加深记忆，同时妈妈指着自己告诉婴儿说："这是妈妈。"同理，当婴儿发出"baba"的声音时，要指着爸爸说："这是爸爸。"经常不断地反复，能够使婴儿的头脑中逐渐形成印象。在这个过程中，如果婴儿比较配合，一定要给予以及时的表扬和鼓励，慢慢地，婴儿就会有意识地叫爸爸妈妈了。当婴儿能有意识地说一些词汇的时候，就离会说话不远了。

❤ 让宝宝多点情感体验

宝宝笑了，宝宝哭了，婴儿虽小，但他已有了情绪反应。早在新生儿时就有的最初的情绪反应，吃饱了、睡足了他就表现出愉快的情绪。当饥饿、瞌睡和身体不适时就会哭闹，出现消极不愉快的情绪。随着需要和认识的发展，婴儿的情感也在发展，早在3～4个月时，婴儿已经有惊讶、喜悦、挫折和愤怒的情感表达，并且能辨别其他人的情绪了。

情绪体验关乎健康和智力

婴儿表情表达能力的发展与体力和智力的生长发育是一种互相影响、相互促进的关系。良好的情绪不仅能丰富婴儿的情感世界，而且对健康和智力发育也很重要。

情绪饱满的宝宝睡得香、吃得多，而且愿意同外界交往，喜欢接受外界各种各样的信息。相反，宝宝情绪不安、低落就会出现不思饮食，常哭闹，容易生病，更谈不上学习新知识以及同外界交往了。

家长要关注宝宝的情绪信号

我们的宝宝也有七情六欲，不论宝宝的情绪发展到哪一步，最重要的是家长在平时要关注宝宝发出的每个信号，并且恰当地回应他们的信号。不要等宝宝哭闹了，情绪变坏了才去哄他、安慰他，要注意培养宝宝的良好情绪，家长简单的、自然地回应将鼓励宝宝发展完备更多的情绪。

总之，宝宝的成长过程也是父母不断进步的过程，当有人伤心或难过时，爸爸妈妈应该表现出同情，让宝宝学会关心别人。对他人的善意都会印入宝宝的大脑，宝宝大脑里相应的情感细胞越积越多，不仅有利于宝宝的情感发育，也有益于宝宝的语言和认知能力的发展。

❤ 特|别|提|示　　　　　　　　　　　　　　　TIPS

宝宝的情感很丰富，而且情绪变化非常快，刚才还哭得极其投入，转眼间又笑得忘乎所以，因此，家长一定要密切关注宝宝，及时回应他的情感变化。

❤ 平衡训练——宝宝飞

目的：训练宝宝控制自己的身体，促进亲子情感的发展。

步骤：

↘ 妈妈用双脚托住宝宝的胸廓，并用两手握住宝宝的小手，让宝宝像飞盘一样顶在妈妈的脚心上。

↘ 让宝宝做飞翔的动作，将脚举高，并念道："宝宝飞，飞高高。"

↘ 妈妈将脚放低，并念道："宝宝飞，飞低低。"

注意事项：

该游戏不宜在临睡前和喂奶后1小时内做。另外，要注意拉好宝宝的双手，把握住平衡，不要让宝宝掉下来。

❤ 思维训练——给小袜子分分类

目的：训练宝宝的逻辑思维能力。

步骤：

↘ 妈妈将宝宝的袜子和自己的袜子找出几双，混放在一起。

↘ 将宝宝的袜子挑出来，并跟宝宝说："这是宝宝的袜子。"然后再将自己的袜子挑出来，对宝宝说："这是妈妈的袜子。"多重复几次，观察宝宝的反应。

↘ 将袜子重新放在一起，引导宝宝将袜子分分类。

注意事项：

袜子的种类不要太多，区别应大一些，以便于宝宝识别。

◉ 听觉训练——生活交响曲

目的：训练宝宝的听觉能力。

步骤：

↘ 给宝宝准备一些可以敲打的物品，如筷子、小勺、小铲刀、小碗、小盆等。

↘ 引导宝宝在能发声的物体上有节奏地敲打。例如，用小勺子敲击小碗，或者是用小手有节奏地在桌子上、床栏杆上拍打，妈妈可在一旁示范。

注意事项：

家长要尽量防止宝宝的敲打声变成噪声，当宝宝玩时，应多鼓励宝宝敲打出各种有节奏的声音。

◉ 运动训练——投篮

目的：增强上肢力量和手眼协调能力，培养模仿能力。

步骤：

↘ 妈妈和宝宝面对面坐着，中间放一个纸盒，也可以用一个漂亮的鞋盒子。

↘ 妈妈先把1个小球丢进纸盒中，并说："好，进了一个球！"让宝宝模仿把球也丢进纸盒中。

↘ 然后妈妈丢进一个球，让宝宝再丢一个球，边丢边说"进一个球"，直至把一堆小球都丢完为止。

注意事项：

游戏刚开始时，妈妈可以手把手地教宝宝丢球，并将纸盒放在宝宝的身边，待宝宝熟练后可以逐渐把纸盒移远一些，以增加丢进球的难度。

♥ 金牌喂养

◉ 淡味辅食让宝宝受益一生

宝宝的味觉、嗅觉发育还不完全，虽然有些食物的天然口味很淡，但对宝宝来说会很可口；相反，口味太重会给宝宝带来不良影响。

重口味对宝宝的不良影响

↘ 口水增多。宝宝的消化系统发育尚未健全，吃盐过量，易使唾液分泌减少，使口腔的溶菌酶相应减少，病毒在口腔里便有了滋生的机会，使宝宝患病的概率增加。

↘ 损害肾脏。宝宝的肾脏还没有能力充分排出血液中的钠（盐的化学名称是氯化钠），吃盐太多，会损害肾脏，更严重的是会因过多的钾流失而造成心脏肌肉极度衰弱而发生危险。

让宝宝习惯吃淡味辅食

尽量给宝宝吃接近天然的食物，做到最初就建立健康的饮食习惯，让宝宝受益一生。

↘ 婴幼儿食品不宜添加香精、防腐剂和过量的糖、盐，以天然口味为宜。

↘ 口味或香味很浓的市售成品辅食，可能添加了调味品或香精，不宜给宝宝吃。

↘ 罐装食品因为含有大量的盐与糖，不能用来作为婴儿食品。

↘ 所有加糖或人工甘味的食物，宝宝都不要吃。"糖"是指再制、过度加工过的糖类，不含维生素、矿物质或蛋白质，会导致肥胖，影响宝宝的一生。同时，糖使宝宝的胃口受到影响，妨碍吃健康的食物。

即使宝宝不喜欢吃某种口味淡的辅食，妈妈也不要放弃，宝宝接受一种新食物往往要尝试10次以上。

💧 水果能代替蔬菜吗

不少父母只想到经常给宝宝吃水果，而对价廉物美的蔬菜却缺乏足够的重视，其实蔬菜在日常生活中的重要性仅次于粮食，它是人们每天必备的食品。水果虽然营养丰富，含有维生素、矿物质和纤维素，但是，水果仍然不能代替蔬菜。

↘ 蔬菜尤其是深色蔬菜中B族维生素、烟酸、胡萝卜素的含量远高于水果。

↘ 蔬菜中还有一些成分是水果中没有的，如大蒜中的植物杀菌素能杀死多种细菌，萝卜中的淀粉酶有助于消化，这些都是水果所不及的。

↘ 蔬菜除了本身的营养价值外，还能促进人体对蛋白质、碳水化合物和脂肪的吸收。

↘ 蔬菜中含有大量的粗纤维，能刺激胃肠的蠕动，帮助消化，使大便通畅。经常食用多纤维的蔬菜还能帮助锻炼咀嚼肌及牙齿的坚固。

正处于生长发育阶段的宝宝，需要各种营养，而且还要均衡营养，这就需要从不同的物质中摄取。

💧 别让宝宝爱上甜食

7～8个月的宝宝对味道很敏感，而且容易对喜欢的味道产生依赖，尤其是甜食，因为大多数宝宝都比较喜欢甜甜的味道，但甜食对宝宝的不利影响很大。

↘ 如果大量进食含糖量高的食物，宝宝得到的能量补充过多，就不会产生饥饿感，不会再去想吃其他食物。久而久之，吃甜食多的宝宝从外表上看，长得胖乎乎的，体重甚至超过了正常标准，但是肌肉很虚软，不是真正健康。

↘ 甜食吃得过多会使宝宝出现味觉依赖、龋齿、营养不良、精神烦躁、钙负荷加重等症状，不但影响宝宝的生长发育，还会使宝宝的免疫力降低，容易生病。

不过，甜食不是绝对不能吃，合理地吃甜食可以使宝宝得到蛋白质、碳水化合物、微量元素等营养补充，但是一定要注意适度，每天进食糖量每千克体重不能超过0.5克。

核桃布丁

原料 面包100克，鸡蛋2个，奶油20克，白糖50克，核桃仁25克，核桃末7克，淀粉适量。

做法

1. 把核桃仁用沸水浸泡后去掉外衣，炒熟后切成小粒。

2. 把面包去皮用水浸泡10分钟，捞起后稍沥干水分，不要捣烂。

3. 将炒熟的核桃、鸡蛋、奶油、白糖一同倒入拌匀。

4. 将布丁模子刷上猪油，倒入面坯，上笼后用旺火蒸40分钟后，再扣入汤盆里。

5. 锅里加清水煮沸，放入核桃拌匀，再放白糖，然后用温淀粉勾芡浇在布丁上即成。

营养分析

这道食品不仅口味软香甜滑，而且富含不饱和脂肪酸，是为宝宝健脑补脑的天然食品。

青豌豆粥

原料 青豌豆少许，大米1大匙。

做法

1. 大米淘洗干净，与水以1∶10的比例放入锅中煮熟。

2. 青豌豆去皮，放入锅中，加适量水煮熟，捞出，捣烂。

3. 取煮好的粥三大匙，用研钵将其捣烂，再与捣烂的青豌豆混合均匀即可。

营养分析

豌豆富含维生素C，能分解体内亚硝胺的酶、植物凝素等成分。大米含有蛋白质、钙、磷、铁、葡萄糖、果糖、麦芽糖、维生素B_1、维生素B_2等营养成分。这道青豌豆粥营养丰富而全面，具有抗菌消炎的功能，可促进新陈代谢，增强婴幼儿的免疫功能，提高机体的抗病能力和康复能力。

♡ 日常护理

♨ 每天帮宝宝做口腔清洁

由于宝宝不会漱口刷牙，故容易使口腔发炎；若体弱多病，进食、饮水减少，更易发生。因此，父母应担负起宝宝口腔保卫工作。

在宝宝刷牙能力还未建立起来时，父母必须耐心地帮宝宝清洁牙齿，减少发生口腔疾病的概率。具体步骤如下：

↘ 将宝宝平放在卧室床上，妈妈跪趴在宝宝正前方，和宝宝面对面。妈妈以双手的手肘支撑在床上，并可以双手前臂稍加挡住宝宝挥动的双手。

↘ 妈妈左手手腕和手掌扶住宝宝的下巴，同时以左手食指稍微拉开宝宝的颊黏膜，以便能看清楚宝宝的整个口腔状况。如果怕被宝宝咬伤，可让宝宝咬住压舌板。

↘ 妈妈以另一手拿乳牙刷，或以手指缠绕纱布，循序刷下颚牙齿的外侧面、内侧面、咬合面，再刷上颚牙齿的外侧面、内侧面、咬合面，总之要做到"面面俱到"。

↘ 给宝宝的刷牙应前后来回刷，需特别留意刷牙齿和牙龈交界处。

↘ 刷前牙的外侧面时，可让宝宝牙齿咬起来发"七"的声音，之后再让宝宝说"啊"，以便于刷牙齿的内侧面。

↘ 最后以温开水漱口，漱完后直接吞下即可。在帮宝宝清洁时，不可太深入宝宝口腔内，以减少宝宝呕吐感和不适感。

开心乐园

父亲："你知道为什么袋鼠的肚子前面有个袋子？"

小孩："我想一定是用来装小袋鼠的。"

父亲："但小袋鼠的肚子前面也有一个袋子，这又作何解释呢？"

小孩："那肯定是用来装糖果的！"

给宝宝一个安全的活动空间

这时期的宝宝大多数都已经会爬了，并且变得越来越活泼好动，到处乱摸乱动，很容易出现撞头磕脸的事情，这意味着家长需要尽全力保护宝宝的安全。因此，最好的办法就是仔细检查宝宝活动的环境，消除安全隐患，把危险品和贵重物品放到宝宝看不到、拿不着的地方，给宝宝创造一个既安全卫生、又能充分探索的环境。

﹨ 宝宝到处爬，好奇心太大，电源开关插头设置得高一些，或者使用防护盖或用安全插座，避免好奇的宝宝把手指伸进电源孔里。

﹨ 橱柜的门要随手关闭，以免宝宝爬入柜内，然后不小心把门关上，造成窒息。尖锐的桌角和柜子角，对学爬的宝宝也是比较危险的地方，最好套上护垫以免撞伤宝宝。

﹨ 茶几上的烟灰缸、香烟，低柜上的摆设、化妆品、玻璃相框等要收起来，各种小玩意不要随意摆放，避免宝宝伸手够的时候掉下来砸着他们。一些尖锐的物品，如剪刀、刀具和针等物品要放在一个单独的地方，不能让宝宝找到它们。

﹨ 注意关闭厨房和卫生间的门，这两处地方对喜欢爬的宝宝充满着诱惑，同时也充满着危险。一定不要带宝宝去厨房做饭，厨房的刀具、碗筷、热水和火，都是容易引起致命伤害的物品，千万要注意，如果宝宝拿着筷子玩的时候不小心摔倒了，很有可能将筷子杵着眼睛或者是嘴巴。

﹨ 楼梯口要装栅栏，窗户前不要摆放椅子和橱柜等宝宝可能攀爬的家具，把花盆植物移到宝宝碰不到的地方。

另外，在照看宝宝的过程中，显见的、潜在的危险太多了，除了父母要尽力给宝宝营造一个安全的空间之外，还要从这个月开始对宝宝进行一些规避危险的教育，慢慢提高宝宝辨识危险的能力。

不要制止宝宝的好奇心

7～8个月的宝宝，对周边环境会产生强烈的好奇心。不论妈妈还是爸爸抱起宝宝来，宝宝都会在大人的头上、脸上、五官上乱捅乱抓一气。这种行为，并不是宝宝淘气或者捣乱，这也是宝宝成长过程中尝试和认识事物的必经阶段，不必总是制止宝宝。

因为，宝宝的精细动作能力已经发展到了相关阶段，能准确地运用手指，去捅入某一个孔形、洞形中，需要宝宝手、眼、脑协调动作和精确地配合。通过用自己的手指捅一捅，宝宝懂得了准确地运用手指去探索环境并认识自身与环境的关系。

大便干燥巧应对

半岁以后的宝宝经常大便干燥，而且很顽固，用了许多办法都不见效。根据有关专家的临床实践，给大家介绍比较有效的家庭护理方法。

饮食调理

将花生酱、胡萝卜泥、芹菜泥、菠菜泥、白萝卜泥、香蕉泥、全粉面包渣，与小米汤和在一起做成小米面包粥。这些食物不一定一次都要有，可以交替使用。每天喝白开水，以宝宝能喝下的量为准。

腹部按摩

妈妈手充分展开，以脐为中心，捂在宝宝的腹部，从右下向右上、左上、左下按摩，但手掌不在宝宝皮肤上滑动。每次5分钟，每天1次。按摩后，让宝宝坐便盆，或给宝宝把便，最长不超过5分钟，以两三分钟为最好。每天在固定时间按摩把便（坐便），持之以恒，一定会有效果。

专家叮咛

为了让宝宝排便顺畅，家长要主动尝试着增加宝宝的活动，如：腹肌运动、腹部的温敷与按摩等，这些措施将使胃肠蠕动增加。

◉ 让宝宝远离疾病的侵扰

1岁以内的宝宝正处于生长发育迅速、新陈代谢旺盛、免疫力低下的婴幼儿期，也正是易感染各种疾病的时期。这时，父母一方面要提高孩子的免疫力，一方面还要悉心护理，避免孩子生病。

加强营养

宝宝过渡性断奶的过程中，要注意选择营养丰富、荤素搭配、容易消化的食物，如肉类、鱼类、蛋类、豆类和新鲜蔬菜等。

充足的睡眠

睡眠有利于宝宝肢体和大脑的生长发育，还能促使宝宝增进食欲，增强抵抗力。一般来说，睡眠充足的宝宝都不容易感染疾病。

让宝宝多运动

出生7～8个月的宝宝，让他多爬是最好的锻炼方法；而经常晒太阳可以预防佝偻病。

预防感染

在传染病流行期间，父母尽量不要带孩子去人多拥挤的公共场所，尽量减少感染的机会。父母下班回家也要先洗脸洗手后再接触宝宝。

◉ 突发性出疹子要留意

突发性出疹子是6～8个月的宝宝极易得的一种病。其特点是，原来一直没有发过热的宝宝，刚过6个月就发热到38℃以上，而且症状与感冒、着凉、扁桃腺炎区别不大。待热退了、疹子出来以后，才能确诊为突发性出疹子。

第一次给宝宝使用体温计时，可用柔软干布把宝宝腋下的汗擦净，然后按规定时间将体温计夹在宝宝腋下。第四天热一退，宝宝的背部就长出红色的、像蚊子叮了似的小疹子，而且逐渐扩散。到了晚上，脸上、脖子、手和脚上也都长出来了。

突发性出疹子2～3天便会自然消退。在此期间，要尽可能让宝宝吃些清淡的食物，不要吃辣的，洗澡也暂时别洗了，用湿毛巾擦擦就好。同时也要注意宝宝的保暖，多喂些温开水。一般不需要治疗就可自然痊愈。

♥ 启迪智慧

◎ 爬行让宝宝更聪明

父母都重视宝宝学走路，却往往忽略了宝宝学爬。宝宝到了八九个月就会爬行，不少年轻的父母，怕宝宝爬行时弄脏手足或伤及身体，宁可抱着宝宝也不让宝宝四处爬。父母的这些做法是得不偿失的。

提高活动能力

爬行能锻炼四肢活动的协调性和灵活性；还可使血液循环流畅，并且促进骨骼的生长发育。

增强身体体质

爬行是宝宝第一次进行全身协调运动，可以锻炼胸肌、背肌、腹肌以及四肢肌肉的力量，并且爬行中消耗能量较大，有助于宝宝吃得多、睡得好、体重、身长长得快。

加强亲子交流

研究表明，经常爬行的宝宝见到父母时的兴奋状态明显高于不会爬行的宝宝。

促进社会性发展

婴儿会爬行使父母意识到婴儿本身的主动性，开始以一定的规范要求孩子，并对婴儿不合规范的行为表示不快。这些变化又进一步促使婴儿的社会性情绪的发展。

有利于大脑发育

学习爬行其实就是对脑神经系统功能的一次强化训练，对于脑的发育具有不可替代的特殊作用。

加快语言发展

宝宝对语言理解的准确性、肢体语言回答的合理性比不会爬行的婴儿发展要快得多。

有利于个性培养

爬行给宝宝带来了许多意想不到的乐趣，而"摸爬滚打"也锻炼了宝宝的意志和胆量，有利于宝宝的个性培养。

增强探索欲望

自如爬行增强了宝宝的探索欲望，让宝宝勇于探险，而且培养未来独立解决问题的能力及自信。因此，家长对宝宝的保护应该把握分寸，不应该过度干涉宝宝爬的自由。

⊙ 认生是进步的表现

一般婴儿在4个月的时候就能认出妈妈，可以和陌生人平静相处，6个月时开始表现出认生，到了8个月，宝宝认生现象更为明显了，有陌生人靠近，宝宝会出现紧张和害怕的表情。宝宝认生，是他成长的标志之一，说明他已经有了记忆认知，已经能敏锐地辨认陌生人、辨认陌生的东西和环境了。

虽然认生对于宝宝来讲是进步的表现，但是认生毕竟阻碍了宝宝与外界的人际交流，对以后的成长有不利的影响，因此，妈妈应该帮助宝宝轻松度过认生期。

多带宝宝走出家门

父母应该让宝宝有更多的机会与不同的人接触，扩大宝宝的交往范围。带宝宝到社区广场、花园绿地等场所，让宝宝看看周围新鲜有趣的景象，感知不同人的声音和脸，特别要注意让宝宝体验与人交往的愉悦，逐渐降低与陌生人交往的不安全感和害怕心理。

多让其他家庭成员抱抱

妈妈可以尝试让其他家庭成员多抱抱宝宝，在他们抱的时候妈妈可以暂时离开一会儿。让宝宝慢慢熟悉除爸爸妈妈之外的人。

让宝宝多和其他小朋友玩

宝宝的天性还是比较喜欢跟其他小宝宝待在一起的。妈妈带宝宝出去玩时，可以抱着宝宝跟其他带小宝宝的家长打招呼，跟他们一起玩，让宝宝体验与人交往的愉悦。

认知训练——蔬菜、水果认一认

目的：培养宝宝的视觉敏锐度，提高宝宝的形象认知能力。

步骤：

➘ 妈妈将蔬菜或水果洗净以后，将它们装在筐里，然后放在桌子上。

➘ 妈妈先拿出一根香蕉来，让宝宝看一会儿，告诉他："这是香蕉，黄颜色的香蕉。"

➘ 然后再拿一个番茄，告诉他："这是番茄，红色的番茄。"还可以让宝宝摸一摸，感受一下不同蔬菜和水果的手感。

➘ 同样的方法，教宝宝认识更多的蔬菜和水果。

注意事项：

一定要让宝宝主动参与，这会让宝宝对游戏更加感兴趣，而且会感觉更有信心。

运动训练——手膝爬行

目的：训练宝宝爬行，促进宝宝的体力和智力发展。

步骤：

➘ 在宝宝学习爬行时，妈妈可以用一条长毛巾从宝宝腹部绕过，轻轻提起腹部，使腹部离开床面。

➘ 引导宝宝用手和膝盖支撑身体，逐渐把吊带移开，鼓励宝宝保持手膝爬行的姿势。

➘ 在宝宝保持手膝爬行的姿势时，妈妈用一个玩具在前面逗引宝宝，鼓励宝宝伸出一只手抓玩具，使身体保持在两膝和一只手支撑的状态。

注意事项：

练习时要保持正确的手膝爬行姿势和手脚协调动作，及时纠正宝宝不正确的爬行姿势。

157

协调训练——练习倒手

目的：发展宝宝的手部动作，训练宝宝的手眼协调能力。

步骤：

➘ 妈妈先将一个玩具递给宝宝。

➘ 当他用一只手接过去后，再拿出一个色彩更鲜艳、更有趣的玩具，递到他刚才接玩具的那只手旁边。

➘ 引导宝宝将第一个玩具递到另一只空着的手中，然后再来接新玩具。

注意事项：

如果宝宝将第一个玩具放下，来拿第二个玩具不要给他，直至他将第一个坑具放在另一只手上，再给他第二个玩具。

逻辑训练——比快慢

目的：培养宝宝的对比能力。

步骤：

➘ 妈妈在客厅铺一个爬行垫，然后将宝宝放在垫子上。

➘ 妈妈拿过来一个玩具小汽车，放在宝宝的旁边，然后发动小汽车，并引导宝宝爬起来追赶小汽车。

➘ 宝宝如果没有超过小汽车，妈妈就告诉宝宝说："小汽车比宝宝跑得快！"

➘ 反复几次，让宝宝逐渐明白快和慢的概念。

注意事项：

不要让小汽车跑得过远过快，注意宝宝爬行的安全。

9月宝宝，模仿表演能力强

♥ 金牌喂养

◈ 给宝宝吃一些健脑的食物

健脑食品既要能充分提供使脑的基质健全发育所需的良好物质基础，又要充分提供使脑功能始终保持健康活泼状态所需要的物质基础。婴儿期是脑细胞迅速发育的高峰期，为促进脑部发育，除了保证足够的母乳外，还需要给宝宝添加健脑食物，全面补充营养，为宝宝的未来打下良好的基础。

↘ 母乳：母乳含有宝宝大脑发育不可缺少的不饱和脂肪酸及其他多种营养素。

↘ 鱼类：鱼肉中富含丰富的蛋白质及不饱和脂肪酸、钙、铁、维生素B_{12}等成分，是脑细胞发育的必需营养物质。

↘ 蛋类：蛋黄中的磷脂酰胆碱是宝宝大脑发育不可缺少的物质。

↘ 杂粮与糙米：糙米的营养成分比精米多而全，在体内吸收量也高于精米，其健脑作用比精米强。还有要给宝宝多吃一些小米、糯米、玉米、红豆、绿豆等杂粮，可使宝宝获得全面的营养。

↘ 蔬菜、水果及干果：富含维生素，对提升宝宝大脑功能的灵敏度、大脑活力会起到一定的作用。

↘ 动物脑和内脏：含有很多不饱和脂肪酸及维生素、矿物质，对健脑十分有利。

↘ 核桃仁和芝麻：含有丰富的不饱和脂肪酸，利于健脑。

 专家叮咛

单吃一种或数种健脑食物，不能很好地达到健脑的目的，妈妈们应注意合理搭配，适时适量地给宝宝添加食物。

米、面食品搭配喂养好

米、面赖氨酸含量较低，营养成分各有优势，因此，两者搭配，对宝宝的饮食健康有着积极的作用。

米的营养优势

米、面在糖类的含量以及所产生的能量上几乎相差无几，但米中脂肪含量明显高于面，另外，常量元素钾、镁与微量元素锌的含量以及烟酸含量，也是米比面高。有些品种的大米含铁较丰富，宝宝常食可补血。

面的营养优势

与大米相比，小麦的蛋白质含量要高3%，面中维生素B_1、维生素B_2、维生素E含量以及钙、磷、钠等无机盐的含量均高于大米，微量元素硒的含量明显超过大米。此外，小麦含食物纤维比稻米高10倍多，而且面粉的淀粉颗粒较大米大，可帮助宝宝肠蠕动，防止发生便秘。

宝宝应米、面食品搭配喂养

8～9个月宝宝可以选择的米面食品有米糊、麦糊、稀饭、面条、面线、面包、馒头等。面食的做法花样比较多，可以经常变换。用米、面搭配使膳食多样化，可引起宝宝对食物的兴趣，从而增加宝宝的食欲，而且不同粮食的营养成分也不全相同，如用几种粮食混合食用，可以收到取长补短的效果。所以，每天的主食最好用米、面搭配，或不同的品种搭配。

妈妈在给宝宝准备食物的时候应该注意巧妙搭配，如宝宝早餐可以进食一碗稀饭，加两三片全麦面包或一两个小馒头；午餐可以吃一碗米糊或麦糊；晚餐则可喂食一碗面条或青菜瘦肉粥等。

宝宝厌食蔬菜怎么办

蔬菜中含有丰富的维生素和矿物质，是人类不可缺少的食物种类；此外，蔬菜中还有多种多样的植物化学物质，是公认的对健康有效的成分。可是，当给宝宝的辅食中加些蔬菜时，有的宝宝却不爱吃，会用小舌头把吃到的蔬菜顶出口中。因此，妈妈们要想些办法让他们慢慢适应食用蔬菜。

＼ 可以给婴儿适当喂些由蔬菜挤出的汁或煮出的水，如番茄汁、黄瓜汁、胡萝卜汁等，以后可慢慢地过渡到喂些蔬菜泥。当宝宝大一些之后，还可以将蔬菜切碎放入各种肉馅中，这样不仅有利于宝宝的消化和吸收，还可使宝宝更加全面地补充营养。

＼ 有的宝宝可能会对生的蔬菜更有兴趣，因此，妈妈们可以把一些蔬菜做成凉菜让宝宝吃，如番茄、黄瓜之类，但一定要注意卫生。

＼ 如果有些蔬菜带苦味或其他怪味，妈妈可想办法将怪味尽量除去，多变些花样来适应宝宝的胃口。

周岁内婴儿不宜多食蜂蜜

人们把蜂蜜当作滋补品，有时又当作治病的良药，它含有丰富的维生素C、维生素B_6、维生素B_{12}、维生素K、果糖、葡萄糖、多种有机酸和微量元素等，有些家长常给周岁以内的宝宝作滋补品或用来治疗便秘，其实这种做法是不科学的。因为土壤和灰尘中含有肉毒杆菌，蜜蜂在采集花粉酿蜜的过程中，常常会把带有肉毒杆菌的花粉带回蜂箱。由于1岁内的宝宝肠道微生物生态平衡不够稳定，抗病力差，如果食入带有肉毒杆菌的蜂蜜，肉毒杆菌产生的肉毒素可使婴儿中毒，先出现便秘，接着出现弛缓性麻痹、哭声微弱、吮乳无力、呼吸困难等症状。所以，1岁内的宝宝应尽量少食用蜂蜜。

正确为宝宝添加点心

很多妈妈都习惯在午后给宝宝喝牛奶时加点心，先给点心，然后再喂牛奶。其实这种做法是错误的。不要在喂牛奶的同时加点心，应在喝完牛奶后，让宝宝吃些水果。对不太喜欢甜食的宝宝，可以给他吃松软的咸味酥脆饼干和牛肉松做的酥脆饼干等。每次宜少给，不够再加，以免影响正餐摄入。

吃点心要有规律，比如上午10点和下午3点，不能吃耐饥的点心，否则，下顿饭就不想吃了。此时也不能给宝宝吃巧克力和糖果。

玉米牛奶粥

原料 玉米粉50克，牛奶或豆奶150克，红枣20克，精盐、黄油、鲜奶油各适量。

做法

1. 将红枣用温水泡10分钟。

2. 将牛奶或豆奶倒入锅中，加入精盐和泡好的红枣，用小火煮开，撒入玉米粉，用小火再煮3～5分钟，并用勺不断搅和，直至粥变稠。

3. 将粥倒入碗内，加入黄油和鲜奶油，搅匀，待凉后喂食。

营养分析

此粥黏稠，味美适口，含有丰富的优质蛋白质、脂肪、糖类等，适合宝宝食用。

骨汤面

原料 骨头200克，龙须面50克，青菜50克，清水适量，米醋和精盐各少许。

做法

1. 将骨头砸碎，放入冷水中用中火熬煮，煮沸后酌加米醋，继续煮30分钟。

2. 将骨头弃去，取清汤；将龙须面下入骨汤中；将洗净、切碎的青菜加入汤中煮至面熟烂，加少许精盐搅匀即成。

营养分析

此汤面含钙丰富，能有效预防小儿佝偻病，而且骨头中的脂肪可促进青菜中胡萝卜素的吸收。胡萝卜素能促进生长发育，维持和促进免疫功能。

日常护理

吞食了异物怎么办

这个时期的宝宝，喜欢将在地上捡起的小东西往嘴里塞，有时还会把它吞到肚里，甚至，在宝宝哭笑的时候，还会把含在嘴里的东西咽下去。因此，除了家长要好好照看宝宝之外，还要了解一些对于吞食了异物之后的处理方法。

宝宝吞食异物时的反应

宝宝吞进的异物会进到两个地方，一个是胃部，另一个是肺部。一般来讲，吞食到胃里问题不大，但是如果半道上堵塞食道就很麻烦。如果在进入肺的通道上堵塞喉头和气管，就更棘手了。如果吞进大东西，堵塞食道时，可从宝宝翻白眼珠子的痛苦表情中看出来。如果异物堵住了气管和喉头，宝宝会痛苦地咳个不停，哭声变哑。

紧急情况急救措施

发现宝宝吞进什么东西，神情突然变得非常痛苦时，家长应当果断地用手紧紧握住宝宝的两个脚腕，头朝下摇晃他，如果东西卡在喉头，这样做，一般都能出来。出不来时，应立即去设有耳鼻喉科的急救医院。

不用着急的情况

如果宝宝吞进异物之后，没有什么感觉，还继续在那快乐地玩耍，家长就用不着过分惊慌，可以根据吞进的东西来考虑具体的措施。一般来讲，只要不是尖锐的东西，进到胃里之后，就不会在中途卡住了。硬币、纽扣、玩具汽车的小轮子等，都可以按原样从大便中排出来。早的可在第二天，晚的则可能1周后才排出。

开心乐园

母亲节快到了，我问妈妈想要什么礼物？妈妈说："只要你乖乖的、听妈妈的话就好了，妈妈不要什么礼物。"既然如此，那等我生日时，我也不要什么礼物，只要妈妈听我的话就好了！

◕ 正确给宝宝穿脱套头衫

这一时期，宝宝四处爬行，运动量大，因此流汗较多，衣服脏得快。如果衣服被汗水湿透，不仅容易患感冒，还容易引发皮炎，所以要经常给宝宝换衣服。

＼ 宝宝的头是椭圆形的而不是圆形的，给宝宝穿套头衫时，要把套头衫的下摆提起，挽成环状，先套到宝宝的后脑勺上，然后再向前往下拉。在经过宝宝的前额和鼻子的时候，要用手把衣服伸平托起来。宝宝的头套进去以后，再把他的胳膊伸进去。

＼ 脱衣服的时候，要先把宝宝的胳膊从袖子中退出来，再把衣服向上挽到宝宝的脖子，接着，托起前面，抹过他的鼻梁和前额，使套头衫呈环状留在脖子的后边。最后，再把衣服从宝宝的脑后抽出来。

◕ 为宝宝挑一双合适的学步鞋

宝宝到了学走路的阶段，脚部骨骼发育尚不成熟，穿着不合适的鞋了会影响走路，还会造成足部损伤，宝宝学走路一定要有一双合适的学步鞋。

尺寸

尺寸以宝宝的脚趾碰到鞋尖，脚后跟可塞进大人的一个手指为宜，太大与太小都不利于宝宝的脚部肌肉和韧带的发展。

面料

布面、布底制成的鞋既舒适，透气性又好；软牛皮、软羊皮、绒布制作的鞋舒适而且安全。不要买人造革、塑料的鞋，不仅不透气，还易滑倒摔跤。

鞋面

鞋面要柔软，最好是光面，不带装饰物，以免宝宝在行走时被漂亮图案吸引而发生意外。

鞋帮

刚学走路的宝宝，穿的鞋子一定要轻，鞋帮要高一些，最好能护住脚踝。宝宝宜穿宽头鞋，以免脚趾在鞋中相互挤压影响发育。鞋子最好用搭扣，不用鞋带，这样穿脱方便，又不会因鞋带脱落，踩上摔跤。

鞋底

会走的宝宝可以穿硬底鞋，帮助端正走路姿势，但不能太硬，也不能太厚，以布底、牛筋底等行走舒适的鞋为宜。鞋底要富有弹性，用手弯可以弯曲，要防滑、稍微带点鞋跟的，可以防止宝宝走路后倾，平衡重心。

正确利用学步车

学步车可为宝宝学走路提供方便，也在某种程度上为爸爸妈妈减轻了负担，但也带来了很多不利，因此关于学步车，爸爸妈妈要谨慎对待。

学步车的弊端

↘ 把宝宝束缚在狭小的空间里，限制了活动。

↘ 剥夺了宝宝在摔跤和爬起中学会走路的锻炼机会，不利于宝宝提高身体协调性和自信心。

↘ 学步车滑动速度过快，宝宝被迫两腿蹬地向前走，时间长了容易使腿部骨骼变弯形成罗圈腿，此外，快速滑动会令宝宝感到紧张，不利于宝宝的智力发育和性格的形成。

使用学步车需要注意的事项

↘ 不能过早使用，宝宝会爬行前最好不要尝试，以免造成身体不平衡和全身肌肉协调差。

↘ 尽量购买正规厂家生产的学步车，高度应适中、部件应牢固、车轮不能太滑。仔细阅读装配使用方法，使用时一定要在旁边看护，注意安全，避免发生意外。

↘ 有佝偻病的宝宝或超低体重的宝宝、多动不安的宝宝不适合使用学步车。

↘ 不要让宝宝使用学步车太久，每次乘坐学步车的时间约30分钟即可。

如何对宝宝进行约束

随着宝宝不断长大，他们变得越来越活泼可爱了，还特别好动好奇。对此父母应该表示欣赏和鼓励，不要随便对宝宝说"不"，但是，这并不意味对宝宝的任何行为都不加约束。一旦不懂事的宝宝想做危险的事情，或者做打搅和影响别人的事情，则需要家长对其加以约束。要让宝宝明白，虽然他有权利表示并坚持自己的想法，但这是有一个限度的权利。这个限度的范围要由父母来决定。

转移注意力

转移注意是个非常管用的办法，宝宝正在搞破坏，或者是哭闹的时候，妈妈可用玩具或其他宝宝感兴趣的活动来使他的注意力转移。例如，宝宝想抓你手上的水杯，你可以一边说"宝宝不能拿开水杯，烫手"，一边找一个塑料的空杯子给他。

告诫体验

告诫体验就是通过让宝宝了解错误行为的结果，从而知道不应该做这件事情。例如，宝宝总是喜欢去拿茶壶盖，你就可以告诉宝宝，茶壶里有热水，不能碰，会烫坏你的，但是，宝宝可能并不理解"烫"的含义。这时候，可以让宝宝稍微接触一下热茶壶，宝宝有了直接的体验，就会慢慢理解烫的含义了。

及时给予鼓励和制止

在宝宝表现好的时候要及时给予奖励和鼓励，使好的行为得到强化；在宝宝行为不当的时候停止奖励，从而淡化和消退不好的行为。例如，宝宝无故哭闹。妈妈在确认他身体没有不舒服后，可以平静地看着他，而当他停止哭泣和吵闹时，立即抱起宝宝，亲亲他作为鼓励。

制止的信号必须十分明确

对这个月龄的宝宝，妈妈发出的信号必须十分明确。例如，宝宝正打算把不应该吃的东西往嘴里放，妈妈应该立即拉住他的手，进行制止。同时用非常坚定的语气告诉他："玩具不能吃。"这样的制止信号迅速而明确。即使宝宝会有反抗和哭闹，妈妈的立场也一定要坚定，因为，和宝宝之间短暂的不愉快是不可避免的，为了确立必要的规则而产生的小摩擦，对他们是有益无害的。

♥ 启迪智慧

⊙ 给宝宝独处的时间

随着月龄的增长，宝宝需要独自玩乐的时间也会越长，一个人咿咿呀呀，手舞足蹈，怡然自得。或者是拿一个玩具，从里到外不厌其烦地观察、玩耍。这种时候，大人应该尊重他独自玩耍的乐趣。不要打搅宝宝，静静地在一边观察，避免宝宝发生危险就行了。

当宝宝独处的时候，他会更加集中精力在自己感兴趣的事物上，可能他会发现一些平常忽略的小细节，他可以在玩耍的过程中充分体现自己的想法，一旦遇到问题，他也会尝试依靠自身的能力去解决各种问题。这样，有利于提高宝宝对事物的专注力，能让宝宝更好地认识自我、感受自我。

因此，父母要尊重宝宝独处的时刻，不要以成人的眼光来看待宝宝的活动。宝宝感兴趣的事物很多，一些在父母看来毫无意义的事情在宝宝的眼里也许是非常有趣的，父母不要站在成人的角度看待宝宝的这些活动，更不要自以为是地限制宝宝的举动。

⊙ 多给宝宝鼓励和表扬

随着能力的增长，这么大的宝宝非常喜欢表现自己。作为家庭成员中的核心，宝宝开始爱为家里所有的人表演游戏，做自己新学会的动作，而且在做好新的动作以后，听到来自爸爸妈妈、爷爷奶奶的喝彩和称赞声，会重复这个动作。这是宝宝通过家人的称赞鼓励以后，体验到成功快乐的表现，而成功的快乐，是一种良性的情绪力量，能够为宝宝从事智慧活动提供巨大动力，形成有利于继续学习的心理背景。同时，还能够保持最优化的大脑活跃状态，使宝宝兴趣盎然，并能激发其进一步学习的动机，使宝宝形成自信的个性心理。这些良性的情绪刺激，对于宝宝的健康成长来说极其重要。

在家庭日常生活中，对于宝宝的每一点小小的、不管多么微不足道的成绩和进步，都要及时发现，随时随地给予鼓励，千万不要吝啬对宝宝的赞扬。

宝宝爱上了玩纸

玩纸，是9个月左右的婴儿喜欢的活动，也是婴儿手指精细动作的训练活动之一。婴儿发育到9个月时，手的活动越来越自如了，手和手指的动作不再是漫无目的地乱动。这个时候，妈妈会发现，婴儿拿到纸时，会比拿到玩具还高兴。他会马上抓到纸，又抓又揉，一会儿捏成一团，一会儿又用两手将纸撕破、扯烂，真是不亦乐乎。

玩纸有好处

↘ 锻炼宝宝手部的小肌肉，手指的灵活性，以及手眼的协调能力。

↘ 锻炼宝宝的操作和想象能力，促进脑功能的健全和成熟。

↘ 给宝宝看不同颜色的纸，让宝宝对颜色有更清楚的认识。粗糙度不一样的纸张，也能让宝宝通过触摸去感受。

↘ 宝宝在撕书的过程中，接触了书及纸张，对书本有了初步的感性认识，对书本的喜爱会慢慢增强！

巧妙引导宝宝玩纸

↘ 可以准备一些颜色漂亮的广告纸和宝宝一起撕一撕。撕成条儿的，可以用胶带束起一头，变成一个会哗哗响的玩具；撕成碎片的，扬起来玩"下雪"的游戏……满足宝宝撕的要求，同时也有利于宝宝创造力的开发，一举两得。

↘ 妈妈还可以将纸折成三角形、圆形和方形等各种各样的形状，然后告诉宝宝分别是什么形状，进而引导宝宝区分这些形状。

↘ 当宝宝撕纸时，妈妈可以给他选择一些色彩鲜艳，而且干净、质地柔软的纸，最好不要让宝宝撕报纸和餐巾纸。报纸上有很多铅，宝宝很容易入口，对宝宝的健康非常不利。餐巾纸也不太好，太软，而且纤维会飘散开，如果宝宝拿着往嘴里塞，一弄湿取出来就很困难，容易误食。

专家叮咛

有的纸边角比较锋利，很容易划破宝宝的皮肤，因此，在宝宝玩撕纸的时候妈妈要在旁边协助、看着点。或者妈妈可以找一些相对比较安全的纸让宝宝撕着玩。

运动训练——追寻玩具

目的：通过游戏提高宝宝的手眼协调能力。

步骤：

↘ 爸爸妈妈可将色彩鲜艳并且带有响声的玩具，从宝宝的眼前扔到一边。

↘ 宝宝听到玩具发出的声音，并看到爸爸或妈妈把自己喜欢的玩具给扔了，就会根据声音去追寻。

↘ 当宝宝追寻到玩具后，妈妈就要表现出惊喜的样子边说"宝宝真棒"边把玩具捡回来还给宝宝。

↘ 宝宝得到表扬之后，会更加努力去地寻找玩具，准确度也会越来越高。

注意事项：

要注意活动场所的安全性，清除一些容易绊着宝宝的杂物。

语言训练——打电话

目的：训练宝宝的听力，开发宝宝的语言智能。

步骤：

↘ 为宝宝准备一部玩具电话，妈妈也要准备一部电话（家中的废弃电话也可以）。

↘ 妈妈和宝宝同时拿起玩具电话，并拉开一定距离。

↘ 妈妈在电话里和宝宝模拟说话："喂喂喂……是宝宝吗？"叫宝宝的名字，说一些生活中常对宝宝说的话，注意观察宝宝的反应。

↘ 通话结束的时候，要对宝宝说再见，然后把电话挂上，并教会宝宝把电话放好。

注意事项：

妈妈对着电话跟宝宝说话，会让宝宝感到不解和好奇，妈妈这时要告诉宝宝，这是在打电话，并鼓励宝宝对着电话说话。

认知训练——搭桥洞

目的：训练宝宝认识物体与物体之间的相互关系，培养动手能力和解决问题的能力。

步骤：

↘ 用几块积木和一块长木板搭成一座桥，桥下要有一个明显的可以穿过玩具汽车的桥洞。

↘ 妈妈和宝宝分别在桥洞的两侧，准备一辆玩具小汽车。

↘ 妈妈先让小汽车穿过桥洞，一边念："小汽车，过桥洞了！"

↘ 当小汽车来到宝宝面前的时候，引导对面的宝宝也让小汽车过桥洞，也可以让宝宝把小木板拿掉，看到小汽车过桥洞的情景。

注意事项：

开始的时候桥可以由妈妈先搭好，然后玩过桥洞游戏，等宝宝熟悉游戏之后，鼓励宝宝自己搭桥。

思维训练——水果找相同

目的：锻炼宝宝的观察能力和思维能力。

步骤：

↘ 妈妈在水果盘中放入香蕉、苹果、葡萄三种水果，然后和宝宝面对面坐着。

↘ 妈妈拿起香蕉，对宝宝说"这是香蕉"，然后再拿起苹果，对宝宝说"这是苹果"，最后再拿起葡萄，告诉宝宝说"这是葡萄"，让宝宝认识这3种水果。

↘ 在另一个盘子里也放着同样三种水果，然后让宝宝找相同的水果。

↘ 观察宝宝的反应，如果宝宝没有找对，可以再重复告诉宝宝几次水果的名称。

注意事项：

当宝宝可以顺利地把东西找出来以后，妈妈要给予宝宝适当的鼓励。

10月宝宝，扶物站起真厉害

♥ 金牌喂养

◔ 断奶讲方法

妈妈要理解断奶是一个循序渐进的过程，断奶的准备其实从添加辅食时就开始了，断奶不但要让宝宝生理上适应，心理上也要适应。

哺乳次数递减

等到宝宝6~8个月时，每两三天可以先减去一次母乳，以辅食替代。以后继续减少母乳次数，至1岁左右就可以断母乳了。

食物过渡

从宝宝四五个月起，家长应该适当地给宝宝喂一些蛋黄、菜泥等易消化的辅食。经过几个月，慢慢让宝宝从吃流质食物转变到吃固体的混合食物。

饮食方式改变

不仅食物改变了，吃的方式也改变了，从吮吸乳汁转为自己用牙咬、咀嚼后才吞咽下去。通过吮吸妈妈乳头进食转为用杯、碗喝，用小勺送入口中，从妈妈一个人喂转为爸爸、奶奶都可喂食。

从白天开始断奶

白天有很多吸引宝宝的事情，所以，他不会特别在意妈妈，但当早晨和晚间时，宝宝会对妈妈非常依恋，需要从吃奶中获得慰藉，因此不易断开，在断掉白天那顿奶后再慢慢停止夜间喂奶，直至过渡到完全断奶。

🍒 断奶期的食品要注意营养

断乳期是指婴儿由液体食物（单纯母乳）喂养为主向固体食物喂养为主过渡的生长发育时期。在断乳期内乳类（母乳+配方奶粉或牛奶）仍是供应能量的主要来源，泥糊状食品是必须添加的食物，是基本的过渡载体。

断乳并不是断掉一切乳品和乳制品。断乳期长达8～9个月，从4～6个月起至1岁半，甚至2岁才完全断掉母乳，完成向其他食物的转换和完成从学吃泥糊状食品到成人固体食物的过渡。泥糊状食品是婴儿这一阶段的主要食品，可逐步替代三顿奶而成为宝宝的正餐食品。

🍒 逐步变辅食为主食

10～12个月的宝宝，可以每天早、晚各喂奶1次，中餐、晚餐吃饭和菜，并在早餐逐步添加辅食，上、下午可供给适当水果或饼干等点心，下午可酌情加喂1次牛奶。

改变食物的形态

由稀饭过渡到稠粥、软饭，由烂面过渡到挂面、面包、馒头，由肉末过渡到碎肉，由菜泥过渡到碎菜。

正确认识宝宝饮食的变化

10个月后，宝宝的生长发育较以前减慢，食欲也较以前下降，这是正常现象，妈妈不必为此担忧。吃饭时不要强喂硬塞，宝宝每顿吃多吃少可随他去，只要每天摄入的总量不明显减少，体重继续增加即可。

培养良好的饮食习惯

可让宝宝与大人坐在餐桌上同时进餐，进一步培养宝宝使用餐具的能力。进餐环境要安静，不要边吃边玩，边吃边说，否则易分散宝宝的注意力，影响他的食欲。

⌣开心乐园

汤姆问道："妈妈，书上有个词我不懂，什么叫作应酬？""应酬呀，简单地说，就是被勉强去做自己不喜欢做的事，但是还非做不可。""噢，明白了！"

第二天汤姆背上书包，向妈妈道别："妈妈，再见！我要去学校应酬了！"

⚘ 促进宝宝智力发育的饮食

如何促进宝宝的智力发育呢？不同的父母有着不同的办法，可是，做父母的千万不要忽视了从宝宝的饮食着手，给宝宝选择一些益智的食物，也是一条捷径哦！

蛋黄和鱼肉是首选

鱼肉中富含多种蛋白质，还含有不饱和脂肪酸以及钙、铁、维生素B_{12}等成分，是脑细胞发育的必需营养物质。而蛋黄中的磷脂酰胆碱经肠道消化酶的作用，释放出来的胆碱直接进入脑部，与醋酸结合生成乙酰胆碱。乙酰胆碱是神经传递介质，有利于智力发育，改善记忆力。另外，动物的脑、心、肝等含有丰富的蛋白质和脂类等物质，也是很好的益智食品。

大豆及其制品促进脑部发育

大豆及其制品富含优质的植物蛋白质。大豆油还含有多种不饱和脂肪酸及磷脂，对脑发育有益。所以，让宝宝多进食一些大豆制品如豆奶、豆腐以及其他豆制品。

益智要选富含微量元素的食物

牛肉、猪肝、鸡肉、鸡蛋、鱼、黑木耳、蘑菇、海带等，这些物质富含锌、碘、铜、铁、硒等微量元素，它们是构成大脑所必需的营养成分，是提高幼儿智力不可少的物质。幼儿一旦缺乏这些微量元素，尤其是缺锌，会使大脑边缘海马区发育不良，智力和记忆力将受到损害。

蔬菜水果不可少

蔬菜、水果及干果富含多种维生素，对促进大脑的发育、大脑功能的开发等均有一定的作用。目前宝宝普遍都缺乏维生素。轻微的维生素缺乏需要较长时间才会有一些明显的症状，但有些是无法观察到的，如智力发育迟缓等；较严重的维生素缺乏，会有相应的表现症状，如缺乏维生素A、维生素C，宝宝容易感冒、近视；缺乏B族维生素，宝宝记忆力不好、注意力不集中、胃口差。家长要注意适当给宝宝补充维生素，维生素不但能很好地帮助宝宝获得全面均衡的营养，还能帮助宝宝提高食欲。

麻香猪肝

原料 鸡蛋1个，猪肝50克，面粉、姜末、盐、芝麻少许。

做法

1.将鸡蛋打匀，猪肝切小薄片，用盐和姜末腌一下，粘上面粉、鸡蛋汁和芝麻。

2.将油放入锅内，烧至七成热，下入猪肝，炸熟出锅。注意不要炸太老，熟即可。

营养分析

此汤面品含钙丰富，能有效预防小儿佝偻病。且猪骨头中的脂肪可促进胡萝卜素的吸收。胡萝卜素能促进生长发育，维持和促进免疫功能。

青鱼腐竹粥

原料 青鱼肉100克，腐竹、青豆各25克，番茄、糯米、大米各50克，葱花、盐、蛋清、料酒、淀粉各少许。

做法

1.先从青鱼肉中剔去所有刺，将青鱼肉切成薄片，加精盐、料酒、蛋清拌匀，用淀粉上浆，在开水中氽熟，盛入小碗中，切成碎丁。

2.腐竹用温水泡涨，切碎；青豆洗净，用水泡涨；番茄去蒂，切丁。

3.糯米、大米淘洗干净，入锅，放适量水，放入腐竹、青豆，煮至半熟再放入青鱼、番茄、葱花，直至煮熟，再放少许盐搅匀即成。

营养分析

此粥动、植物蛋白互补，促进机体与大脑发育，同时具有强身健体功能。

♥ 日常护理

纠正出牙期的不良习惯

在宝宝出牙期间，许多不良的口腔习惯会直接影响到牙齿的正常排列和上下颌骨的正常发育，从而严重影响了面部的美观。下列不良习惯应及时纠正：

﹨咬物：一些宝宝在玩耍时，爱咬物体（如袖口、衣角、手帕等），这样在经常咬物的牙弓位置上易形成局部小开牙畸形。

﹨偏侧咀嚼：常见一些宝宝在咀嚼食物时，常常固定在一侧，这种一侧偏用一侧废用的习惯形成后，易造成单侧咀嚼肌肥大，而废用侧因缺乏咀嚼功能刺激，使局部肌肉废用萎缩，从而使面部两侧发育不对称，造成偏脸或歪脸。

﹨吮指：婴儿一般在3～4个月时，常有吮指习惯，一般在2岁左右逐渐消失。如果3岁后还常有这种行为，就属不良习惯，由于手指经常被含在上下牙弓之间，牙齿受到压力，使牙齿正常方向的萌出受到阻力，而形成局部小开牙，即上下萌牙之间不能咬合，中间留有空隙。同时由于经常做吸吮动作，两颊收缩使牙弓变窄，形成上前牙前突或开唇露齿不正常的牙颌畸形。

﹨张口呼吸：后果是可使上颌骨及牙弓受到颊部肌肉的压迫，限制了颌骨的正常发育，使牙弓变得狭窄，前牙相挤排列不下引起咬合紊乱，严重的还可出现下颌前伸，下牙盖过上牙，即俗称"兜齿""瘪嘴"。

﹨舔舌：多发生在替牙期，可使正在生长的牙齿受到阻碍，致使上下前牙不能互相接触或把前牙推向前方，而造成前牙开牙畸形。

﹨偏侧睡眠：这种睡姿使颌面一侧长期受到固定的压力，造成不同程度的颌骨及牙齿畸形，两侧面颊不对称。

﹨下颌前伸：即将下巴不断地向前伸着玩，会形成前牙反颌，俗称"地包天"。

含空奶嘴：一些婴儿喜欢含空奶嘴睡觉或躺着吸奶，这样奶瓶压迫上颌骨，而婴儿的下颌骨则不断地向前吮奶，长期反复地如此动作，可使上颌骨受压，下颌骨过度前伸，而形成下颌骨前突的畸形。

宝宝踢被子怎么办

宝宝还不会走，但是，晚上踢起被子来，动作却是相当干净利落。不少父母为宝宝踢被子而发愁。生怕宝宝因踢掉被子而着凉，不得不夜间多次起身查看，但是，即便如此，还是有疏忽的时候，踢被子的恶果依然不时出现，使宝宝着凉、感冒或腹痛、腹泻等。

宝宝踢被子的原因

↘ 白天玩得太厉害，或者临睡前玩了刺激的游戏，大脑过度兴奋。为此，父母要注意消除宝宝的兴奋因素，在睡前不要过分逗引宝宝，玩太兴奋的游戏，不要吓唬宝宝。

↘ 晚饭蛋白质吃得多，或太油腻，肠胃负担重、不舒服。对此，父母要注意不要让宝宝睡前吃得过饱。

↘ 穿着衣服睡，盖得太热太重，越是穿着很多衣服睡，宝宝越容易踢被。对此父母可用透气性、柔软性、吸气性好的布料给宝宝做衣服，晚上睡觉时只要穿贴身内衣就好。另外，注意卧室环境要安静、光线要昏暗，这样更加有利于宝宝睡眠。

↘ 因为疾病因素，如患有佝偻病或贫血等疾病的宝宝也喜欢踢被子。对此，父母注意观察宝宝的状态，如果宝宝生病了，要及时配合医生进行治疗。

宝宝踢被子的应对策略

↘ 可以取1米长的橡皮筋（或松紧带），缝在棉被上端的两侧，缝制宽度与枕头相同，橡皮筋的两端固定在床头螺丝扣上。这样等宝宝睡着后，还是可以翻身，但即使将被子踢开，由于橡皮筋的弹性作用，棉被马上又回复原位，重新盖在宝宝身上。

↘ 在宝宝的小床边塞上1～2个枕头，一来宝宝不能在床上打转翻跟斗，不容易踢掉被子，二来就算踢了被子，还有一层保护，不至于太冷。

↘ 把宝宝装进睡袋就不用担心他踢被子了。建议妈妈们买那种袖子可拆卸的睡袋，可以随时改装成背心式睡袋，以适应各种睡眠习惯的宝宝使用。

教宝宝学走路的诀窍

宝宝从爬到学走路是生长发育过程中的一次重要飞跃，学会走路意味着宝宝的活动范围、接触范围、视力范围会广泛得多。只要掌握要点和诀窍，爸爸妈妈可以放心地让宝宝进行锻炼。

↘ 在宝宝会从坐位改为俯卧位的基础上，训练宝宝双手不扶任何物体，两腿跪着向前挪动的能力。

↘ 宝宝初学走路时，父母为防止摔倒，应选择活动范围大、地面平、没有障碍物的地方进行训练。

↘ 注意安全，室内要避开煤炉、暖气片、锐利有棱角的东西，维持地面干净整洁，收起杂物或易碎物，地面比较光滑时应加地垫或软垫，室外要避开有石头、阶梯等地方。

↘ 给宝宝穿合适的鞋和轻便的服装，以利于活动和行走。

↘ 每次训练时间不宜过长，应逐渐增加锻炼次数和时间，这样宝宝才有兴趣学。

↘ 初学时可让宝宝在学步车里学习行走，步子迈得比较稳后就不要再使用学步车了，可拉着宝宝的手让他学迈步，也可在宝宝腋下扶着他向前走，最后让宝宝开始独立尝试走路，大人站在前面鼓励。

教宝宝正确看电视

10个月的宝宝，已有了一定的专注力，而且对图像、声音特别感兴趣，看了电视以后会作出各种反应。这一时期，看电视对宝宝还是有很多好处的，可以发展宝宝的感知能力，培养注意力，防止认生。

让宝宝看电视的正确方法是：时间2～10分钟；要选择图像变换较快、有声、有色、有图的电视节目，如儿童节目、动画片、动物世界，甚至一些广告节目等；声音大小、强度要适中，以使宝宝产生愉快情绪，而且不疲劳为度。

🐾 不要捏宝宝的鼻子

有些人见宝宝鼻子长得扁，或想逗宝宝玩儿，常用手捏宝宝的鼻子，这么做会给宝宝造成一定的伤害。因为宝宝的鼻腔黏膜娇嫩、血管丰富，外力作用会引起鼻子损伤或出血，甚至并发感染。

从生理构造上讲，宝宝的耳咽管较粗、短直，位置比成人低，乱捏宝宝的鼻子会使鼻腔中的分泌物通过耳咽管进入中耳，极易发生中耳炎。因此，父母们最好不要乱捏宝宝的鼻子。

🐾 当心宝宝弱视

眼球无明显器质性病变，而单眼或双眼矫正视力仍达不到1.0者称为弱视，弱视是宝宝比较常见的眼病。平时家长要注意以下几个方面，以保护宝宝的视力：

＼看电视要有限制。电视画面跳跃闪动，切换速度非常快，会让宝宝的眼睛处于紧张状态，所以家长最好不要让宝宝看电视，即使看电视也要限制时间。宝宝越小，看电视的时间就要越短，并且要与电视保持3米左右的距离。

＼阳光强烈的时候注意保护宝宝的眼睛，带宝宝外出晒太阳的时候尽量避免让宝宝的眼睛直视强烈的阳光。

＼给宝宝多吃些对眼睛有好处的食物。如含钙多的食物有虾、海带、大豆、蔬菜、牛奶、花生和蛋黄等，含维生素A多的食物有猪肝、鸡肝、蛋黄、牛奶、羊奶等，含核黄素多的食物有牛奶、干酪、瘦肉、蛋类和扁豆等，含锌多的食物有牡蛎、牛肉、牛肝、猪肉、蛋类、花生、核桃等。

💚 启迪智慧

◉ 在敲敲打打中学习

婴儿长到10个月之后，大多数都喜欢拿东西到处敲敲打打，制造出种种噪声，这会招致大人们的反感。其实，家长们应该理解宝宝，宝宝的这种行为正是其智力发展到某一阶段的表现，是他们在发育过程中的一种探索行为。

一个简单的敲打行为，能够使宝宝的许多感觉器官受到锻炼，体验通过敲打不同的物体，产生不同的声音，而且用力强弱不同，产生音响的效果也不同。比如，敲打塑料玩具会发出啪啪的声音，敲打小铁碗则发出当当声。经常进行敲打动作，会使婴儿很快学会选择敲打物，学会控制敲打的力量，并了解物体之间的关系。

◉ 对宝宝不要事事帮忙

宝宝是通过亲身体验来认识世界、获取知识、获得生存技巧，逐渐成长为一个独立自主的个体。有些父母过于心疼宝宝，凡事总是为宝宝效劳，不给宝宝自己做事情的机会，其结果反而限制了宝宝的智力发展。

因为，宝宝只有不断用手去触摸、抓握、感觉、认知，与外界发生联系、互相作用，才能建立自我意识。触摸给宝宝输入信息，大脑根据触摸的感受回馈情绪反应，外界的信息越丰富多彩、越强烈，人的情绪反应也越丰富多彩、越强烈。

有些事情当宝宝自己没有能力做的时候，家长可以适当地施以援手；但是，宝宝自己能做的，一定要多给他尝试的机会，让他自己去做。宝宝笨手笨脚，犯错失败都是正常的，尝试多次之后，他便能体会到成功的乐趣，也会更加自信。

当宝宝专注某件事时，家长最好不要去打扰他，让他自己去琢磨。例如，当宝宝以自己的方式玩游戏的时候，会显得玩法很低级，家长一定不要帮忙，这样反而会使宝宝玩兴大减，应该让宝宝自己在玩耍中发现玩游戏的方法。

培养宝宝的幽默感

宝宝9个月的时候，幽默感开始出现了，宝宝会逐渐理解幽默的含义。虽然宝宝仍会因为妈妈拍他的肚子而快乐，但他的笑容会反映出对世界更高级的理解。

宝宝表现的种种幽默方式

↘破坏规则。乱扔食物或玩具都会让宝宝兴奋地大叫。发现这些行为的乐趣表明宝宝已经懂得什么是规则，并知道怎样去破坏规则了。

↘消失的东西。类似的游戏包括捉迷藏和变魔术等，当将要发生的事情符合宝宝的预计时，他就会快乐地大笑。

↘悖论式的幽默。这种游戏的获得首先要有令人吃惊的元素，即宝宝认为某件事情将会发生，然而结果却与他预料的完全不同。比如说跟他玩分离游戏，告诉他妈妈要走了，要去上班了，当宝宝因为妈妈的离去而大哭时，妈妈又探头出现了。

如何培养宝宝的幽默感

↘妈妈的鬼脸、可笑的声音会让宝宝觉得有趣并兴奋起来。当妈妈发出有趣的声音时，她们的情感电波会传递给宝宝，宝宝会因此感到安全和满足，他会手舞足蹈地笑。

↘模仿让宝宝感到有趣的动作。例如，把小毯子遮在头上做青蛙跳的动作，然后再突然把毯子从头上揭开。

❤ 特 | 别 | 提 | 示　　　　　　　　　　　　　　　　　　**TIPS**

一个认同并支持幽默的家庭环境对培养宝宝的幽默感是很重要的。妈妈要了解自己的宝宝，不要轻视那些让他开怀大笑的傻事，用心地扮演好一个"大傻"，从宝宝出生起就培养他的幽默感。

认知训练——吃饱的小肚皮

目的：提升宝宝的认知能力，培养宝宝以后学会爱惜、照顾自己的身体。

步骤：

↘ 宝宝吃饱饭后，妈妈用手轻轻拍一拍宝宝肚子的部位，说："吃饱了，宝宝的小肚皮！"

↘ 让宝宝也学会拍自己的肚子，妈妈可以问宝宝："宝宝的肚皮在哪里？"引导宝宝指自己肚子的位置。

注意事项：

妈妈拍小宝宝肚皮的动作一定要轻，千万不能用力压。

认知训练——尝味道

目的：训练宝宝的味觉辨别能力。

步骤：

↘ 妈妈将果汁拿来给宝宝尝一尝，并告诉宝宝："这是甜的。"

↘ 妈妈将菜汁拿来给宝宝尝一尝，然后告诉宝宝："这是咸的。"

↘ 然后妈妈拿一把小勺舀一点醋，放在宝宝的鼻子前让他闻闻，或是让宝宝尝尝。宝宝一般会转过头去躲开这种刺鼻的酸味，这时妈妈告诉宝宝："这是醋，这是酸的。"

↘ 给宝宝吃一点炒熟的苦瓜，让他尝尝轻微的苦味是什么样的感觉，然后妈妈告诉宝宝："这是苦的。"

注意事项：

妈妈要注意不要用酱油和盐水来尝试，因为宝宝肾的排盐功能有限，盐会增加宝宝肾脏负荷，而且这种游戏不能玩太多，以免引起宝宝的反感。

◉ 思维训练——比多少

目的：培养宝宝的对比能力。

步骤：

↘ 在宝宝面前放两堆数量明显不同、形状也不相同的积木。

↘ 妈妈指着少的那一堆积木对宝宝说"这一堆少，宝宝来捡捡"，然后让宝宝将积木放到一个小盒子里。

↘ 妈妈再指着多的那一堆积木跟宝宝说"这一堆多，宝宝再来捡捡"，然后让宝宝将积木放到另一个小盒子里。

↘ 然后将两个盒子放在宝宝面前，再次告诉宝宝，哪个盒子里积木多，哪个盒子里积木少，反复几次，让宝宝逐渐明白多和少的概念。

注意事项：

注意观察宝宝的反应，在宝宝感到厌烦之前结束游戏。

◉ 运动训练——青蛙跳跳

目的：锻炼下肢功能，为宝宝开步行走做好准备。

步骤：

↘ 妈妈两手扶住宝宝腋下，轻轻提起，然后再放下，嘴里念着儿歌："小青蛙跳跳，跳到东来跳到西。"

↘ 妈妈再次轻轻提起宝宝、放下宝宝，嘴里念着儿歌："小青蛙跳跳，跳到南来跳到北。"

↘ 反复几次，按照一定的节奏和节拍，让宝宝体会下肢着地弹跳和支持身体的感觉。

注意事项：

妈妈的动作要轻一些，要合乎节拍。

11月宝宝，迈出人生第一步

❤ 金牌喂养

◉ 保持婴儿食品的营养

由于婴儿每餐的食量不大，加之所能接受的食物种类不多，但身体的迅速发育对营养的需求又极高。因此，需要父母掌握正确的烹调方法，保证婴儿能从有限的食物中获取最多的营养。

主食的烹调

精米、精面的营养价值不如糙米及标准面粉，因此主食要粗细搭配，以提高其营养价值。淘大米尽量用冷水淘，最多3遍，且不要过分用手搓，避免大米外层的维生素损失过多。煮米饭时尽量用热水，以有利于保存维生素。吃面条或饺子时，也应连汤吃，以保证水溶性维生素的摄入。

肉食的烹调

各种肉最好切成丝、丁、末、薄片，这样容易烂，并利于消化吸收。烧骨头汤时稍加点醋，以促进钙的释放，利于小儿补钙。

肉菜共烹调

先将肉基本煮熟，再放蔬菜，以保证蔬菜内的营养素不至于因烧煮过久而破坏太多。

蔬菜的烹调

要买新鲜蔬菜，并趁新鲜洗好、切碎，立即炒，不要放置过久，以免水溶性维生素丧失。注意：要先洗后切，旺火快炒，不可放碱，少放盐，尽量避免维生素被破坏。

多吃菇类可促进宝宝智力发育

菇类食物除了味道鲜美可口外，菇类食物中还含有大量宝宝脑部发育所需的营养元素。宝宝多吃菇类食物，对智力发育非常有帮助。菇类食物最好和其他食物一起搭配，这样才更加有营养。

金针菇

金针菇被称为益智菇。它含有丰富的赖氨酸、精氨酸，是儿童脑部发育必需的营养元素，对提高记忆力，促进智力发育有非常重要的作用。而且金针菇含有的维生素D能促进钙质和磷的消化吸收，能促进儿童的骨骼和牙齿发育，预防小儿佝偻病。

金针菇性寒凉，脾胃虚寒的儿童不宜多吃，煮金针菇的时候，最好放一些生姜、红枣调和。

香菇

香菇的蛋白质和维生素都非常丰富，可以为儿童智力发育提供多种营养元素。此外，香菇还含有一般蔬菜所没有的麦甾醇，麦甾醇可转化为维生素D，能促进儿童体内钙的吸收。经常食用香菇对于增强儿童免疫力，对于预防感冒也有良好的效果。

香菇可以和猪肉一起做肉饼，或者饺子，味道非常鲜美。

黑木耳

黑木耳中铁、钙含量很高，常吃可以预防儿童缺铁性贫血。

为了让宝宝好消化，家长应将泡好的木耳洗净切碎，搭配其他食物一起烹调。

纠正宝宝偏食的毛病

宝宝从吃辅食开始到现在，已经能吃绝大多数的食物，但要让宝宝养成不偏食、不挑食的好习惯需要爸爸妈妈费一点功夫。这个阶段的爸爸妈妈应着重培养宝宝爱吃饭的好习惯，将挑食的坏毛病及早杜绝和纠正过来。

尽量按时在餐桌上开饭

应养成吃饭的时间一到，全家人一同在餐桌上用餐的好习惯，在餐桌边为宝宝准备一张儿童专用的椅子，为宝宝拿出准备好的宝宝专用的餐具。吃饭时爸爸妈妈都要自己吃自己的，每样菜都要吃，不要太多地关注宝宝，也不要频繁为他夹菜，让宝宝学着大人的样儿，不挑食、偏食。

减少正餐之外的食物

点心的给予有其必要性，但不可过量，避免宝宝吃多了点心而不吃正餐，造成"本末倒置"，尤其注意不要给予垃圾食品。

多在菜的形色上花心思

在饮食均衡的条件下，爸爸妈妈可以在食物的形式、颜色上多下功夫。漂亮的东西总是能吸引宝宝的注意，可以将多种菜混在一起烧，做豆腐的时候加一点番茄，炒青菜时加点黑木耳等，有时以土豆代替米饭、粥、面做主食，再配上一些蔬菜，尽量多变换花样，让宝宝保持对吃饭的新鲜感。

让宝宝参观做饭的过程

妈妈做饭时可让爸爸抱着宝宝在旁参观，教他认识各种蔬菜、禽肉，让他摸一摸洗干净的菜，这样宝宝能有参与感，也能体会到做饭的乐趣，进而更喜爱吃饭这件事。

增加吃饭时的趣味性

在给宝宝喂饭时，爸爸妈妈说话语气要轻松、活泼，可以播放一些令人轻松愉快的音乐，让吃饭时刻变得有趣，这样宝宝也会对吃饭充满期待。

⚫ 及时发现宝宝营养不良的信号

宝宝的营养状况不好时，往往会出现种种信号，爸爸妈妈若能及时发现这些信号，并采取相应措施，可将营养不良扼制在萌芽状态。

宝宝郁郁寡欢、反应迟钝、表情麻木

信号意思：提示宝宝体内缺乏蛋白质与铁质。

处理措施：应多给宝宝吃一点水产品、肉类、奶制品、畜禽血、蛋黄等高铁、高蛋白质的食品。

宝宝惊恐不安、失眠

信号意思：表明体内B族维生素不足。

处理措施：补充一些豆类、动物肝脏、桃仁、土豆等B族维生素丰富的食品。

宝宝情绪多变、爱发脾气

信号意思：多与吃甜食过多有关，医学上称为"嗜糖性精神烦躁症"。

处理措施：除了减少甜食外，多安排点富含B族维生素的食物也是必要的，如芦笋、杏仁、瘦肉、蛋、鸡肉等。

宝宝固执、胆小怕事

信号意思：多表示维生素A、维生素B、维生素C及钙质摄入不足。

处理措施：多吃一些动物肝脏、鱼、虾、奶类、蔬菜、水果等食物。

不爱交往、行为孤僻、动作笨拙

信号意思：多提示体内维生素C缺乏。

处理措施：在食物中添加富含此类维生素的食物，如番茄、橘子、苹果、白菜、莴苣等，这些食物所含丰富的酸类和维生素，可增强神经的信息传递功能，缓解或消除上述症状。

夜间磨牙、手脚抽动、易惊醒

信号意思：是缺乏钙质的信号。

处理措施：应及时增加绿色蔬菜、奶制品、鱼肉松、虾皮等。

宝宝肥胖

信号意思：部分婴儿肥胖属于营养过剩，另外一部分胖宝宝则是起因于营养不良。因为挑食、偏食等造成某些微量营养素摄入不足，导致体内的脂肪不能正常代谢，积存于腹部与皮下。

处理措施：除了减少高脂肪食物（如肉类）的摄入外，还应增加食物品种，做到粗粮、细粮、荤素之间的合理搭配。

豆腐饭

原料 大米150克，豆腐150克，青菜50克，肉汤和水各适量。

做法

1. 将大米淘洗干净，放入小盆内加入清水，上笼蒸成软饭，待用。

2. 将青菜择洗干净切成末，豆腐放入开水中煮一下，切成末。

3. 将米饭放入锅内，加入适量肉汤一起煮，煮软后加豆腐、青菜末稍煮即可。

营养分析

豆腐中含有植物雌激素，可保护血管内的皮细胞，具有抗氧化的功效。经常食用可有效减少血管系统被氧化破坏。

蛋奶西兰花

原料 西兰花、蛋黄各适量，牛奶2大匙。

做法

1. 西兰花洗净，放入锅中氽一下，取出，捣碎，待用。

2. 将蛋黄及用适量热水稀释过的牛奶放入锅里，边加热边搅拌。

3. 待锅中的液体将近黏稠，将西兰花加入锅中煮熟，拌匀即可出锅。

营养分析

西兰花富含多种可促进宝宝生长发育的营养素，尤其是维生素C含量高，能增强宝宝免疫力。牛奶和蛋黄中蛋白质、磷脂酰胆碱、维生素A和铁质等含量较多，并且含有婴幼儿必需的多种微量元素。这道蛋奶西兰花十分符合营养配餐的原则，能为宝宝提供均衡的营养，增强宝宝的体质。

🍀 宝宝学步时的安全措施

一般10～11个月大的宝宝，就开始跃跃欲试地站起来，摇摇晃晃地走路了。专家提醒，宝宝学步的不同阶段要采取不同的保护措施。

摇晃期

父母正拉着宝宝学走路，宝宝却突然大哭起来，手臂也不能动了。这种现象在宝宝刚开始摇摆着走路的时候很普遍，那是因为牵拉的时候，手臂关节脱臼了。宝宝手臂脱臼，马上找医生将关节复位，很快就好。但是，如果手臂习惯性脱臼就麻烦了。

正确保护方法：妈妈对宝宝学走路时的保护和鼓励是最关键的，其实最好的保护是站在宝宝身后，扶住他的腋下随着他走，但这样半蹲着你会很辛苦，所以不妨用一块布围住宝宝的前胸，你从后面提着布来帮他找平衡，这样就省力多了，或者，让宝宝先在学步车里练习。

扶物行走期

宝宝慢慢找到了走的"感觉"，两条小腿儿开始用力抬高，向前迈步而不是蹭步。宝宝能这样走的时候，可以让宝宝练习扶着床沿或扒着小车走，大人在边上看着别让他

摔倒了就行。

正确保护方法：如果你不放心让他扶着东西走，还可以把双手放在他腋下，但要让他独立走，手劲儿慢慢变虚，直到慢慢松手。

独立行走期

宝宝开始下意识地挣脱妈妈保护的手臂，自己独自摇晃着走了。虽然走起来有点费劲儿，深一脚、浅一脚。

正确保护方法：宝宝自己走也需要父母的保护，比如父母与宝宝面对面蹲下，让宝宝在中间来回走，距离要从近到远一点点调整。或者，给他定个距离，比如从床走到沙发，父母最好跟着。

宝宝摔倒，要冷静应对

宝宝摔倒后，大人首先要冷静，千万不要大惊小怪地在"哎哟"声中去回应孩子。如果孩子没有伤着，就要鼓励孩子自己站起来，这样可以锻炼宝宝的独立性、不事事依赖大人，日后可以独立处理紧急事件。

如果宝宝摔倒后哭得特别伤心，眼泪直流，就要另当别论，不可掉以轻心，要做到一看、二问、三查。

↘ 一看：看孩子倒地时的姿势与状态，看脸色是否有异常，手脚是否能动，身上有无外伤或起青包、出血、血肿等。

↘ 二问：询问孩子什么地方疼，胸部、肚子、头部有无不适的感觉。

↘ 三查：检查全身各个关节是否有问题。先让孩子做几次蹲下、起立的动作，接着让孩子伸展胳膊、活动手腕、左右转头，再让孩子反复做几次弯腰挺身动作，最后让孩子张口，看牙齿有无松动或脱落、口腔有无破损。即使上述检查完全没有问题，还要继续观察1～2天。主要观察孩子的大小便有无变化，如大便变黑、小便呈血色或黑色等，应及时送医院，千万不可掉以轻心。

↘ 平时加强对宝宝手脚活动能力的训练。大人要鼓励、引导宝宝多活动，多做锻炼手脚的活动，以发挥两手在活动和自我保护中的作用，获得足够的自我保护能力。另外，把成人的经验告诉宝宝：当要摔倒时自觉地迅速保护人体最重要的部位，如闭上眼睛、用手抱住头部等。

开心乐园

一个人到菜市场去买菜，看到一个孩子在看摊，就问："一只鸡多少钱？"那孩子回答："23。"这人又问："两只鸡多少钱？"孩子愣了一下，一时间没算过来，急中生智大吼一声："一次只能买一只！"

❀ 哄宝宝午睡的方法

宝宝如果不午睡，就会吃不好。长期下去，会影响生长发育，同时也会影响宝宝的智力发育。所以妈妈总要哄着宝宝午睡，但有时妈妈哄得自己都疲倦了，宝宝还是睁大眼睛东张西望，妈妈应该怎么办呢？

↘ 遮蔽光线。午睡时，妈妈可为宝宝拉上窗帘，让房间保持黑暗。如果窗帘的透光性能太好，可以考虑换成厚窗帘。

↘ 陪他入睡。黑暗的房间里跟宝宝躺在一起，播放恬静的音乐或有声图书，放松，然后闭上眼睛。如果妈妈自己不想午睡，那么，当宝宝完全入睡后，妈妈可以起床。

↘ 避免兴奋。午睡之前，不要让宝宝进行有趣的活动，以免他过于兴奋不能入睡。应该让有趣的活动留到宝宝睡醒后再进行。

❀ 别让宝宝成了好哭佬

当宝宝快满周岁的时候，一些新变化会给他带来苦恼。这包括他醒得较多而产生的厌烦，特别是处于陌生人中以及和父母分开所引起的焦虑，以及当他不能做他想做的事时便会灰心丧气。这时候，哭就成了宝宝发泄不满情绪的工具。这会让父母很烦，有什么好办法呢？

↘ 当宝宝学会说话后，父母可以运用语言强化孩子的好行为，减少他不必要的哭泣。

↘ 当宝宝能够听懂大人的话时，父母一定要记住在他不哭的时候也要爱抚他。如果父母只是在宝宝闹的时候才抱他，他很快就会变得更爱哭闹。

↘ 一定要注意在孩子刚刚停止哭声开始按父母希望的那样去做时，父母立即给予他鼓励性的夸奖。

↘ 当宝宝利用哭闹让父母注意他时，父母可以采用置之不理的方法，态度要坚决、冷淡。这样几次之后，宝宝就不会再把哭当作自己的武器了。

● 酷暑，宝宝吹空调注意事项

夏天，气温较高，室内通常都比较闷热，现在大部分家庭中都装有空调，开了空调让宝宝凉快吧，又担心宝宝会感冒，那么，宝宝能吹空调吗？其实，在很热的天气里，是可以让宝宝吹空调的，但是，家长一定要注意以下几个方面的问题：

空调的温度要调整好

夏天，当室外气温很高时，空调与外界的温差在5℃左右即可；当室外气温不是很高时，空调与外界的温差在3℃左右即可。一般，不能低于28℃，而且，风速要比较低，不能太强烈。同时，要注意，不要让宝宝频繁外出，以防止温差的突然变化引起感冒。

不能久开空调，及时通风

控制好开空调的时间，切莫久开，关闭空调后应该马上开窗，家中要通风。宝宝体温调节中枢尚未发育完善，长期待在空调房，容易受冷空气侵袭，因此，一定要注意开空调的时间。

保持室内的湿度

开空调的同时需启动空调的加湿功能，建议将室内湿度保持在40%～60%，这样的湿度不利于各种细菌的繁殖，人体也会感觉良好。

定期清洗空调

空调的过滤网上容易积许多灰层和污垢，如果不定期清洗的话，这些灰层和污垢就会通过空调散播到室内，被宝宝吸入，引起宝宝呼吸道感染等疾病。

♥ 启迪智慧

◉ 给宝宝营造书香世界

良好的读书习惯有利于增加宝宝的知识、专注力和学习能力，所以要从小培养，这里面的关键就是要给宝宝营造一个充满魅力的书香世界。

阅读从婴儿期开始

要让宝宝喜欢阅读，首先要培养阅读的兴趣。父母可以从婴儿时期就经常念书给宝宝听，念书时还要倾注感情，切不可漫不经心。另外，一开始的时候，可以选择那种有大图片的图书，注意引导宝宝观看图片，理解图片所表达的意思。

父母要做爱书人

父母是宝宝的第一任老师，父母的一言一行、一举一动都会给宝宝带来深刻的影响，他们的双眼和心灵，无时无刻不在追随、记录、感受着父母的言行。如果父母都是爱书的人，那么宝宝肯定也会受到良好的影响，反之，如果父母喜欢打麻将，自己在那里噼噼啪啪地打着，想让宝宝好好读书，估计有点难度。

书香环境的营造

尽量为宝宝营造一个干净、利落，充满书香的家庭生活小环境。有漂亮的小书架、小书桌，并且家里也有很多藏书，甚至在洗手间也要放两本书。让宝宝知道，书籍是家庭生活的必需品，也是他自己生活的必备品。这些都会给宝宝热爱读书、营造书香世界提供良好的条件。

♥ 特 | 别 | 提 | 示　　　　　　　　　　　　　　　　TIPS

睡前是亲子阅读的宝贵时间，父母可能以选择每天睡觉前给宝宝读一个故事。读完故事宝宝大脑即处于休息状态，不再吸收其他信息，所以记忆效果会比较好。

⦿ 宝宝黏人不是坏习惯

很多妈妈出门的时候都会面临一个问题，宝宝只要看到妈妈要出门就想跟着一起去，不让去的话就会哇哇大哭，一时一刻也不想离开妈妈。对于这种黏人行为，妈妈总是感到发愁，自己还有很多事情要做，不能时时刻刻都陪在宝宝身边吧。

黏人是依恋的需求

宝宝喜欢黏人，那是他对熟悉的亲人逐渐产生依恋情绪的表现，是宝宝成长过程中不可避免的现象。心理学研究表明，依恋行为同睡觉、吃饭一样，是儿童生存的基本需要。宝宝黏人不仅不是坏习惯，适当地黏人可以使宝宝找到满足感，而且还会让宝宝感受到愉悦，从而有助于建立信赖和自我信任感，将来能够更加成功地与人沟通和交流。如果到了一定月龄的宝宝，还没有建立对家人的依恋感的话，还会对宝宝未来的生活产生影响。

宝宝需要安全感

宝宝的安全感得到满足之后，才能在陌生的环境中克服焦虑或恐惧的情绪，从而去探索周围的新鲜事物，并尝试与陌生人接近，这样就可以使婴儿扩大视野，其认知能力、智力都可得到快速发展。反之，安全感得不到满足的宝宝，会比较胆小、自卑，不愿意和陌生人交往，从而影响其智力发展。

⦿ 好玩的涂鸦

宝宝周岁以前就开始喜欢在墙面、桌面等空白的地方随意乱画了，爸爸妈妈发现宝宝有这样的爱好时，千万不要阻止这种行为，而应当及时地给予鼓励，并且加以引导，将为其成长带来巨大的好处。

爸爸妈妈不妨在墙上挂一块白板，或是开辟出一片墙壁，让宝宝知道有固定的地方可以让他写写画画，也是对整体家居布置的一种点缀，宝宝的涂鸦还会令房间"增色"不少。还可为宝宝选择涂鸦板，涂写过的东西易擦易洗。

不要给宝宝粉笔，可以选择彩笔或蜡笔，粉笔比较容易掉屑，掉下来的粉笔屑一旦被宝宝吸入，对健康十分不利。

积极语气成就快乐宝宝

妈妈这个角色，对宝宝的心理健康至关重要，是宝宝心理上"安全岛"和快乐的源泉，甚至妈妈跟宝宝说话的语气，都会对宝宝的情商、智商、气质、修养产生深刻的影响。

信任的语气

宝宝都特别希望得到父母的信任，因此，妈妈在对宝宝说话时要表现出充分的信任，这能够在无形中给他们一份自信，反之，如果用讽刺挖苦的语气跟宝宝说话，则会给宝宝的自尊心带来极大的伤害，会使他不自信。

尊重的语气

宝宝的自我意识在萌芽之后，随着年龄的增长这种自我意识会愈发强烈。当他们提出自己不同的看法和要求时，妈妈应该用尊重的语气和宝宝商量，这样，宝宝就比较乐于接受，不会和你对着干了。

赞赏的语气

每个宝宝都有优点，都有表现欲，发现宝宝的优点并加以赞赏，会让他更加乐于表现。宝宝做了一件事情之后，妈妈要及时给予赞赏，让宝宝的表现欲得到满足，宝宝就会做得更加成功。

鼓励的语气

宝宝小的时候，都是非常喜欢做事情的，即使他力不能及的事情，也会抢着去做。这时，妈妈一定要用鼓励的语气对宝宝说话，即使宝宝做错了事，也不要一味地批评责备，而应帮助他在过失中总结教训，积累经验，鼓励他再次获得尝试，这样才能让宝宝更加自信和能干。如果宝宝好心好意帮妈妈干活，还总是遭到呵斥的话，那以后就很难让宝宝心甘情愿地主动帮妈妈干活了。

妈妈对宝宝一生的成长实在是太重要了，请尽可能多地给予宝宝爱抚和信任吧，无论是充满感情的言语表达，还是搂抱、亲吻等身体的接触，都不要吝啬，更不要长期离开自己的宝宝，宝宝的成长离不开妈妈的支持和鼓励。

开心乐园

两个男孩在交谈："听说，我们的祖先没有电，没有收音机，也没有电视，我不明白，他们是怎样生活的？""所以，他们都已经死了。"

◉ 语言训练——认认爸爸的脸

目的：培养宝宝的语言能力。

步骤：

↘ 抱着宝宝站在爸爸面前，指着爸爸的脸跟宝宝说"这是爸爸的脸"，并教宝宝说"爸爸的脸"，让宝宝注视妈妈的口形，引导宝宝模仿说"爸爸的脸"。

↘ 妈妈再指着爸爸的眼睛跟宝宝说"这是爸爸的眼睛"，并教宝宝说"爸爸的眼睛"，让宝宝注视妈妈的口形，引导宝宝模仿说"爸爸的眼睛"。

↘ 妈妈再指着爸爸的鼻子跟宝宝说"这是爸爸的鼻子"，并教宝宝说"爸爸的鼻子"，让宝宝注视妈妈的口形，引导宝宝模仿说"爸爸的鼻子"。

注意事项：

每发一个重复音节后，应停顿一下，让宝宝有模仿的机会。当然，大部分宝宝此时还不会说话。但是大人要鼓励宝宝，激发宝宝的积极性，为开口说话打下基础。

◉ 运动训练——豆豆不要跑

目的：训练宝宝手指精细动作功能，并养成有始有终的习惯。

步骤：

↘ 妈妈让宝宝坐在身边，给宝宝一个空的小碗，并在宝宝面前放一些花生、黄豆、扁豆等物品。

↘ 妈妈捡起豆子放在小碗里，并鼓励宝宝也把豆子捡起来放进碗里。

↘ 豆子比较小，而且会滚动，所以宝宝一颗一颗捡起来需要过程，让宝宝慢慢捡，宝宝每捡起一颗，妈妈要及时鼓励，对宝宝说："宝宝真棒！"

注意事项：

要看护好宝宝，一定不能让宝宝把豆子放进嘴里吞下去。

触觉训练——折纸

目的：锻炼宝宝手部力量，并让宝宝感受纸的不同触感。

步骤：

↘ 妈妈可以找几种质地、厚度不同的纸。

↘ 妈妈先让宝宝摸一摸，感觉一下不同纸的质地。

↘ 再让宝宝随意地折叠，这样可以引导宝宝将纸张折成不同的形状。

注意事项：

不要找太硬的纸张，以免在折纸的过程中弄伤宝宝。

思维训练——盖瓶盖

目的：锻炼宝宝手部的精细动作，并可培养宝宝的思维能力。

步骤：

↘ 妈妈可以找一些漂亮的小塑料瓶，然后将瓶盖取下来，将大大小小的瓶子和瓶盖放在一起。

↘ 妈妈先教宝宝将瓶盖盖到小瓶子上，重复几次。

↘ 引导宝宝自己给小瓶子盖上合适的瓶盖。

注意事项：

宝宝在玩的过程中，或许一时找不到合适的瓶盖，这时，家长要注意让宝宝自己去找，自己去尝试，锻炼宝宝的思维能力。

12月宝宝，小乖乖1岁啦

♥ 金牌喂养

◉ 断乳前后的饮食衔接

顺利地过渡到断乳，关键是饮食衔接做得是否到位，断乳前后爸爸妈妈需要注意以下几个方面。

↘ 11～12个月的宝宝普遍长出了上下中切牙，能咬下较硬的食物，这时要相应地帮助宝宝向幼儿的饮食方式过渡，为宝宝添加一些软烂的米饭，跟整个的水果。

↘ 断乳与增加辅食要同时进行，不要等到断乳后突然增加辅食的量或种类，而是应当等宝宝能很好地吃辅食了再断乳，断乳前后辅食添加应当没有明显变化。

↘ 食物的营养应全面和充分，蔬果、鱼肉、蛋奶应合理搭配，要注意应选择时令蔬果，随着季节来吃。

↘ 宝宝的食品应经常变换花样，巧妙搭配、烹调，要求食物色香味俱全，且要易于消化，以便满足宝宝的营养需求，适应宝宝的消化能力，并引起他们的食欲。

↘ 饮食要定时定量，刚断乳的宝宝，每天要吃5餐，早、中、晚餐时间可与大人一致，两餐之间应加牛奶、点心和水果，断奶初期最好保证每天饮用一定量的牛奶。

↘ 断奶有适应期，有些宝宝断奶后可能很不适应，爸爸妈妈喂食要有耐心，此外还要特别注意饮食卫生，食物应清洁、新鲜、卫生、冷热适宜。

↘ 刚断母乳的宝宝还不能适应辣椒、辣萝卜等刺激性食物，也不宜给断乳初期的宝宝吃油炸食品。

◉ 为不爱吃肉的宝宝支招

有的宝宝不爱吃蔬菜，而有的宝宝则相反，不沾一点荤腥，宝宝不爱吃肉时该怎么办呢？

先给鸡肉再给猪肉

宝宝吃肉的种类可以稍加调整，一般来说，鸡肉质地软嫩，味道清香，宝宝会比较喜欢，猪肉纤维较粗，肉质也会硬些，宝宝可能一时不易接受，可以先多给点鸡肉，待宝宝适应后再给猪肉和其他肉类。

多做些花样

做肉时可以尽量切得细碎些，多做些花样，比如与蔬菜、面条、鸡蛋等拌食，做成肉末粥等。若宝宝还是不大乐意接受，可以多与宝宝喜欢的食物进行混搭，让宝宝在不知不觉间接受。还可以用肉馅包一些小动物形状的小包子，宝宝会很喜欢。

让宝宝饿起来

有时候宝宝不愿意吃肉是因为吃饭时不饿，爸爸妈妈不妨在吃饭前多带宝宝玩一玩，运动起来的宝宝消耗多，胃口也就开了，处于饥饿状态的宝宝上了餐桌就不会嫌弃肉了，久而久之就能喜欢上吃肉。

◉ 不要哄着宝宝吃饭

养成良好的饮食习惯对于宝宝来讲是非常重要的，但是，很多父母却没有在意这一点，宝宝不好好吃饭，妈妈就要用各种方法来哄宝宝吃饭，有的宝宝一顿饭甚至能吃上1小时。

这样哄着宝宝吃饭对于宝宝的健康成长非常不利。首先，吃着吃着饭菜就凉了，而宝宝的肠胃比较敏感，凉的饭菜很容易使宝宝生病。其次，越是妈妈哄着，宝宝越是没有胃口，吃不进去饭，长期下去，容易导致营养不良。再次，宝宝边吃边玩，容易导致注意力不集中。

因此，对于不好好吃饭的宝宝，父母首先要确认宝宝是否有身体方面的不适，如果确认没有什么不适之后，就要采取一定的措施了。例如，可以规定宝宝吃饭的时间，如果宝宝边吃边玩，不好好吃饭时，妈妈就要断然收起饭菜，让宝宝明白，如果不好好吃饭，就只能饿着了。

紫米粥

原料 紫米、芸豆、葡萄干各适量。

做法

1. 将紫米、芸豆分别洗干净，一起放入锅内，加适量水煮烂。

2. 在粥上撒些葡萄干，以增进宝宝的食欲。

营养分析

这款粥里含有丰富的维生素和糖类，作为主食给宝宝食用非常合适。

南瓜蒸蛋

原料 小南瓜1个，鸡蛋1个，食盐少许。

做法

1. 将小南瓜洗净，切去顶部，盖子留着不要扔。利用小勺和小刀把南瓜里面的籽挖空，再挖去一小部分果肉，果肉不用挖得太多。

2. 鸡蛋打散，加一点盐搅匀，再倒入适量温水继续搅匀，水和鸡蛋的比例约为2∶1，然后用小滤网过滤蛋液，将蛋液倒入南瓜中。

3. 把南瓜盅和盖子一起放入蒸锅，蒸20分钟。

4. 将南瓜盅取出放置一会儿，温度适宜后再倒入蛋液，然后入蒸锅再蒸10分钟左右即可。

营养分析

这道南瓜蒸蛋含有丰富的蛋白质和维生素，南瓜中的胡萝卜素和丰富的锌对促进宝宝的生长发育非常有益。

◉ 培养宝宝良好的卫生习惯

要让宝宝不生病，就要讲卫生，增强体质，做到预防为主。

饭前便后都要洗手

宝宝整天什么都摸，手和脸很容易脏，所以，每天早晚和必要时都应清洗。让宝宝养成饭前洗手的好习惯，不用脏手、未洗干净的手去拿东西吃。

父母平时要注意教育宝宝不要吃手指头，不要把不洁的东西放入口中玩耍。宝宝的指甲也应经常修剪，指甲长了容易有脏东西，会随食物吃进肚子里，从而引起疾病。

给宝宝勤洗澡

从小培养宝宝爱洗澡的习惯。洗澡是锻炼身体的办法，一方面能洗掉污垢，保持皮肤清洁；另一方面温水能刺激皮肤，增加抵抗力，不易得皮肤病。夏天常洗澡，免生痱子、痱毒。注意洗澡时不要让水流进耳朵里，洗完后可用些爽身粉。

注意"小鸡鸡"的清洁

妈妈给男宝宝洗澡时，孩子的阴茎有时会发生勃起。这是因为洗澡时，因小阴茎不受尿布包裹，又受到热水的冲击，这个特别敏感的器官自然就勃起了。小儿性器官敏感，是正常的反应，妈妈应放心才是。有的妈妈因怕抚弄小儿阴茎引起勃起，洗澡时便不给孩子洗"鸡鸡"。实际上引起勃起并没有关系，但不洗阴茎会使阴茎和包皮内藏污纳垢，引发炎症。

除此之外，要尽可能早一些培养宝宝在一定时间内大便和定时小便的习惯。还要注意不要宝宝玩生殖器，以免形成不良的习惯。

❤✚ 专家叮咛

男宝宝爱抓小鸡鸡很容易抓破生殖器，造成感染，这种行为并不是宝宝自己喜欢，而是一种模仿行为，是模仿、游戏的结果，是在养育环境中被大人训练出来的，所以大人在养育孩子的时候一定要有所注意，千万别让孩子养成抓小鸡鸡的习惯。

让宝宝学会配合妈妈穿衣

在给宝宝穿衣时，动作要轻柔，态度要和蔼，多用语言鼓励宝宝，使宝宝愉快地配合。妈妈要结合穿衣和宝宝讲话，培养孩子对语言的理解能力。如穿上衣时，叫宝宝"伸手"；穿袜子、鞋子时说"伸脚"；洗手时说"伸出小手"；洗脸时说"闭上眼睛"等。要教会宝宝知道各种衣服的名称，懂得动作的名称和做法。

另外，还可以用游戏的方法，使宝宝乐于配合。如穿裤子时告诉他要做一个"小鸭钻山洞"的游戏：先捉住"小鸭"——小脚丫，再让"小鸭"钻"山洞"——裤筒。总之，成人要用亲切丰富的语言和表情、欢快的音乐、有趣的方法，让宝宝配合妈妈穿衣。

玩具陪睡不可取

有的宝宝现在很喜欢整天和自己的玩具待在一起，尤其是安静的女宝宝，甚至吃饭时看着、外出时带着、睡觉时也要陪着，其实玩具陪睡对宝宝是非常不好的习惯。

不利于宝宝按时入睡

睡觉时将玩具置于宝宝身旁的话，宝宝很容易玩着玩着就忘了时间，甚至兴奋得睡不着觉，不利于培养宝宝按时自然入睡的好习惯。

不利于宝宝的安全

陪睡的娃娃往往是布制玩具和长毛绒玩具，如布娃娃、长毛狗之类，特别容易脏，宝宝抵抗力差，睡觉时置于身边容易感染病菌，男宝宝喜欢的玩具像变形金刚等，质地比较硬，棱角坚，宝宝睡着后可能会被伤到。

不利于视力健康

通常宝宝的房间会开一盏光线较暗的灯，宝宝边玩玩具边睡觉时，眼睛与玩具的距离较近，通常不到20厘米，而宝宝不懂得让眼睛休息，很容易造成眼肌疲劳，使眼内压力增高，眼轴容易伸长，对视力健康很不利。

宝宝怪异体味的疾病信号

宝宝身上有一些奶香味、汗味、尿片味都是正常的，但是，如果宝宝身上出现了某种特殊的气味，父母就要小心了，很可能是宝宝患上了某种疾病。

白菜味

如果宝宝身体发出一种类似白菜的怪味，可能是体内缺乏酪氨酸转化酶，导致酪氨酸代谢障碍而潴留于血液中，浓度居高不下。患儿还多表现为生长缓慢，易并发佝偻病、肝功能不全以及低血糖症。

烂苹果味

如果宝宝呼出的气息中有股烂苹果的气味，家长也要注意，因为糖尿病患儿病情严重时，大量脂肪酸在肝脏里经氧化而产生酮体，并扩散到血液中，就会出现气息中有这种气味。

尿臊味

如果宝宝呼出的气息中散发出尿骚味，家长也要注意，因为患有慢性肾炎或肾病的病儿，病情发展到慢性肾功能衰竭阶段，由于无尿，某些毒性物质（如尿素氮、肌酐等）不能排出体外而潴留于血中，就会使病儿呼出的气息有股尿骚味。

启迪智慧

巧妙避免冲突

大多数宝宝会在1周岁左右，迈出人生的第一步。这正是宝宝进入宝宝期的标志。这个时期，宝宝变得爱发脾气了，动不动就摇头、甩手、叫嚷。其实，这是宝宝自我意识开始萌芽的结果。他开始有自己的主意了。此时，父母要关注宝宝，并且能够提供机会，给他足够的时间做他感兴趣的事。那么，宝宝觉得无聊或是沮丧的可能性就会大减。

尊重宝宝的意愿

妈妈要理解宝宝，宝宝想自己吃饭，就让他拿着汤匙自己吃，可以用一个备用的小饭勺趁他张嘴时，赶紧送上一口饭菜；宝宝想自己穿衣，就让他自己穿，但是要趁他不注意时，悄悄帮他提一提裤腿和袖管。

多与宝宝沟通

这个时期的宝宝还不会说话，但是，他们却是什么都知道的，比如，妈妈告诉他要穿上小鞋子才能站在地上，他就会指着小鞋子，而且，宝宝对大人的语调十分敏感，你可以通过语调和肢体语言进行很好的沟通。当宝宝提出自己的要求时，妈妈暂时不能满足，只要耐心跟宝宝说明，是能够消除或减轻宝宝发怒的情绪的。

巧妙地转移宝宝注意力

如果宝宝一心想触碰危险品和不该碰的物品，妈妈可以寻找替代物给他，也是一个很好的解决方法。例如，宝宝想要你手中的热咖啡，这时候，你给他一个好玩的音乐玩具，也许他就开心地去玩玩具了。

开心乐园

星期天，小由美子跟爸爸去动物园看狮子，他们来到狮子馆，小由美子高兴得不住地问这问那，看了一会，她突然显得不安起来，爸爸问她是不是有什么不顺心的事。"爸爸，我有点害怕，"小由美子颤抖着声音答道，"如果这头狮子挣脱出笼子，把你吃掉的话，那我该乘几路电车回家呢？"

宝宝玩积木益处多

积木玩具是一款非常经典的益智类玩具，尽管现在玩具市场的更新换代非常快，但是积木依旧是宝宝必不可少的玩具之一。

那么，宝宝玩积木的好处有哪些呢？

锻炼宝宝手、眼、脑的协调能力

玩积木能够锻炼宝宝的动手能力，使得手、眼、脑的能力得到全方位的运用和锻炼。积木有长的、方的，还有圆形的；有红色、白色，还有花色的；有高的、矮的。宝宝可以通过看、摸、抓、握，来认识积木，从而对宝宝的触觉、感觉、视觉都会产生刺激。堆积木时，宝宝需要灵巧地使用双手，因此可以促进手部精细动作的发展。

锻炼宝宝的观察能力

将零散的积木堆出复杂的物体，例如搭出来房子之类的物体，实际上都是生活中常见的。宝宝首先要学会观察，然后在玩的过程中，把日常生活中观察到的事物用积木表现出来，观察力就在不知不觉中培养起来了。

能够开发宝宝的智力

积木本身就是一款益智功能特别强的玩具，所以它对于宝宝智力的开发和提升有非常显著的效果。积木玩具的玩法有很多，宝宝在玩的过程中可以不断探索，变换出无穷的玩法，给宝宝留下了更多想象和创造的空间。

让宝宝主动说话

11~12个月的宝宝已能听懂父母的所有语言了，也能用单个词表达自己的意思，偶尔也能说出几个连贯的词来，但他还是习惯用手势来表达。因此，父母应创造让宝宝必须开口的机会，让他慢慢告别手势语，用语言替代。

不要过快满足宝宝的要求

当宝宝已经明白成人的话但自己还不会说时，若宝宝指着水瓶，成人马上明白这是宝宝想喝水了，于是把水瓶递给他，这种满足宝宝要求的方法会使宝宝的语言发展缓慢，因为宝宝不用说话，成人就能明白他的意图，并满足他的要求了，因此，宝宝失去了练习说话的机会。切不可宝宝一举手，你就把他想要的东西递给他，这样他就会停止在动作语言期而不开口说话，从而造成语言发展滞后。

让宝宝用语言表达自己的需要

宝宝能有意识地叫"爸爸""妈妈"以后，还要引导他有意识地发出一个字音，来表示一个特定的动作或意思，如"走""坐""拿""要"等，从而能表达自己的愿望，然后再满足他。

当宝宝想喝水时，妈妈可以给宝宝一个空水瓶，宝宝拿着空水瓶，想要得到水时，会努力去说"水"，只要说一个字，妈妈就应该表扬他，因为这是不小的进步。宝宝已经懂得用语言表达自己的要求了。

父母要保持适当的耐性

宝宝自己能弄清楚的单字语言也十分有限，可这个年龄的宝宝偏偏又有非常强烈的表达欲望。因此，往往会造成宝宝表达不是很清楚，或说话语速非常慢。此时，父母一定要很有耐心地等待宝宝把话说完，并让宝宝讲明白。相信父母的这种认可，会让宝宝找到更多的自信。也因如此，宝宝的语言能力自然就能得以迅速地提高。

🔈 运动训练——向墙推球

目的：锻炼宝宝上肢运动功能和抓握能力。

步骤：

↘ 妈妈和宝宝面对着墙壁坐着，宝宝离墙近一点，妈妈离墙远一点。

↘ 妈妈轻轻把皮球推向墙面，使球反弹回来，让宝宝接住。

↘ 引导宝宝也把球推向墙面，鼓励宝宝反复练习，在训练中体会推球的方向和力度，直至能够把球推出，又弹回并拿到球。

注意事项：

可以用不同重量的球进行训练，让宝宝体会不同重量的球要用不同的力量去推，了解物体的重量概念。

❤ 思维训练——那个是洞洞

目的：锻炼宝宝的观察能力和思维判断能力。

步骤：

↘ 妈妈找一个30厘米长的纸盒子，然后在纸盒子的外面画上大大小小的圆圈，同时，将其中的一些圆圈用剪刀挖出洞洞。

↘ 妈妈将手指伸进洞洞里，然后告诉宝宝："宝宝，这是个洞洞哦。"

↘ 让宝宝用手指去找哪个圆圈是洞洞，如果宝宝找对了，要及时鼓励和赞扬宝宝。

注意事项：

盒子外面的颜色不能过于花哨，以纯色为好，以免影响宝宝的判断。

❂ 听觉训练——小棒敲一敲

目的：训练宝宝对声音记忆的能力。

步骤：

↘ 妈妈找一个小棒子，和一些能够敲打并发出不同声音的物品，如小盒子、小罐子、可乐瓶子等。

↘ 妈妈拿着小棒子敲击不同的物体，让它们发出不同的声音。

↘ 妈妈让宝宝拿着小棒子，模仿自己去敲击不同的物体，同时模仿敲击发出的声音，例如"咚、咚、咚，当、当、当，啪、啪、啪"的声音。

注意事项：

敲击的声音不要太大，而且要引导宝宝辨别不同的声音来源。

❂ 认知训练——逛超市

目的：锻炼宝宝认知新事物的能力。

步骤：

↘ 妈妈带着宝宝去逛超市，让宝宝坐在小推车里，随意观察外面的人和物。

↘ 让宝宝摸一摸超市里各种各样的商品，并告诉宝宝不同商品的名称。

↘ 让宝宝闻闻超市中各种水果的味道，告诉宝宝水果的名称。

↘ 逛一圈之后，回到告诉过宝宝商品名称的货物旁边，让宝宝指认刚才学习的商品名称，看他是否能认出来。

注意事项：

不要在超市逗留的时间过长，因为超市一般人多，空气浑浊，停留的时间过长不利于宝宝的身体健康。

PART **2**

1~2岁，惊喜连连与"麻烦"不断

1～2岁宝宝各方面变化很大，给大人们带来烦恼的同时也不断地带来惊喜，作为宝宝的父母应该了解宝宝的发育特点，给予宝宝适度的引导，让他们在这条探索的道路上快乐成长。

♥ 金牌喂养

◎ 五谷杂粮为主食

宝宝出生之后是以乳类为主食，经过1年的时间要逐渐过渡到以谷类为主食。1岁的宝宝可以吃软饭、面条、小包子、小饺子了。这时候，妈妈应该注意每天三餐要变换花样，使宝宝有食欲。

以谷类为主食好处多

↘ 谷类食物包括大米、面粉、玉米、小米、荞麦和高粱等。谷类含糖类70%～80%，主要是淀粉含多糖，糖类能够帮助人体消化吸收，是最重要的能量来源物质。

↘ 谷类中含有丰富的B族维生素，其中维生素B_1可增加食欲、帮助消化，促进宝宝的生长发育；维生素B_2可预防口角炎、唇炎、舌炎等。

↘ 谷类能提供一定的植物性蛋白质，这些营养对宝宝的成长是必需的。

↘ 谷类中矿物质含量丰富，主要有钙、磷、钾、铁、铜、锰、锌等。

↘ 谷类中脂肪含量较少，大部分为不饱和脂肪酸，还含有少量的磷脂。这些都是人类大脑必需的营养成分，可以促进大脑的发育。

制作适合宝宝的主食

五谷杂粮的制作没有固定的一成不变的食谱。妈妈掌握了食物选择和搭配的原则，就可以根据每个宝宝的具体情况，富有创意地给宝宝做出丰富多样的美味菜肴了。家长一定要学习让主食多样化，除了要让米、面交替上桌之外，有时候花一点小心思，就能让主食变得有趣，比如蒸米饭时加入一点玉米粒或葡萄干、红枣、豆子等，都能很好地激发宝宝的食欲。

◕ 不妨让宝宝吃点硬食

1~2岁的宝宝，已有一定的咀嚼和消化能力了，当宝宝能接受碎块状的食物后，父母就应该适当地给宝宝吃些较硬的食物，这样对宝宝的营养和吸收都有好处。

宝宝的咀嚼能力都是在不断运动中得到发展的。父母总是担心宝宝不能这样不能那样，喜欢给宝宝易嚼的食物，其实这是对宝宝能力的低估。宝宝此时已有8颗左右的乳牙，已经有了一定的咀嚼能力。适当给宝宝一定硬度的食物，如烤薯片、馒头片、干面包等，这样就给了宝宝锻炼牙齿的机会，在不断的练习中宝宝的咀嚼能力将会变得越来越强。

但这些食物不要给宝宝当正餐，父母可以在两餐之间给宝宝吃这些食品，一是让宝宝磨磨牙床，增强咀嚼能力；二是给宝宝增加一点品尝食物的乐趣；三是作为宝宝的一种饮食补充。

妈妈们要注意的是，此处的硬食绝对不是指那些干果之类的食品，如干枣、蚕豆、核桃、松子等坚硬的食物，这样的东西容易损伤宝宝稚嫩的牙齿。

◕ 宝宝饮食应定时定量

随着宝宝乳牙的陆续萌出，咀嚼消化的功能较之前成熟，因此在喂养上会略有变化，每日进食应逐渐规律化，尽量做到饮食定时定量。

饮食定时

刚断母乳的宝宝，每天要吃5餐，早、中、晚餐时间可与妈妈统一起来，但在早餐与午餐间、中餐和晚餐之间应加牛奶、点心和水果等。这样可让宝宝养成良好的饮食习惯，又可防止宝宝因过食而引起厌食。

饮食定量

对于幼小的宝宝来说，定量饮食很重要。如果饮食过少，宝宝很快就会饿，于是以零食充饥，长此以往，必然会导致营养不良，影响宝宝的生长发育。如果过量饮食，则会加重肠胃的负担，导致积食。如长期过量饮食，不仅易导致肥胖，而且也会导致其他疾病的发生。

● 给宝宝准备营养丰富的早餐

宝宝早餐要吃饱吃好，但并不是说吃得越多越好，也不是说吃得越高档、越精细越好，而是应该进行科学搭配。

星期一：鸡肉末碎菜粥

做法：在锅内放入少量植物油，烧热，把鸡肉末放入锅内煸炒，然后放入碎菜，炒熟后放入白米粥煮开。

星期二：鱼肉松粥

做法：大米熬成粥，菠菜用开水烫一下，切成碎末，与鱼肉松、盐一起放入粥内微火熬几分钟即可。

星期三：豆腐羹+面包

做法：嫩豆腐适量加鸡蛋一个，放在一起打成糊状，再放少许盐、植物油，加1小匙水搅拌均匀，蒸10分钟即可。

星期四：挂面汤

做法：把挂面煮软后切成较短的段儿，然后放入锅内，再放入肉汤和酱油一起煮；把猪肝切碎，和虾肉、菠菜同时放入锅内，将鸡蛋调好后放入锅内，煮至半熟即可。

星期五：鱼泥

做法：收拾干净的鱼切成2厘米大小的块，将鱼放热水中加少量盐煮，除去骨刺和皮后放入碗中研碎倒入锅内，加鱼汤煮，把淀粉用水调匀后倒入锅内，煮至糊状停火。

星期六：鸡肉土豆泥

做法：把鸡肉末、土豆泥和鸡汤一起放入锅内煮熟后放入容器内研碎，再放入锅内加少量牛奶，继续煮至黏稠状即可。

星期日：鲜虾肉泥+白米粥

做法：将虾肉洗净，放入碗内，加水少许，上笼蒸熟，加入适量精盐、香油，捣碎，搅拌均匀即可。

宝宝饮食安全为第一

宝宝饮食不安全，不但会引起宝宝胃肠道疾病或食物中毒，还会影响宝宝的身体和智力发育。关注宝宝的饮食安全很重要，妈妈要注意以下几点：

❯ 不给宝宝吃变质、腐烂的水果、蔬菜等食物。袋装食品食用前首先要看是否过期、变味，已有哈喇味的食物和含油量大的点心不能给宝宝吃。

❯ 不要吃剩菜、剩饭。饭菜宜现炒现吃。在营养丰富的剩饭菜里细菌极易繁殖，吃后易出现恶心、呕吐、腹泻等急性肠道症状。如食用剩饭菜，首先检查食物有无异味，同时需加热到100℃，持续20分钟左右才行。

❯ 一般熟食制品中都加入了一定的防腐剂和色素，如火腿肠、袋装烤鸡等，这些食物也易变质腐烂，所以不宜给宝宝吃。再有一些罐头食品、凉拌菜等，宝宝最好少吃或不吃。宝宝的饭菜应现做现吃。

❯ 一般生硬、带壳、粗糙、过于油腻及带刺激性的食物对幼儿都不适宜。有的食物需要加工后才能给宝宝食用。

❯ 少给宝宝吃煎炸、烟熏食物。鱼、肉中的脂肪在经过200℃以上的热油煎炸或长时间暴晒后，很容易转化为过氧化脂质，而这种物质会导致大脑早衰，直接损害大脑发育。油条、油饼在制作时要加入明矾，而明矾（三氧化二铝）含铅量高，常吃会造成记忆力下降，反应迟钝，因此妈妈应该让宝宝戒掉以油条、油饼为早餐的习惯。

❯ 爆米花、松花蛋中含铅较多，传统的铁罐头及玻璃瓶罐头的密封盖中，含有一定数量的铅，过量的铅进入血液后很难排除，会直接损伤大脑。所以，这些含铅食物妈妈要让宝宝少吃。

✚ 专家叮咛

宝宝吃柑橘前后的1小时不宜喝牛奶，不然的话，柑橘中的果酸与牛奶中的蛋白质相遇后，即可发生凝固，从而影响柑橘中营养元素的吸收。

番茄面包鸡蛋汤

原料 番茄半个，鸡蛋1个，高汤100克，面包2/3个，盐少许。

做法

1. 用开水烫番茄，去皮切小三角块，备用。

2. 鸡蛋磕开，打入碗中，加盐调匀备用。

3. 在小锅里加入水（或高汤）和备用的番茄，水开后，将面包撕成小粒加入小锅中，煮3分钟，再将鸡蛋加入锅中，打出漂亮的鸡蛋花，接着煮2分钟，至面包片软烂即可。

营养分析

此汤味咸甜，能为宝宝提供丰富的碳水化合物、多种维生素、蛋白质以及多种微量元素，对宝宝身体发育很有好处。

肉松软米饭

原料 软米饭80克，鸡肉30克，胡萝卜片、酱油、白糖、料酒各少许。

做法

1. 将鸡肉洗净，剁成极细的末，放入锅内，加入酱油、白糖、料酒，边煮边用筷子搅拌，使其均匀混合，煮好后放在米饭上面一起焖熟。

2. 饭熟后盛入小碗内，切一片花形胡萝卜作为装饰，可诱发婴儿的食欲。

营养分析

此饭松软，味香，色泽美观。鸡肉含有丰富的蛋白质、B族维生素、烟酸、维生素E及铁、钙、磷、钠、钾等营养素，脂肪含量低，和米饭同煮食，营养更加全面，能促进婴儿生长发育。

时蔬鸡肉通心粉

原料 通心粉50克，鸡胸脯肉30克，红甜椒、洋葱、番茄酱各10克，鸡蛋1个，盐、料酒、水淀粉各少许，橄榄油适量。

做法

1. 鸡脯肉洗净，切成末，用盐、料酒、水淀粉腌制10分钟；洋葱洗净，切小丁；红甜椒洗净，去蒂去籽，切小丁。

2. 鸡蛋磕入碗中打散，搅拌均匀。

3. 平底锅置火上，倒入少许橄榄油烧热，下入鸡蛋液，摊成薄饼，晾凉后切小块。

4. 汤锅内加水，将通心粉煮熟，用凉开水过一下，捞起沥干水分。

5. 炒锅倒入橄榄油，烧热后下入洋葱丁炒香，放入腌好的鸡肉末炒熟，放入红甜椒丁翻炒几下，再放入通心粉、鸡蛋块炒匀，加少许盐调味，放入番茄酱翻炒均匀即可。

营养分析

通心粉的主要营养成分是蛋白质、糖类等，易于消化吸收，有改善贫血、增强免疫力的功效；鸡肉性温和，有很好的滋补作用；洋葱含有蛋白质、胡萝卜素、维生素B_1、烟酸、钙、磷、铁、硒等，有平肝、润肠的功能，还能增进食欲，促进消化。

甜椒炒绿豆芽

原料 甜椒3个，绿豆芽100克，料酒、精盐、醋各少许。

做法

1. 将甜椒去蒂去籽，洗净，切成细丝；绿豆芽去杂质，洗净，沥干水。

2. 炒锅置火上，放油烧热，下甜椒煸炒，放入料酒，淋入少许醋，然后投入绿豆芽，加入精盐调味，继续煸炒至熟，起锅装盘即可。

营养分析

绿豆芽含有蛋白质、脂肪、糖类、多种维生素、胡萝卜素和烟酸，能为宝宝脑发育增加营养。

◉ 让宝宝按时上床

宝宝不肯睡觉有许多原因：怕黑，害怕一个人睡觉，正在玩得上瘾睡不着，想让妈妈在身边照顾他，等等。然而，形成按时上床睡觉的好习惯，对宝宝的健康发育有很大好处。可以试试下面6招，看能不能达到理想的效果。

规定睡觉时间

一旦给宝宝规定好上床睡觉的时间就不要轻易改变。即使这时爸爸刚好进家门，或者叔叔来做客，也不允许宝宝多待一会儿。睡觉时间越明确，宝宝就越容易按时去睡觉。

尽量使宝宝感到安心

宝宝喜欢从某种固定的程序或物品中获得安全感。例如：同宝宝聊聊白天发生的事情和他对明天的打算，告诉他把第二天要穿的衣服取出来，也可以在睡觉前讲故事，每天如此，当做这些事情的时候，他们会知道该睡觉了。

睡前不要做剧烈活动

打闹和剧烈的游戏会影响宝宝入睡。要提前半小时让宝宝做安静的活动这样他才能放松。不要让宝宝睡觉前用枕头打仗或打球玩，也不要让宝宝白天玩得太疯。

让睡觉前的时光别有味道

例如可以营造家庭环境温馨、舒适的气氛，让宝宝感到宁静安全。许多宝宝睡觉前喜欢听父母讲同一个故事或听同一首儿歌才会入睡。

让宝宝讲出他的恐惧与担忧

很多宝宝都会在晚上感到害怕和担心，妈妈要搞清之所以如此的原因，帮宝宝排除顾虑，才能使他安心进入睡乡。

给宝宝奖励

在培养宝宝晚上睡觉的好习惯时，父母可采取奖励制度。如可以让宝宝积分，用若干分换取一份大奖。奖励会使宝宝感到愉快，从而形成按时睡觉的习惯。久而久之，到时间点他自然就会上床睡觉了。

宝宝学走路，家长需注意

宝宝在1岁左右就会站立或走路，有的早些，有的晚些。当宝宝晃晃悠悠地踏出第一步的时候，父母往往既期待又紧张。因为，走路是宝宝进入又一个成长阶段的象征。在学习走路的过程中，父母要注意以下几个方面：

注意时机

学走路是一种很自然的过程。随着宝宝肢体运动能力的日益增强，在经历翻身、坐、爬、站之后，走路就被提到日程上来。每个宝宝开始学走路的时间都不相同，甚至可能出现较大的差异。因此，学走路要视自家宝宝身体成长状况而定，不可强求。当宝宝有抬脚走路的表现时，家长及时引导即可。

注意姿势

在学走路的时候，由于下肢尚未发育完全，所以容易出现不正确的走路姿势，但大多数都属于正常现象。随着宝宝逐渐成长，大多会慢慢自行调整，恢复正常的走路姿势。偏内八字的姿势可说最为常见。有些宝宝也可能出现脚板重心偏内而出现脚丫外侧翘起的现象，也都属于正常现象。

注意异常

在宝宝学走路时，父母可以运用一些简单的观察原则，来检测宝宝腿部发展是否出现异常。最基本的就是观察宝宝的双腿，看外观有无异常，比如单侧肥大、大小肢、长短脚等。一旦发现宝宝双腿皮肤的纹路出现不对称的情形，那就很可能出现了长短脚。

开心乐园

父子二人去参观博物馆。在雕塑前，父亲说："这都是你爷爷雕刻的。"然后又指着一幅幅书画作品，说："这都是你爷爷装裱的。"

二人来到化石展厅，面对一架巨大的恐龙化石，儿子抢先道："我知道，这些骨头都是我爷爷啃剩下的。"

❤ 让宝宝安全爬楼梯

刚学会走路的宝宝，最喜欢爬楼梯。妈妈们在一起讨论宝宝的时候，经常说到"爬楼梯"的事，有些妈妈就会疑惑了，宝宝为什么就喜欢爬楼梯呢？宝宝爬楼梯对宝宝有什么作用呢？

爱爬楼梯的原因

对于1岁左右的宝宝来说，刚学会或正在学习走路，天天走平路就没有任何挑战性。这时候对于正处在好奇探索世界的活泼好动的他们来说，楼梯简直是太可爱了。所以，他们对这项活动乐此不疲，爬上爬下，好像永远都感觉不到累。

宝宝爬楼梯的好处

↘ 爬楼梯有利于增强宝宝的心、肺功能，使血液循环畅通，使宝宝心血管系统更健康。

↘ 爬楼梯可以增强宝宝食欲。爬楼梯消耗的体力比较大，能够有效地增强消化系统功能，增强宝宝的食欲。由于需要腹部反复地用力运动，使肠部蠕动加剧，所以宝宝爬楼梯还能够有效地防止便秘。

↘ 爬楼梯可以使宝宝的神经系统处于最佳状态，有利于宝宝睡眠和避免焦虑现象的出现，同时爬楼梯还是治疗宝宝夜啼最为有效的辅助手段之一。

↘ 不会形成肥胖。因为爬楼梯需要消耗热量，可以很好地阻碍宝宝肥胖。

攀爬楼梯的安全保障

↘ 不要让宝宝自己爬。宝宝最开始爬楼梯的时候手和脚还不能协调一致，有时会因为一脚踏空或者手没扶住而摔倒，所以需要大人保护他。

↘ 清理路障。尽量保持一个通畅无阻碍的楼梯空间，以避免宝宝绊倒发生危险。

如何布置宝宝的房间

宝宝1岁了，妈妈要对宝宝的房间重新布置，这样不但能美化居室，为宝宝提供一个安全舒适、充满童趣的生活环境，而且还有助于开发宝宝的智力。

宝宝房间布置，安全放第一

↘ 电源。选用特别制作的安全电源。同时，注意用沉重家具或其他可遮盖物将空着不用的插座遮挡起来。任何电器，特别是如果使用插线板，要注意最好放置在宝宝注意不到的地方。

↘ 门窗。在窗下尽量少放置可以攀爬的物品，以免宝宝趁人不备爬到上面发生危险。为避免上述情况发生，在窗上加装安全锁是必要的，同时可以加装防护栏。

↘ 使用锁或锁钩。每个家庭都需要使用锁来保护宝宝不接触到以下物品：家用清洁剂、漂白剂、消毒液、锐利的工具（如刀叉）等。

↘ 家具的选用。尽量选用圆角的家具或为尖角家具戴上保护套，尽量避免选择玻璃器皿，如玻璃茶几、酒柜等。

↘ 装饰布。尽量避免使用装饰布，如桌布。特别是当布上面还要放置某些重或热的东西。宝宝很可能会拽下这些布并因此发生烫伤或砸伤。

合理布置宝宝房间，开发宝宝智力

↘ 墙上的布置。在墙上可以挂些幼儿生活故事画，这些画一般以寓言、童话、儿歌和儿童生活故事为内容。由于这些画形象鲜明、色彩丰富，再加上非常直观，因此可以吸引幼儿去注意和观察，知识和见识也就会随之增长。墙面适当贴些可爱的卡通动物形象，切忌挂满墙。墙面颜色要注意淡雅、干净，切忌色彩过于耀眼。适当的墙面装饰可以促进宝宝的脑部和视觉发育，而过于繁乱的墙面装饰却适得其反。

↘ 留一面墙壁给宝宝涂鸦。宝宝的房间可以留一面白墙，既不摆放任何家具又不进行装饰，留给宝宝自己涂抹"装修"，让宝宝充分感受动手的乐趣。

宝宝爱咬人，妈妈有妙招

心理学家认为，咬人是宝宝宣泄（正面或负面）情绪的方式，对于宝宝咬人的行为，父母要先了解这种行为背后隐藏的原因，再寻求应对的方法。

长牙

长牙时期会因为牙龈黏膜受到刺激而发生牙痒的现象，于是有不少宝宝由于牙痒而咬人，他们咬东西的欲望而无法得到满足就会咬人。

对策：给宝宝一个可以满足咬的需要的替代品，如毛巾之类的软物件。还可以让宝宝吃磨牙棒等，以此来缓解宝宝特殊需要。同时应多给予他们一些纤维较丰富的新鲜蔬菜及水果，如白菜、菠菜、苹果、雪梨等，将这些蔬果切碎成丝或细粒状，让宝宝有更多的咀嚼机会，一定注意不要让这些食物吸入宝宝气道，发生危险。

发泄

宝宝往往表现出强烈的以自我为中心的情绪，当他的心里感到不满时，就要通过咬人来发泄出来。比如，有时父母外出，没有带宝宝一起出去，他就有一种不满的情绪要发泄。于是，当父母回家之后，他会用咬人来向爸爸妈妈宣泄这种不满的情绪。

对策：让宝宝玩安静的游戏，保证他充足的睡眠可以平定宝宝的情绪，他们不满时，就不会极端地采取咬人的行为。

模仿

有时候宝宝咬人是一种社会性的模仿。宝宝的好奇心总是特别强烈，当他们看到其他小朋友咬人时，会觉得是件很新奇的事，于是自己也会尝试着去咬人。由于这个阶段的宝宝模仿能力特别强，就会导致群体中的咬人事件频繁发生。

对策：父母明确告诉宝宝，咬人是一种很不好的行为，爸爸妈妈、老师和同伴都不喜欢，还会伤害别人，不是一个好宝宝的行为，应该对宝宝反复强调这种思想。当看到宝宝有咬人的倾向时，父母就要用话语或眼神严厉地进行制止，让他明白，父母不希望他这样做。

语言缺乏

宝宝在学会走路之后，随着他们活动能力的增强，活动范围的扩大，交往的需要快速发展起来。但是，由于言语贫乏，又不懂得如何与人交往，所以他们常常用推、拉、咬等非常手段来引起同伴的注意，以此实现交往和表达意愿的目的。

对策：当宝宝咬人时，要让宝宝明白，有比咬人更好的情绪表达方式。比如宝宝有时候咬人其实是因为很喜欢对方，想要和他做朋友而不知道如何表达，这时父母就要告诉宝宝："我很喜欢你，我们做朋友好吗？"并且可以和宝宝一起进行演示，这样宝宝就学会了用语言和别人交流，而不是用嘴和牙齿去和别人交流。

♥ 宝宝出水痘，妈妈别着急

水痘是由带状疱疹病毒引起的急性传染病，多见于冬季和春季。水痘病毒是水痘的主要传染源。宝宝出了水痘后一般无需特殊治疗，但护理十分重要。

↘ 出水痘的部位有点痒，宝宝会烦躁不安，易哭闹。因为瘙痒难耐，宝宝常常用手去抓挠。宝宝的指甲和手部有许多细菌，细菌极有可能会进入水疱中，引起疱疹糜烂化脓，留下疤痕。因此，爸爸妈妈护理出水痘患儿的关键，是不要让宝宝用手抓水疱，要给宝宝剪短指甲，保持手的清洁，必要时可戴上手套或用布包住手，以防宝宝抓破后感染。如果个别的水疱已抓破，应咨询医生，使用消炎药膏，避免感染。

↘ 多让宝宝休息，多喝水，给宝宝吃些清淡的食品，不要吃鱼虾等刺激性的食物。

↘ 保持室内卫生，室内要常通风换气。不要给宝宝洗澡，要勤换内衣。水痘患儿应严格隔离2～3周，待水痘完全结痂后又未见新的水痘出现时，方可解除隔离。

↘ 由于出水痘，宝宝的食欲很差，因此，爸爸妈妈应给宝宝吃易消化的食物，并多吃维生素C含量丰富的水果、蔬菜，比如苹果、桃、番茄等。宝宝出水痘期间，妈妈不要带宝宝去公共场所，不去别人家中串门，以防止宝宝发生其他感染或传染给其他人。如果宝宝出现高热、咳嗽、抽搐等现象，应尽快到医院诊治。

宝宝"第一反抗期"来了

1岁的宝宝开始起草自己的"独立宣言"，他一反常态地执拗、任性。"不"成为他运用频率最高的字眼，我们通常称之为"第一反抗期"。面对变得"难搞定"的宝宝，我们该怎么安度这段"非常时期"呢？

了解原因，从容疏导

当我们的宝宝发脾气时，首先要了解原因，让宝宝能够发泄出来。等宝宝冷静下来的时候我们再跟宝宝讲无缘无故发脾气的做法是不对的，以后当宝宝遇到不开心的事情时应该及时地告诉妈妈或者爸爸，让大家一起想办法解决。

转移注意力

运用转移注意力法，因为宝宝年龄小注意力不集中，容易转移。父母可以做些奇怪的动作或拿他喜欢的玩具，转移宝宝的注意力，宝宝的脾气便发不起来了。

带宝宝离开原地

带宝宝外出，如果他突然发脾气吵闹，你就静静地把他带到车子里或洗手间去，等吵闹平息后，再带回原处。

冷处理，装作没看见

当宝宝做出令人讨厌的行为时，父母干脆不理他，也不作任何反应，既不看他也不理他，装作正在干自己的事情，一副什么都没看见的样子，这样宝宝自己就会平静下来。

简单回复，及时表扬

当宝宝在你拒绝了他的要求后仍纠缠不休时，你不要没完没了地说服他，可坚持用一句简单的话重复回答他。在宝宝改正他的行为后，你应立即注意他，并及时表扬。

让宝宝学会关爱

霍姆林斯基说："生活中最主要的东西是什么？那就是对宝宝的爱。"爱是对生命以及真、善、美的最高敬意。陶行知先生说过："爱是一种伟大的力量，没有爱便没有教育。"这话一点都不假。在独生子女越来越普遍的今天，爱的教育显得尤其重要。

从关心自己开始

关心他人首先得从关心自己开始。对于1岁的宝宝讲关心自己，实际就是让宝宝慢慢学会照顾自己，管理自己。比如让他自己吃饭、自己穿脱衣服、收拾玩具等。做一切力所能及的事情，让他在关心自己的过程中体验他人会有怎样的情感需要。

学会关心家人

在学会关心自己的基础上，要让宝宝学会关心家人。家人可以有意识地经常锻炼宝宝，有了好吃的，要让他先请爷爷奶奶吃；家人过生日，可以提醒宝宝以适当的方式表示祝贺；家人病了，鼓励宝宝去问候一下哪儿不舒服，给病人拿药等。家人要对宝宝的关心表示由衷地感谢，让宝宝体验到付出是一种快乐。

关心周围的人

如果家里来的小客人想玩宝宝的玩具，要启发他："小弟弟很想玩玩你的玩具，如果你给他玩一会儿，他会很开心，很感谢你。"通过这种方式让宝宝了解别人的愿望、难处和需要。

爱心关注社会

带宝宝到公园玩，让宝宝不要摘花踏草，不要乱扔东西，从这些点点滴滴做起，宝宝长大后就会成为一个具有社会责任的人。

自信气质从哪儿来

刚满1岁的宝宝正是好奇心特别强，独自启程探索新事物的时候，自信心会让他有勇气探索更多的未知。下面9招有助于打造宝宝可贵的自信气质。

给宝宝无条件的爱

如果你能无条件地关爱他，让他知道，"我爱你，不管你是什么样的人，不管你做了什么"，那么你的宝宝的自信心就会增加。

特别关注宝宝

关注你的宝宝对培养自信心有神奇效果，因为你在向他传递这样的信息：你认为他非常重要、非常珍贵。

给宝宝提供选择

宝宝每有一次做选择的机会，自信心就会增长一些。让他知道你信任他的判断，会提升宝宝的自我价值感。

支持宝宝适度冒险

在安全的范围内，让你的宝宝去探索、去实验吧，克制你自己的保护欲，这样才能培养出自信的宝宝。

允许宝宝犯错

让宝宝明白偶尔犯错误是没有问题的，他做事情时就不会前怕狼后怕虎地犹豫不决。

让宝宝享受成就感

给宝宝买那种容易穿脱的衣服，给他买个防滑凳让他能自己在水池边洗手、刷牙，并且把他的玩具和书都放在他自己能够到的地方。满足会转化为成就感，自信悠然而来。

善于倾听

如果你的宝宝需要跟你说话，就停下手头的事，听听他想说什么。倾听他说话，会让他安心。

多鼓励宝宝

每个宝宝都需要他所爱的人的支持，"我相信你。我看得出你很努力。加油！"鼓励意味着承认进步，会让宝宝在以后做事的过程中更加自信。

给宝宝提供专属"小空间"

对于满1周岁的宝宝来说，他一方面依赖着爸爸妈妈，另一方面，又渴望着有自己的"小天地"。所以，爸爸妈妈不需要24小时陪着宝宝，要给他独立的空间，让他思考问题。

提供专属"小空间"的益处

让宝宝待在他自己的"小天地"里，能帮助他建立独立感。这时他的想象力开始萌芽，这个"小天地"很快就会变成一座堡垒、一个洞穴，甚至一艘宇宙飞船。所以，为宝宝建立一个属于他自己的小天地吧。它可以锻炼宝宝的认知能力、思维能力、创造力和想象力，还能进一步认识空间关系。

如何布置宝宝喜欢的"小空间"

例如，爸爸妈妈可以在一大片地板中间放置一张轻便的小桌子，用一条床单或毯子把桌子盖起来，让桌下形成一个小"房子"。毯子向上翻起一个角，变成门，带着宝宝一起爬进去。关上门，即把毯子的一角放下来，享受你们的新天地。如果宝宝觉得很舒适，让他享受一下独自待在里面的乐趣。如果他的新房子有点暗，可以给他一个手电筒。也可以在床单或毯子上面画出房子的细节，让它看起来更漂亮。让宝宝在里面放玩具、枕头，或是一把小椅子。

需要注意的是，爸爸妈妈要确定宝宝自己一个人待在"房子"里面不会害怕。如果他不喜欢房子被完全遮起来，可以留一角敞开着。

独立思考的空间也很重要

在日常生活中，爸爸妈妈也该下意识地给他提供自己的小空间。让他尽可能地自己玩，自己动脑筋。爸爸妈妈在陪宝宝玩了一段时间之后，就要把一小部分时间腾出来给宝宝自己。这样，他不仅不会觉得受冷落，而且还会玩得更加尽兴。

给宝宝一个"小空间"，不仅是让他置身在一个可以独立思考的空间里，还可以使他的小思维拥有自己独立的"空间"。不能是大人让他怎么玩就怎么玩，更不要让他平时玩的游戏都是被动的。

智慧从"自省"开始

古人云："知己知彼，百战不殆。"其中"知己"强调的就是一个人要善于正确认识自己、调整自我，以及自我反思。小宝宝怎么形成自省的过程呢？

自我认识

小宝宝开始对自己的身体、动作以及内心世界有了一定的把握。1岁左右，妈妈就可以指导宝宝逐渐认识身体的各个部分了。妈妈可以先指着自己的耳朵说："妈妈的耳朵在这里。"而后手指在宝宝面前画大圈："宝宝的耳朵在哪里？在哪里？"可以重复问几遍以增加宝宝的注意力和兴趣，最后快速地指向宝宝的耳朵："在这里！"

自我评价

小宝宝通过与他人的对比会对自己产生评价。比如，在跟别的同龄小朋友接触了一会儿，之后，爸爸妈妈就可以问问小宝宝："宝宝，你自己说说，是你比较乖呢，还是跟你一起玩的那个小朋友比较乖？"得到答案之后，爸爸妈妈还要追问一下为什么。让小宝宝从小就明白，任何事情，只有能够说出理由，才是最有说服力的。

自我调节

有时候，大人们正在讨论比较重要的事情，小宝宝在一旁觉得自己被忽略了，于是就大声哭闹表示抗议。这时，妈妈就该和他好好地交流："宝宝，现在我们有很重要的事情要谈，你自己先玩一会儿，等下我再跟你玩。还有你这样哭喊是不对的，妈妈不喜欢这样的宝宝哦。"其实，这样，宝宝就会明白，会对自己之前的行为加以改正。

社交训练——玩偶真好玩

目的：培养宝宝说话、社交技能。

步骤：

⟍ 准备1个玩偶，也可以在浅色袜子上画上眼睛、嘴和鼻子，自己动手做个简单的玩偶。

⟍ 把玩偶套在手上，让它"说话"。最好用简短、清楚的句子，比如，"嗨，明明！我是丁丁。我想要个鼻子吗？你的鼻子在哪儿？哦，我看见了，我可以吻它吗？真香！这回我想要一张嘴……"

⟍ 玩偶也可以假装来抓宝宝。让玩偶一边夸张地东张西望一边说："明明在哪？明明，你在哪儿？"假装发现宝宝后高兴地欢呼："你在这儿呢！我找到你了！"

注意事项：

玩此游戏的过程中，要注意调节宝宝的情绪，从疑问—明白—欢呼，要让宝宝享受这个过程。

情感训练——多样的表情

目的：让宝宝学会看表情，培养宝宝爱笑的性格。通过表演儿歌，学会做出笑、哭、生气的表情。

步骤：

⟍ 妈妈出示小娃娃哭和生气的表情图片，说："你看小娃娃哭了，生气了，多不好看呀！你也对着镜子学学小娃娃。"当宝宝对着镜子做出哭和生气的表情时，妈妈要引导宝宝观察，镜子里那个漂亮的脸蛋儿变得不漂亮了。

⟍ 妈妈再出示小娃娃笑的表情图片，说："宝宝看，小娃娃不生气，它笑了，笑得多美呀！你也对着镜子笑一笑。"

⟍ 对照图片，教宝宝唱《表情歌》，并配上相应的动作：

宝宝笑，"哈、哈、哈"，

宝宝哭，"哇、哇、哇"，

宝宝生气撅小嘴儿，（做叉腰撅嘴的表情）

宝宝拍手"啪、啪、啪"。

注意事项：

当宝宝随着大人的引导，做出各种不同的表情时，家长一定要给予及时的夸奖。

🐱 语言训练——Hello，你好

目的：锻炼宝宝的语言表达能力，培养宝宝的沟通能力和礼貌意识。

步骤：

↘ 妈妈装扮成小猫，装作在街上看到宝宝，与宝宝打招呼："Hello，你好！"并代替宝宝或鼓励宝宝说："Hello，你好，小猫！"

↘ 依次扮演其他角色，用"Hello"与宝宝打招呼，并不断地引导宝宝边挥手边说，和宝宝一起听英文儿歌：

Hello

Hello，Hello，Hello

How are you？

I'm fine，I'm fine，I hope that you are too.

Hello，Hello，Hello

How are you？

I'm fine，I'm fine，I hope that you are too.

注意事项：

平时带宝宝出去时，可以把游戏融合到生活，让宝宝养成打招呼的好习惯。

🐱 动作训练——舞动的围巾

目的：锻炼宝宝进行大动作的技能和掌握节奏感。

步骤：

↘ 准备各种不同节奏的音乐和几条围巾，最好是质地轻盈的纱巾。

↘ 收拾出一片空地，打开音乐，和宝宝分别手拿围巾站好。

↘ 舞动你的围巾让它随着音乐"起舞"，让宝宝在旁边看着。他可能会观察你一阵子，也可能会马上加入你，舞动起自己的围巾来。

↘ 跳舞的时候，可以尝试随着音乐的节奏玩藏猫猫。用一条围巾蒙住自己的头，让宝宝来抓围巾，或者蒙住他的头，让他自己拉下来。

↘ 更换音乐，让宝宝感受不同的节奏。音乐节奏缓慢时，让围巾优雅地飘来飘去；音乐节奏快时，让围巾轻快地上下舞动。

注意事项：

不要让围巾舞动幅度过大而绊倒宝宝。

感知训练——尽情地把水玩

目的：培养宝宝对奇妙的水的认知。

步骤：

↘ 准备1个大盆、几个大小不一的塑料杯子和盒子、1个漏斗和一两个勺子。

↘ 把宝宝放在空浴缸里，打开排水口。在盆里装上半盆水后，放进浴缸里。如果你们是在室外玩，把盆放在草坪上。

↘ 把塑料杯子、盒子和漏斗拿出来。让宝宝在一边看，你用杯子舀一杯水，然后倒进另一个杯子里。

↘ 跟宝宝说话，告诉他，有的盒子小，所以装水少，而有的盒子大，所以装水多。

↘ 接下来，让宝宝尝试着把水弄得四处飞溅吧，他一定会享受玩水的乐趣的。

注意事项：适时维护一下现场，别让宝宝把水弄得满地都是。

综合训练——跟着宝宝走

目的：培养宝宝的独立性和观察能力。

步骤：

↘ 找一个可以信马由缰的安全场所（如公园的草坪或城市的步行街），让他带路。

↘ 如果宝宝想停下来看商店的橱窗，或者是窗台上爬过的小瓢虫，就等着他，他什么时候想走再继续走。

↘ 你也跟他一起看。尝试从宝宝的视角来看世界，其乐无穷。你以前从没有注意过的事情，会突然变得非常有趣。

↘ 他如果坐在地上玩石子儿，你就坐在他旁边，等他玩完了再走。

注意事项：让宝宝休息好、吃饱，以免他玩的时候心情不好。

♥ 金牌喂养

❀ 良好饮食习惯养成记

随着宝宝乳牙的陆续萌出，咀嚼消化的功能较前成熟，在喂养上略有变化，每日进食次数为5次（3餐2点），3餐中间上下午各加一次点心。只要作息时间有规律，早睡早起，宝宝在清晨胃内基本排空，食欲正常，就应当吃热量充足、营养丰富的早饭，而不是"早点"。午餐比早餐和晚餐要更丰富一些；晚餐则宜少吃高糖和油腻的食品，以免热量蓄积导致肥胖，而应多吃些植物性食品，特别是多吃些蔬菜、水果。每晚喝1杯牛奶，有助于睡眠。

宝宝的膳食安排尽量做到花色品种多样化，荤素搭配，粗细粮交替，保证每日摄入足量的蛋白质、脂肪、糖类以及维生素、矿物质等。培养宝宝良好的饮食习惯能使其保持较好的食欲，避免挑食、偏食和吃过多的零食。每当给宝宝一种新的食物时，妈妈要说明为什么吃这种食物。或者改变花样和烹调方法，以引起宝宝对这种食物的兴趣。

有的宝宝如果过了时间还没有吃完（一般应在30分钟左右吃完），经过多次耐心劝导，还故意拖延时间，到时可将饭菜拿走，不再让他继续拨弄。宝宝1～2顿吃不饱不要紧，这顿没吃，下顿自然会好好吃。不要因为这顿没吃好，就在正餐之外给其吃零食，这样就会养成正餐不好好吃，专吃零食的坏习惯。

为了保证维生素C、胡萝卜素、钙、铁等营养元素的摄入，应给宝宝多食用黄、绿色新鲜蔬菜。每日还要吃一些水果。每日吃鱼肝油2次，每次3滴。钙片每日2次，每次1片。

5招让宝宝爱上吃饭

当你精心制作了宝宝喜欢吃的东西，端到他面前时，他也许一口也不吃。这时，你可能会说："这不是你最爱吃的吗？妈妈这么辛苦给你做了，你一定要吃，不然妈妈再也不给你做了。"这样说有用吗？别逼着宝宝吃他不想吃的。以下做法，才能让宝宝爱上吃饭。

宝宝饿了才让吃

宝宝之所以不好好地吃饭，是因为他不饿。所以，当观察到他有饥饿感时，你再把食物端到他面前，并且转身去忙别的，让他有机会自己吃饭。

换烹饪方式

宝宝可能只是不喜欢这种吃法，而不是这种东西，所以换一种制作方法试试。例如蔬菜，不管你切碎了烧给他吃还是蒸给他吃，他都不领情，但是，如果做成饺子或包子，宝宝大多不会拒绝。

不主张宝宝多吃

如果总是强迫宝宝吃饭，只会使他厌食。所以不用为了让他多吃一口而大动干戈。不要总是急着问："你还想再吃吗？"耐心地等待宝宝主动要吧！

心平气和很重要

不要因为宝宝吃得多表扬他，也不要因为他吃得少而显得失望。宝宝吃饭只是自然的生理需求，要让宝宝自己产生想吃东西的欲望，不能让你的情绪成为宝宝吃不吃饭、吃多吃少的方向标。

引诱不可取

不要用宝宝喜欢吃的食物引诱宝宝吃不喜欢吃的食物。妈妈们可能会说："先吃一口菜，吃一口菜，我就给你薯片吃。"这样做，只会让宝宝觉得菜是不好吃的，同时也更增加了他对薯片的欲望。

专家叮咛

在断奶前，宝宝吃的都是淡味辅食，现在可以在食物中加入少量盐来调味，这样宝宝就会体验出各种食物的滋味，会更加喜欢吃辅食。在断掉母乳的后期，辣的食物仍然会对宝宝的肠道产生刺激，所以应避免给宝宝食用。

❄ 春季给宝宝吃芝麻酱好处多

一般来说，春季是宝宝生长的关键时期，这时宝宝生长速度比其他季节明显增快。一旦钙、磷等元素摄入不足或吸收不良，缺乏日光照射，或不能及时补充维生素D，就易出现佝偻病，也就是俗称缺钙。所以此季节应该给孩子多补充一些生长素，吃点芝麻酱是个不错的选择法。

给宝宝吃芝麻酱的好处

芝麻酱既是调味品，又有其独特的营养价值。芝麻酱的独特之处在于它所含的众多的营养素中有"四高"，即高钙、高铁、高蛋白和高亚油酸，再加上含有丰富的磷、核黄素和芳香的芝麻酚等，都是宝宝身体生长发育所需的营养要素。

芝麻酱中含钙量尤高，每100克中含钙870毫克，仅次于虾皮。奶及奶制品是钙的最好来源，其次是蔬菜和豆类。但芝麻酱所含钙比蔬菜和豆类都高得多。食入10克芝麻酱相当于摄入30克豆腐或140克大白菜所含的钙量。而且芝麻酱口感好，更容易为宝宝所接受。所以，给宝宝经常吃点芝麻酱对预防佝偻病以及对骨骼和牙齿的发育，都大有益处。

宝宝如何吃芝麻酱

芝麻酱是芝麻制成的泥糊状食品，因此当宝宝六七个月大添加辅食后就可以吃了。如将其加水稀释，调成糊状后拌入米粉、面条或粥中。宝宝1岁以后，可用芝麻酱代替果酱，涂抹在面包或馒头上，还可以制成麻酱花卷、麻酱拌菜等。

但要注意的是，1岁以内宝宝吃的芝麻酱里不要放盐；1岁以后的，也要少放盐，以免加重肾脏负担。过多摄入糖分对宝宝健康不利，因而麻酱糖饼也不建议宝宝多吃。

吃芝麻酱，要控制好量，宝宝一般一天吃10克左右，约为家用汤匙的1匙。此外，宝宝腹泻时，暂时不要吃，因为芝麻酱含大量脂肪，有润肠通便作用，吃后会加重腹泻。

不同情况的喝水之道

水是生命之源。可是你知道吗？宝宝在不同的情况下喝什么样的水是有很多讲究的。

腹泻、呕吐：白开水 + 小米汤、苹果水、胡萝卜水

宝宝腹泻，一定要及时就医，按医生的处方给宝宝吃药、喝白开水。此外，还可以自制些补水饮料给宝宝喝。小米汤、苹果水和胡萝卜水都有止泻、健脾的作用，可以将这些食材加水煮汤给宝宝喝。

解暑：白开水 + 西瓜水、酸梅汤

夏天宝宝的食欲都不太好，可以煮些酸梅汤喝，但不能让宝宝喝冰镇的酸梅汤。还可以给宝宝喝些常温的西瓜水，可以利尿、解暑。

脾胃不和：白开水 + 薏仁水、大米汤

薏仁有健脾、利湿的作用，对脾胃功能的恢复有好处。让宝宝喝薏仁水既能补充水分，又能起到调理脾胃的辅助作用。另外，也可以给宝宝喝大米汤。

感冒、发烧：白开水 + 鲜果汁、淡盐水

要多给宝宝喝一些白开水，既能补充水分，又有助于退热。大一点的宝宝可以给他喝一些稀释后的鲜果汁，因为鲜果汁里含有丰富的维生素，有利于宝宝抵抗疾病。少喝些淡盐水，不仅可以补充水分，还可以起到杀菌作用。

咳嗽、痰多：白开水 + 梨水、荸荠水

如果宝宝有肺热的症状，表现为咳嗽、有痰，可以煮些荸荠水给他喝。荸荠可以清火，梨水也有同样的功效。还可以在梨水中配些百合或川贝一起煮，效果更好。

便秘：白开水 + 白萝卜水、青菜水

用白萝卜煮水给宝宝喝也是一种辅助治疗方法。因为白萝卜有通气、行气的功效。还可以煮些青菜水让宝宝喝。

内热：白开水 + 冬瓜水

发现宝宝小便发黄、舌苔厚、大便干，说明宝宝内热，这时候，可以用冬瓜煮水给宝宝喝，冬瓜可以清火、利尿。

♥ 特|别|提|示　　TIPS

如果宝宝拒绝喝水，一定不要过分强迫他，引起他对水的反感，以后就更难喂了。可以换一种形式或换一个时间再喂。

香蔬海鲜粥

原料 清粥100克，鱼片30克，青江菜30克，虾仁10克，盐少许。

做法

1.将青江菜洗净后切成小段，鱼片及虾仁洗净切成小丁状，备用。

2.锅中加水，放入青江菜、鱼片及虾仁煮熟后，加入清粥拌匀，最后加盐调味即可。

营养分析

鱼的肉质细、好消化且油脂较低，适合用来补充宝宝的蛋白质，又不必担心宝宝吃进太多热量；虾仁营养丰富，香甜嫩滑，是人体必需的蛋白质、矿物质、维生素等的良好来源。两种食材配上蔬菜与清粥，丰富的口感，能满足宝宝的需求。

肉末菜粥

原料 大米（或小米）50克，肉末40克，青菜50克，植物油10克，酱油5克，盐2克，葱姜末少许。

做法

1.将米淘洗干净，放入锅内，加入水用猛火烧开后，转微火熬成粥。

2.将青菜切碎，然后将油倒入锅内，下入肉末炒散，加入葱姜末、酱油、盐炒匀，放入切碎的青菜炒几下，加入米粥内，尝好味，再熬煮一下即可（熬粥不要放碱，以免破坏营养。肉末煸炒一下再与粥同煮）。

营养分析

此粥黏稠，肉末香，咸淡适口，含有丰富的蛋白质、脂肪、碳水化合物、钙、磷、铁、锌及维生素和烟酸等多种营养素。

丝瓜炒鸡蛋

原料 丝瓜300克，鸡蛋2个，葱末、姜末、料酒、盐、味精各适量。

做法

1.将丝瓜去皮洗净，切成滚刀块或厚片；鸡蛋磕入碗中，加入料酒、精盐、味精少许打散搅匀。

2.炒锅置旺火上，加入植物油约20克，烧至五成热时放入鸡蛋炒熟出锅。

3.炒锅另加入油约20克，烧热后放入葱姜末炝锅，再放入丝瓜略炒几下，放入盐、味精、熟鸡蛋翻匀即可。

营养分析

鸡蛋黄中含有丰富的维生素A、维生素B_2、维生素D、铁及磷脂酰胆碱。磷脂酰胆碱是脑细胞的重要原料之一，对宝宝智力发育大有裨益。

肉豆腐丸子

原料 肉馅200克，豆腐100克，蔬菜（菠菜、油菜、白菜均可）100克，鸡蛋1个，葱、姜、盐、酱油、淀粉、香油和水各适量。

做法

1.将搓碎的豆腐和肉馅以及葱末、姜末、精盐、鸡蛋、酱油、淀粉，加少许水搅成泥状；蔬菜择洗干净，切成细丝，待用。

2.将水倒入锅内烧沸，将豆腐肉泥挤成1.5厘米大小的丸子汆入锅内，再放入蔬菜丝和盐，最后放入香油即可。

营养分析

此丸子含有丰富的优质蛋白，动物蛋白与植物蛋白搭配合理，特别适合生长发育期的幼儿食用。

◉ 宝宝走路不好妈妈不要急

刚刚学习走路的宝宝，常常是左右摇摆，像个不倒翁，满15个月的宝宝大多能够自如地行走了。但并非是所有的孩子到了这个月都能够自如行走，有的宝宝直到1岁半还不能达到这个水平。父母不必着急，无论如何，总有一天你的宝宝会走的。

走路总是摔跤

这个阶段，宝宝走路摔跤的频率上升了。这是幼儿在发育过程中的正常现象。这个年龄的宝宝开始尝试着学跑，由于刚刚学会走且还走得不是很稳，马上就跑自然就出现了这样的情况，原来不常摔跤的孩子变得容易摔跤了。妈妈会觉得孩子能力倒退了，连走都不会了。其实，这是孩子能力进步的表现。

宝宝还不敢独立走

16个月的幼儿还不会走路，属于发育滞后了。如果你工作很忙，无暇顾及孩子，整天把孩子困在学步车或小床中，孩子的运动能力就会比同龄孩子延迟，站立和走路的时间都会晚些。幼儿不会走路的原因有很多，家长应细心观察，寻找原因，对症施治。

首先，应考虑孩子大脑的发育有没有问题，腿的关节、肌肉有没有病。

其次，要看看过去家长是否训练过孩子走路，孩子是否爬过，站得好不好，是否用屁股坐在地上蹭行过，是否过早地使用了"学步车"，这些因素都会影响幼儿推迟走路的时间。

再次，可以看看幼儿的脚弓，是不是扁平足。扁平足是足部骨骼未形成弓形，足弓处的肌肉下垂所致。家长可以帮助幼儿按摩足部，并带领他站站跳跳。有的孩子脚部肌肉无力，无法支撑全身重量，家长要帮助他进行肌肉力量的训练。

纠正宝宝打人的不良习惯

宝宝虽小，但也有喜怒哀乐，生气时也要有发泄的渠道和方式。既然不允许宝宝打自己，也不能打别人，那么父母就应该教给宝宝合适的发泄方式。

↘ 纠正宝宝打人的不良习惯，可以让宝宝打枕头、沙袋之类的软东西，或是买一些小的气球让宝宝去踩等一些无害的方式。

↘ 跟他讲道理。待宝宝气消后一定要对宝宝说："以后生气时不能打自己的头，也不能打妈妈或是别人。"

↘ 训练语言能力。随着宝宝的年龄增长，语言功能的逐步完善，应该训练宝宝通过语言来表达他的感受和需要，告诉宝宝有什么不快就说出来，妈妈和你共同解决。

↘ 父母要注意自己生气时的表达方式，不能动手打宝宝或是打别人。1岁多的宝宝已经有很强的模仿能力，许多行为很可能就是从周围成人那里学来的。

不要随便给宝宝掏耳朵

不少父母都喜欢给宝宝掏耳朵，其实，给宝宝掏耳朵对宝宝是非常不好的。耳朵里的耳屎又叫耵聍，对耳膜有保护作用，可以防止异物及小虫直接侵犯耳膜，保护外耳道的皮肤。在正常情况下，小块耳屎，可以随着头部的活动而自行掉到耳外。给宝宝掏耳朵可能会给宝宝造成不必要的伤害。

↘ 容易损伤外耳道皮肤。掏耳朵时如果耳屎坚硬或比较多，容易把皮肤划伤，细菌便会进入伤口引发感染。或因来回搔刮，把细菌挤入毛囊、皮脂腺管，会引发炎症。

↘ 使皮肤瘀血。由于经常刺激外耳道皮肤，使皮肤瘀血，造成耳屎分泌增多，堆积严重。也就是说，耳屎越掏越多。

↘ 经常掏耳朵刺激鼓膜容易发生慢性炎症，鼓膜发红、变厚，外耳道也会流出少量脓液。

↘ 如果掏耳朵不小心，还有刺伤鼓膜的危险。在给宝宝掏耳朵时，如果宝宝突然挣扎或刺激外耳道出现咳嗽反射，就更容易发生意外。

宝宝尖叫为哪般

宝宝尖叫，或许是因为高兴，或许是因为生气，或许是想试探自己声音的力量，也可能什么不为，只是想叫一下而已。宝宝尖叫时大声呵斥是没有用的，这只会让他觉得谁嗓门大，谁说话算数。以下方法可供参考：

用游戏化解尖叫

试试让他尽情尖叫，告诉他："让我们一起叫吧，能多大声就多大声。"然后你就和他一起大叫，之后你再小声对他说："好了，现在我们要看看谁的声音最小。"如果是在公共场合，你可以对他说："噢，你听起来像是一头大狮子！你能像一只小猫咪吗？"试试用这种方式，宝宝可能很快就会安静下来。

让他用在家里时的音量说话

如果宝宝因为高兴而尖叫，尽量不要说什么或批评他。但如果他是在跟你说话，要让他像"在家里说话一样"，不要喊叫。你要降低自己的声音，这样他就不得不安静下来才能听到你说话。然后你再平静地告诉他："宝宝，我受不了你的尖叫，尖叫让我头疼。"

看情况不同，区别对待

如果宝宝尖叫是想让你注意他，你就得看看他是否真的不舒服或很烦恼。如果你们所处的环境让宝宝受不了，那就马上离开。如果他只是有点儿烦或任性，要让他知道你明白他的感受。如他叫是因为他认为用这种方式就能让你给他买他想要的东西，千万不要妥协。如果他一叫，你就把他要的东西给他，他以后就会叫得更凶。

让宝宝忙起来

试试出去办事的时候，常和宝宝说话。告诉宝宝正在做什么，周围发生了什么事情，附近有什么人等。宝宝就会觉得非常好玩，会比较安静。

训练宝宝的平衡能力

一般情况下，这个时期的儿童身体柔软，很容易学习许多动作，是学习动作技能的最佳时期，加之他们喜欢模仿，喜欢不厌其烦地重复同一个动作，不怕失败，还不怕被别人嘲笑，只要能积极地加以指导和训练，宝宝就会获得许多动作技能。

那么，父母该如何训练宝宝的平衡能力呢？

玩"不倒翁"游戏

父母可以和宝宝一起玩"不倒翁"的游戏。妈妈坐在垫子上，两腿自然分开，妈妈双手握住双脚的脚腕，然后让宝宝坐在妈妈的两腿中间，宝宝的胳膊自然地放在妈妈腿的两侧。妈妈一边哼唱儿歌，一边配合儿歌做动作，妈妈可以先左右摇摆，然后再前后摇摆，往前后和往左右摇摆可以轮番进行。

玩"在椅子上行走"的游戏

为进一步巩固宝宝的平衡能力，我们还可以做"在椅子上行走"的游戏。妈妈可以找来一些没有扶手的椅子，椅子不要太高，然后把椅子摆成一条直线，妈妈要搀扶着宝宝在椅子上行走。等宝宝稍微习惯之后，妈妈可以在中途，试着放手，让宝宝独自一人走完剩下的椅子。如果宝宝能顺利地走完，妈妈可以适当地增加一些难度，如把椅子换成窄细的，让宝宝在椅子上沿直线行走。

到室外多活动

多带宝宝到室外其他场景中，利用宝宝的好奇心，让宝宝自己去锻炼平衡力。公园里有很多可以锻炼宝宝平衡力的游戏，比如爬攀登架、跳蹦床、滑滑梯、荡秋千、骑三轮车等。这些游戏不仅能锻炼宝宝的平衡力，而且可以使宝宝的大脑以及五官得到训练和发展。

◉ 冷静应对宝宝意外烫伤

热汤、热水瓶、暖水袋以及洗澡水，宝宝稍不小心，或者爸爸妈妈稍不留神，这些高温的液体就可能使宝宝烫伤。面对这些情况，是直接冷水冲洗，还是用冰块冷敷？爸爸妈妈究竟该怎么做才能减轻宝宝的痛苦呢？

除去衣物

宝宝穿着衣服被热水烫到时，若无法马上脱下衣服，可让宝宝先泡到浴缸里再把衣物脱掉，或用剪刀将衣服剪开取下。

冷水降温

去除衣物后，用自来水大量冲淋、浸泡烫伤的部位，替伤口降温。一般15分钟左右的降温时间即可。

涂抹药油

宝宝的烫伤如果不严重，妈妈可以为宝宝涂抹药油。妈妈将药油滴在宝宝烫伤部位，用手指轻轻地抹均匀。

包裹包扎

涂药后直接包上消毒药布、干净的手帕或纱布，再把宝宝送往医院治疗。注意不要任意涂外用药，以免伤口感染。

送往医院

即使宝宝只是受到轻微的烫伤，最好也要到有烧伤整形外科的医院就诊。

注意事项：

↘ 当宝宝伤口面积过大时，冲水会使宝宝身体容易着凉，最好能中间稍作休息后再继续降温。冷水降温不只可以延缓烧烫伤所引发的组织损害的速度，还具有镇痛的效果。

↘ 若宝宝烫伤较严重，除去衣服时，已有明显的红色渗水的创面（表皮已烫掉）就不要再用水冲洗，以免感染；也不要把冰块直接放在伤口上降温，以免皮肤组织冻伤。应用庆大霉素加生理盐水擦拭患处，用纱布严密包裹后，立即送医院进行治疗。

↘ 如果是舌头被烫伤，可以用盐水漱口消炎，然后含一口醋。

启迪智慧

4招让宝宝逻辑思维更胜一筹

要让宝宝更聪明，就要从小培养宝宝的逻辑思维能力。根据宝宝生长发育的特点，我们可以采取以下方法：

学习分类法

把日常生活中的一些东西根据某些相同点将其归为一类，如根据颜色、形状、用途等。父母应该注意引导宝宝寻找归类的根据，即事物的相同点，从而使宝宝注意事物的细节，增强其观察能力。

认识大小群体

首先，应教给宝宝一些有关群体的名称，如家具、动物食品等。父母要使宝宝明白，每一个群体都有一定的组成部分。同时，还应让宝宝了解，大群体包含许多小群体，小群体组合成了大群体，如动物、鸟、麻雀。了解顺序的概念有助于宝宝今后的阅读，这是训练宝宝逻辑思维的重要途径。这些顺序可以是从最大到最小、从最硬到最软、从甜到苦等，也可以反过来排列。

建立时间观念

宝宝的时间观念很模糊，掌握一些表示时间的词语，理解其含义，对宝宝来说，无疑是必要的。当宝宝真正清楚了"在……之前""立即"或"马上"等词语的含义以后，宝宝也许会更规矩一些。

理解数字的基本概念

父母在教宝宝数数时，不能操之过急，让宝宝一边口中念念有词，一边用手触摸物品，这些物品可以是木珠、碗、豆子等。因为宝宝用手触摸到物品更能引起宝宝数数的兴趣。

🗨 勤观察，发现高智商宝宝

哪些表现能证明你的宝宝智商高人一等呢？我们不妨从以下6个方面多加观察：

记忆力超强

在同龄宝宝还"混沌未开"，没有任何记忆表现的时候，高智商的宝宝会记得他见过的一些人和事物，再次见到时会表现出兴奋、开心等表情。

好奇心和探索欲强

大多数小宝宝的注意力是极容易分散的，不容易集中，只要大人一打岔，他们马上就会把刚才自己坚持想要得到的东西抛到脑后。但是，一个具有强烈好奇心和探索欲的宝宝则不然。当他们想要弄清楚那东西究竟是怎么一回事的时候，他会注意力高度集中，根本不理会旁人反应。任凭大人用什么办法，都很难改变他想得到某个玩具的愿望。

创造力和想象力丰富

尽管大多数1岁左右的宝宝并不具备很好的解决问题的能力，但一个有超常天赋的宝宝在游戏过程中所表现出的创造力和想象力，常会让父母大跌眼镜。

比同龄宝宝起步早

如果你家宝宝比别人更早学会对人微笑或自己坐起来。宝宝比别人更早开始咿呀学语或捡了东西就往嘴里塞。这些表现预示着你的宝宝在某些方面很特别、很不寻常，具备某方面的天赋和潜质。

懂事而敏感

特别聪明的宝宝通常比较敏感，例如，妈妈现在不高兴了，爸爸在发怒呢等，他都能敏感地感觉到并会想办法去安慰。

幽默感和开心果

爸爸今天换了身特别的装扮，或妈妈早上起床时匆忙间给宝宝穿了两只不同的袜子，都会令他笑得手舞足蹈，这些迹象表明宝宝幽默细胞很丰富，天生是个开心果。

DIY家庭版亲子中心

亲手为宝宝打造一个亲子乐园吧！就算是有条件经常带宝宝去亲子中心的家庭也不妨试试。让快乐无处不在的简单方法是：

●●●●♥●●●●♥●●●●♥●●●●♥●●●●♥●●●●♥●●●●♥●●●●

营造游戏环境

用童心去创造家。宝宝讨厌洗澡？那就把浴室变成宝宝喜欢的游乐天地——肥皂都是透明的小熊小兔子；爸爸的漱口杯上印着河马，妈妈的杯子上有可爱的猫咪，宝宝的杯子上是自己最喜欢的天线宝宝。宝宝的房间可以用大纸箱搭一个房子，还有弯弯曲曲的隧道。这个纸房子说不定是宝宝最好的伙伴。

DIY游戏道具

亲子中心的玩具、道具、服装是最吸引宝宝的。不要发愁，其实在家里DIY这些东西并不需要花太多钱，而且可以让宝宝体会到自己动手的成就感。爸爸穿旧的各色衬衣，缝上黄色的布带、红色的圆布，宝宝穿上就可以扮成小蜜蜂、小瓢虫。饮料瓶刺个洞，装上水，人手一个可以开始"打水仗"。

发展成"社区"版

宝宝在亲子中心的收获之一就是可以在爸爸妈妈的陪伴下和同龄人玩耍。爸爸妈妈也要带宝宝走出家门，让他尽可能地多结识同龄人，这是帮助宝宝心灵成长的重要步骤。我们要多参加各种育儿、亲子团体；邀请邻居参加宝宝的生日派对；带宝宝经常去社区游乐中心；写信给物业要求多举办亲子游乐活动；恢复和老同学的联系，几家人相约一起出行，等等。

开心乐园 ♥♥♥ ♥ ♥

约翰叔叔来住了几天，临走时，掏出100先令对侄子汤姆说："这钱你留着零花吧。记住，钱要收好，丢了可就白送人了。"汤姆激动地说："知道，傻瓜才把钱白送人呢！"约翰叔叔听后想想说："你说的有道理，我看这钱你还是不要的好。"

动手就是动脑

灵巧的手是一个人大脑发育良好的标志之一。在大脑中支配手动作的神经细胞有20万个，而负责躯干的神经细胞却只有5万个，可见大脑发育和手灵巧之间的关系有多么密切，大脑支配手，而手动作的灵敏又会反过来促进大脑各个区域的发育。

婴儿的特点是"先做后想"

婴儿的特点是"先做后想"。他们是从某一个动作所产生的结果中学会思考的。手的活动会将更多信息传到大脑中，使大脑更加发达。6个月的宝宝就能像模像样地独坐了。手里拿着东西自己玩，双手从"抓住"发展到"捏住"，这是一个大大的进步。手的灵巧程度影响着智力的发展水平，当宝宝的手指越来越灵活，他的思考能力也随之发展起来。

鼓励宝宝多玩动手游戏

让宝宝多玩动手的游戏，通过手的动作，来刺激大脑思考。对宝宝来说，动手等于动脑。在所有开发宝宝智力的游戏活动中，凡是宝宝能做的，父母不要代办。所买的玩具，都尽量让宝宝自由尽情摆弄。许多父母喜欢干涉宝宝的游戏，往往会招致宝宝的反感，蒙台梭利主张宝宝的"内在发展"理论，认为宝宝在自由自主的游戏中，会不自觉地开发、发展自己的能力，而不需要外在的强制。外在的强制会扭曲宝宝内在的发展。因此，应该给宝宝一片安全的游戏天地，让宝宝尽情玩耍。

生活中注意提供动手机会

不仅在游戏时，还包括在做日常生活的各种事情中，不妨让宝宝自己多动手。让宝宝尽早学会做自己的事。较小的宝宝先学会自己吃饭、漱口、擦嘴、洗手、擦鼻涕；然后可以逐渐学会自己洗脸、刷牙等，总之，妈妈要有意识地给宝宝创造锻炼的机会和环境，让宝宝在实际动手的过程中，变得越来越聪明。

语言训练——一起读绘本

目的：培养宝宝的语言能力和阅读兴趣。

步骤：

↘ 准备你们最喜欢的一两本书，还有一个舒适的坐的地方。可以在墙角的地板上放几个松软的大坐垫和靠垫，创造一个温馨的"读书角"。

↘ 把读书变得更具互动性，让宝宝指出他在图片上看到的东西："这是一条小狗，跟奶奶家养的小狗一样。"或者"那是这个宝宝的鼻子。你的鼻子在哪儿啊？"

↘ 你还可以一边问宝宝，一边让他指出图画上的东西，比如："月亮在哪儿？"或"你能告诉我绿色的球在哪儿吗？"

注意事项：

宝宝可能会喜欢自己翻书。如果你还没读完一句话，他就翻页了，你也别着急。重要的是读书让他感到快乐，即使你只读了故事的只言片语也没关系。

动作训练——塑料盒层层叠

目的：

培养宝宝的精细动作技能和模仿能力。

步骤：↘ 准备各种形状和大小的塑料盒（嵌套的塑料盒尤其好玩）；各种小物件，比如空的塑料调料盒、空线轴、旧袜子、洗澡巾、塑料勺等。

↘ 给宝宝在客厅或卧室地板上清理出一块工作区。把盒子全都摆在地上，再给他演示怎样把小盒子放在大盒子里。

↘ 趁他没注意的时候，把你准备好的小物件放在其中的一些塑料盒子里。他在探索的过程中，会为自己的"发现"而惊喜。他可能会用这些东西创造出各种组合。

↘ 如果宝宝着迷此游戏，你就能腾出宝贵的时间来做点儿自己的事。但是不要忘了每隔一会儿要去偷偷瞧瞧他，他的创造力可能会让你惊讶呢！

注意事项：

给宝宝玩的小物件不能太小，以防宝宝塞进嘴里或耳朵里。

动作训练——自制响葫芦

目的：培养宝宝的精细动作技能和节奏感。

步骤：

╲ 准备2个空的卫生纸筒、彩纸、剪刀、胶带、豆子或大米。

╲ 封住每个纸筒的一端，以便可以把豆子或大米放在里面。

╲ 从彩纸上剪下两个比纸筒底端大几圈的圆形纸片。把圆形纸片放在纸筒底端，折好边缘。用胶带把纸片的边缘完全缠在纸筒上，就像套了一根橡皮筋一样。

╲ 在每个纸筒里放入豆子或大米，大约到纸筒高度的1/3。

╲ 下面再剪2个圆形纸片，把它们粘在卫生纸筒开口的一端，目的是不让豆子或大米掉出来。现在你们已经做了2个响葫芦了！自己留一个，把另一个给宝宝。

╲ 随着音乐摇晃响葫芦，看宝宝会有什么惊奇的表现。

注意事项：

制作过程中，让小宝宝旁观可以增加他的兴趣，但要注意千万不要让他碰到剪刀或把物件塞嘴里。

模仿训练——超级模仿秀

目的：培养宝宝的想象力和动作技巧、社交技巧。

步骤：

╲ 和宝宝面对面坐好，如果有条件，最好让宝宝坐在儿童餐椅上。

╲ 冲着宝宝做一些简单而又吸引人的动作，比如伸舌头。如果宝宝也模仿你伸出舌头，一定要及时地为他鼓掌叫好。

╲ 你可以冲着他挥手、把手向上伸，像鸟儿拍打翅膀一样拍打胳膊或蒙住脸。鼓励宝宝模仿你的动作，不过如果他只是冲着你笑，也别着急。

╲ 轮换一下，你来模仿宝宝的每一个动作，然后等他发现你在模仿他。看到你的古怪行为，他可能会迷惑或者大叫。

注意事项：

做此游戏时不妨提醒家人拿出录像机，录下宝宝脸上的每一个表情，这会成为非常珍贵的纪念。

思维训练——够高处的物体

目的：锻炼宝宝的反应能力和逻辑思维能力，提高解决问题的能力。

步骤：

↘ 把玩具放在宝宝伸手够不着的地方，旁边放些能垫脚的东西，如小板凳、纸箱等物品，然后对宝宝说："宝宝，把玩具拿下来吧。"

↘ 宝宝伸手够不着时，一定会要妈妈帮忙。这时妈妈可以告诉宝宝："宝宝怎么才能长高呢？脚下垫着东西就可以长高了，就能拿到玩具了。"

↘ 如果宝宝知道把小板凳垫在脚下，就要表扬宝宝。

↘ 如果旁边只放着铁盆，而妈妈又不允许宝宝找板凳，宝宝必然还要找妈妈帮助。这时妈妈引导宝宝把盆子翻过来踩上去，也一样能够着玩具了。

注意事项：

安全第一，别让宝宝因踩空而摔伤，造成意外的伤害。

认知训练——汽车排队出洞

目的：培养宝宝对顺序的理解能力。

步骤：

↘ 妈妈在开始前先准备3辆不同造型、不同颜色的玩具小汽车，硬空心纸筒1个，宽度以能让小汽车穿过为宜，长度超过3辆小汽车的长度。

↘ 妈妈用线将3辆小汽车连在一起，让宝宝观察，然后将汽车拉进纸筒，提醒宝宝要注意是什么颜色的汽车先开进"山洞"的，第二辆开进"山洞"的汽车是什么颜色，最后开进"山洞"的汽车是什么颜色。当汽车全部被拉进纸筒后就停下来。

↘ 问宝宝："汽车出洞了，宝宝来猜猜第一辆出来的汽车是什么颜色？""第二辆是什么颜色的？""第三辆呢？"

↘ 妈妈引导宝宝拉线的另一端，再将汽车倒拉回去，拉前要问宝宝："前方堵车，要倒车了，什么颜色的车先出来，然后是什么颜色的？"然后再拉线，看看宝宝的猜测对不对。

注意事项：

为提高宝宝的兴趣，妈妈可以打乱小汽车出来的顺序，也可以和宝宝轮流猜颜色。

♥ 金牌喂养

◎ 宝宝吃鸡蛋并非多多益善

鸡蛋虽然营养价值很高，是为宝宝补充营养的很好食品，对宝宝的生长发育有一定的益处，但也不能无限量地摄取。

每天吃鸡蛋的量

1～2岁的宝宝，每天需要蛋白质40克左右，除普通食物外，每天添加1～1.5个鸡蛋就足够了。如果摄入太多，宝宝肠胃负担不了，会导致消化吸收功能障碍，最终引起消化不良和营养不良。

鸡蛋的最佳吃法

一般而言，用清水煮鸡蛋是最佳的吃法，但要注意让宝宝细嚼慢咽，否则会影响消化和吸收。

对于幼儿来说，蒸蛋羹、蛋花汤也非常好，因为这两种做法能使蛋白质更容易被宝宝消化吸收。

鸡蛋含有维生素D，可促进钙的吸收，豆腐中含钙量较高，若与鸡蛋同食，不仅有利于钙的吸收，而且营养更全面。

鸡蛋一定要煮熟

鸡蛋很容易受到沙门氏菌和其他致病微生物污染，生食易发生消化系统疾病。因此，鸡蛋必须煮熟后再食用。煮鸡蛋的时间一定要掌握好，一般煮8～10分钟即可。

煮得太生，鸡蛋中的抗生物素蛋白不能被破坏，使生物素失去活性，影响机体对生物素的吸收，易引起生物素缺乏症，发生疲倦、食欲下降、肌肉疼痛，甚至发生毛发脱落、皮炎等症状，也不利于消灭鸡蛋中的细菌和寄生虫。煮得太老也不好，由于煮沸时间长，蛋白质的结构变得紧密，不容易消化和吸收。

● 教宝宝自己吃饭的方法

其实多数的宝宝在1岁左右时就有拿小匙的愿望了，但是宝宝自己吃饭的技能还不十分熟练，这时父母仍要耐心地教，让宝宝多试多练。只要一直坚持，到孩子1岁半左右，宝宝就能自如地用勺子自己吃饭了。

↘ 为宝宝选择合适的餐具，就餐时用的围嘴、勺的大小、勺把的长短都应适合宝宝使用，勺以能放入口中，勺把以宝宝能握住并不过长为宜。

↘ 宝宝可以先和家人一起共餐，当他置身于就餐的环境中时，就会很自然地学着周围人的样子吃起饭来。最初他可能在勺中装不满食物，或装满食物的勺子未入口时就掉落下来，弄到桌上、地上、身上都是饭菜。这时家长不要介意，更不应因此而中止让宝宝自己用勺吃饭，而应该鼓励宝宝坚持下去。这样，用不了多长时间，宝宝就会使用勺子吃饭了。

● 为什么宝宝吃得多却长不胖

宝宝吃得多，摄入的营养素多，就应该长胖，这是有一定道理的。但是现实生活中，往往有的宝宝吃得多却总长不胖，这是为什么呢？

↘ 1岁多的宝宝活动量加大，在饮食方面要求也更高，如果每天所摄取的营养素跟不上宝宝运动量的需要，就会长不胖。

↘ 宝宝对食物的消化吸收差，吃得多，排出得也多，食物的营养素没有被人体充分吸收利用。

如果宝宝所吃的食物其主要营养素蛋白质、脂肪等含量低，长期吃这类食物，就算吃得再多，宝宝的体重也不会增加。

↘ 如果宝宝消化道有寄生虫，如蛔虫、钩虫等消耗了营养物质，这样宝宝也不能长胖。

◉ 蔬菜汁，健康绿色饮品

蔬菜汁富含人体需要的各种维生素。妈妈可以用蔬菜汁给宝宝当饮料食用，绝对是无色素、健康绿色环保的饮品。

白菜汁

白菜对于促进造血机能的恢复、阻止糖类转变成脂肪、防止血清胆固醇沉积等具有良好的功效。白菜汁中的维生素A，可以促进宝宝生长发育和预防夜盲症。白菜汁所含的硒，除有助于防止弱视外，还有助于增强人体内白细胞的杀菌力和抵抗重金属对机体的毒害。

黄瓜汁

黄瓜汁在医学家排列的医用价值表上，其利尿功效名列前茅。黄瓜汁在强健心脏和血管方面也占据重要位置，黄瓜汁还有使神经系统镇静和强健，增强记忆力的作用。因此，多喝黄瓜汁有利于宝宝的智力发育。

芹菜汁

芹菜味道清香，可以增强宝宝的食欲。在天气干燥炎热的时候，清晨起床后给宝宝喝上一杯芹菜汁，他会感觉舒服很多。在两餐之间最好也喝些芹菜汁。由于芹菜的根叶含有丰富的维生素A、维生素B_1、维生素B_2、维生素C等，故而芹菜汁尤其适合于维生素缺乏的宝宝饮用。

番茄汁

宝宝每天吃上1~2个番茄，就可以满足一天维生素C的需要。喝上两杯番茄汁，可以得到一昼夜所需要的维生素A的一半。番茄含有大量柠檬酸和苹果酸，对整个机体的新陈代谢过程大有裨益，可促进胃液生成，加强对油腻食物的消化。番茄中的维生素有保护血管的作用。

专家叮咛

蔬菜主要有绿色、黄色、红色等几种颜色。蔬菜的颜色与营养含量有直接关系。一般来讲，绿色蔬菜优于黄色蔬菜，黄色蔬菜优于红色蔬菜。但不同颜色蔬菜的营养价值也各有所长，妈妈要让宝宝吃各种蔬菜，补充各种营养。

宝宝零食，妈妈要把关

零食是宝宝的最爱，但是妈妈要是给予的方式不当，不但对宝宝的身体健康不利，还会养成宝宝一闹就要拿零食来哄才能好的坏习惯。所以，妈妈要把握几个给宝宝吃零食的原则。

吃零食不能影响正餐

如果在快要开饭的时候让宝宝吃零食，肯定会影响宝宝正餐的进食量。因此，零食最好安排在两餐之间，如上午10点左右、下午3点半左右。如果从吃晚饭到上床睡觉之间的时间相隔太长，这中间也可以再给一次。这样做不但不会影响宝宝正餐的食欲，也避免了宝宝忽饱忽饿。

不可无缘无故地给宝宝零食

有的父母在宝宝闹时就拿零食哄他，也爱拿零食逗宝宝开心或安慰受了委屈的宝宝。与其这样培养宝宝依赖零食的习惯，不如在宝宝不开心时抱抱宝宝、摸摸他的头，在他感到烦闷时拿个玩具给他解解闷。

少吃油炸、过甜、过咸的食物

油炸食品含有较多的脂肪，会增加肥胖的危险；过甜的零食残留口中会增加患龋齿的危险；咸味过重的零食会增加成年后患高血压的危险。

吃零食要适量

零食食用量不能超过正餐，而且吃零食的前提是当孩子感到饥饿的时候。吃零食一天不超过3次。次数过多的话，即使每次都吃少量零食也会积少成多。

不在玩耍时吃零食

在玩耍时，宝宝往往会在不经意间摄入过多零食，严重者会被零食呛到、噎到，所以吃零食就要停止玩耍，吃完后再跑动玩耍。

多给宝宝吃保护眼睛的食物

宝宝的视力处于发育阶段，这时候保护宝宝的眼睛尤为重要。给宝宝多吃下列食物可以有效地保护宝宝的眼睛。

含钙的食物

饮食中缺钙，会引起宝宝神经肌肉兴奋性增高，使眼肌处于高度紧张状态，容易造成视力损害。所以，妈妈可以多给宝宝摄入瘦肉、奶类、蛋类、豆类、鱼虾、海带等含钙的食物。

含维生素A的食物

含维生素A的食物可以预防结膜和角膜发生干燥和退变，可预防和治疗"干眼病"。富含维生素A的食物有猪肝、鸡肝、蛋黄、牛奶、胡萝卜、菠菜、韭菜、青椒等。

含维生素C的食物

维生素C是组成眼球晶状体的成分之一，缺乏维生素C容易使水晶体发生浑浊，从而患上白内障。可多给宝宝食用各种蔬菜和水果。

含铬的食物

当人体内铬含量下降时，易造成弱视、近视。宝宝所需的铬应从天然食物中摄取，如糙米、玉米、红糖中铬含量都很高。此外，瘦肉、鱼、虾、蛋、豆角、萝卜中也有一定的铬。

含核黄素的食物

核黄素能保证眼睛的视网膜和角膜的正常代谢和发育。富含核黄素的食物有牛奶、干酪、瘦肉、蛋类、酵母和扁豆等。

💗 特│别│提│示　　　　　　　　　　　　　　　TIPS

身体内环境偏酸性时，会使得角膜以及具有调节眼睛疲劳的睫状肌发生变化，弹性和抵抗力下降，容易形成近视和弱视。如果多吃碱性食物就会中和体内偏酸性的环境，由此解除眼部的疲劳。

鸡蛋炒番茄

原料 鸡蛋1个，番茄半个，大豆油、盐各少许，香菜末1小匙。

做法

1. 鸡蛋打到碗里，搅成蛋液；番茄去皮，切小块。

2. 油锅热时，倒入蛋液，炒熟后倒回碗里；锅内再加一点油，下入番茄块，炒出汁液后，放入炒熟的鸡蛋，加盐和香菜末即可。

营养分析

番茄含有丰富的营养元素，它所富含的维生素A原，能在人体内转化为维生素A。而且它所含的苹果酸和柠檬酸等有机酸，能增加胃液酸度，帮助消化，有调整胃肠功能的作用。加入鸡蛋后，鸡蛋的鲜味和番茄的酸甜融合在一起，味道非常好。

油菜豆腐

原料 猪肉或海米10克，豆腐50克，油菜1棵，大豆油、盐各少许，葱末和姜末1小匙。

做法

1. 海米或猪肉洗净后，在热水中烫一下。猪肉切小薄片，备用。

2. 将油菜洗净，切成小段；豆腐洗净后，切成厚片，用油煎黄。

3. 再取油锅，烧热后，放入海米（或肉片）和葱末、姜末爆炒，随后下入豆腐、油菜段和少许水，煸炒透后，放盐调味，即可。

营养分析

这道菜低脂肪、高蛋白质，很适合正在生长发育的宝宝。油菜中含有的植物纤维素可以缩短食物在胃肠道中的停留时间，促进新陈代谢。豆腐还可以补脾胃，改善宝宝的食欲不振。

盐酥香鸡

原料 鸡腿肉80克，淀粉少许，植物油适量，老抽2滴，盐少许，香油1滴，料酒1小匙，胡椒粉少许。

做法

1. 将鸡腿肉洗净，切小块，放入碗中加入老抽、盐、料酒、香油腌渍入味，然后沾上淀粉后备用。

2. 将锅内倒入植物油，烧热后，放入沾满淀粉的鸡肉炸至金黄色，捞出来后，沥干油，撒上胡椒粉即可。

营养分析

鸡肉内蛋白质的含量较高，脂肪含量较低。而且它的蛋白质中，含有的人体所必需的氨基酸，营养价值很高。宝宝吃了，可以滋补养身体，还能提高免疫力，促进宝宝健康成长。

肉羹饭

原料 白米饭1碗，肉末、青萝卜、胡萝卜各50克，鸡蛋1个，盐、白糖少许，香油、水淀粉、香菜末各少许。

做法

1. 胡萝卜、青萝卜去皮切丝；肉末加盐拌均匀；鸡蛋打到碗里搅拌均匀。

2. 锅内加水放入胡萝卜、青萝卜丝煮开后，放入肉末和少许盐、白糖、香油等，然后加淀粉勾芡，倒入鸡蛋液，撒上香菜，做成肉羹。

3. 再将肉羹浇在白米饭上，即可。

营养分析

内羹饭质地软糯，咸鲜适口而且原料丰富，有饭有菜，搭配均衡。可以给宝宝作为中午和晚上的正餐。

日常护理

教宝宝穿脱衣服

快2岁的宝宝应该学会自己穿衣了，这是宝宝走向生活自理的一个重要体现。

讲明穿衣要领

宝宝学穿带扣子的上衣，可先让宝宝单独学系扣子，可以让宝宝在娃娃身上练习。另外，要注意让宝宝先从下面的扣子扣起，防止扣错。穿套头衫时，要先教宝宝分清衣服的前后和里外，然后再教方法。先把头从下面的大洞里钻进去，再把胳膊分别伸到两边的小洞里，然后把衣服拉下来就可以了。

学习穿裤子也要先认前后里外，后教宝把裤子前面朝上放在床上，然后把一条腿伸到一条裤管里，把小脚露出来，再把另一条腿伸到另一条裤管里，把脚露出来，然后站起来拉上去就行了。

请镜子来帮忙

开始时宝宝难免会犯小错误，如把裤子穿反了，或是将两条腿同时伸到一个裤管里等，父母不要急着纠正，可以把宝宝带到镜子前请他"欣赏"，自己发现毛病。

让宝宝挑错误

父母在自己穿裤子时，也可以故意犯一些错误，如把裤子的里外反穿，在宝宝发现后，要及时赞扬，让宝宝体会到成功的乐趣。

跟宝宝进行穿衣比赛

爸爸妈妈可以跟宝宝进行穿衣比赛，在穿衣服的时候，故意装出找不到袖子，袜子也穿歪了，但又时不时发出警告"我就要穿好了"，让宝宝在咯咯的笑声中加快速度。比赛要适当地让宝宝多赢几次，以满足宝宝想赢的心理。

● 让宝宝安静入睡的方法

宝宝现在接触外界的机会增多，活动量增加，睡前比较兴奋，常常不能安静入睡。而夜间睡眠时宝宝体内释放出的生长激素要比白天多得多，生长激素可促进宝宝的生长发育，所以，夜间睡眠不足对宝宝的成长不利，父母要保证宝宝有充足的睡眠时间。在宝宝睡觉前，要做好准备工作。

↘ 睡前半小时不要给宝宝讲恐怖、惊吓的故事，不要让孩子看电视或听刺耳的音乐等，以免使宝宝兴奋。

↘ 在晚上睡觉前，应把宝宝的手、脚、脸洗干净，或洗个澡，换上宽松的衣服。

↘ 父母要培养宝宝独立安静入睡的习惯。如果宝宝睡前爱吵闹，就要找出原因：有的是白天睡得太多，还不困，可以晚些睡；有的是家中有客人或外出回家比较兴奋，可以等安静下来再睡；有的宝宝有夜间喝奶的习惯，随着年龄的增长要逐渐改掉。宝宝刚入睡时会出汗，开始要少盖被或不盖被，等完全睡熟后，把汗擦干，再把被子给他盖好。

● 别让宝宝成了"电视迷"

宝宝不会从一开始就对电视节目产生浓厚的兴趣，成为"电视迷"的。如果宝宝真的在某一年龄段成了铁杆"电视迷"，也是父母和看护人照料不周的结果。

就这一阶段宝宝的语言、思维、理解能力而言，电视中的绝大多数内容宝宝是看不懂的。因此，宝宝不可能对他看不懂的东西保持长时间的兴趣。

事实上，爱看电视的不是宝宝，而是我们成人。当成人看电视时，是无暇顾及宝宝的，宝宝唯一的选择就是被动地看电视了。如果父母能够为宝宝提供更适合宝宝发育的游戏，宝宝就不会对电视那么感兴趣了。

有些父母认为，自己的宝宝确实爱看电视，实际上宝宝真正的兴趣不在电视内容上，而在于能够和父母在一起，有父母和看护人陪伴是宝宝最大的满足。宝宝的兴趣也许在电视遥控器上，按一下按钮就会有新的画面出现，这是宝宝感兴趣的地方，宝宝把遥控器当作玩具玩了。

◕ 给宝宝准备洗漱用具和卫生角

在培养宝宝卫生习惯时，父母一定要布置出令宝宝愉快的卫生环境。准备宝宝的洗漱用具，包括盆（洗脸盆、洗澡盆、洗脚盆）和毛巾（洗脸毛巾、浴巾、擦脚巾）、专用的漱口杯等，要注意选择大小形状和花色不同的各种盆和毛巾，以便让宝宝辨认，使宝宝明白洗漱用具主要供个人使用，以形成良好的卫生习惯。

另外，还要为宝宝准备专用的符合其年龄特点的卫生角，卫生角要方便安全，便于清洗、消毒与保持卫生，这样容易使宝宝养成良好的卫生习惯。

◕ 宝宝憋尿会危害健康

不少宝宝有过憋尿的经历，有的是迫不得已，有的则是形成了习惯。殊不知，这种坏习惯一旦养成，久而久之，会严重危害宝宝的健康。所以，家长们要避免宝宝憋尿。

↘ 让宝宝养成及时排尿的好习惯。在宝宝还没有入幼儿园之前，妈妈要有意提醒宝宝及时排尿。如在宝宝看电视和玩游戏前，让宝宝先去厕所，以免玩到入迷忘了排尿，并为宝宝定好排尿的时间，尽管有时宝宝还没到尿多的时候，也还是让他排尿。这样长时间地做下去，宝宝便会养成良好的排尿习惯。

↘ 及时发现宝宝憋尿的"先兆"。比如当宝宝精神紧张、坐立不安、夹紧或抖动双腿时，父母就要赶快问宝宝是不是想排尿。对于有憋尿习惯的宝宝，父母应经常提醒，催促宝宝排尿。如睡前宝宝饮水较多，或吃了大量含水量较多的水果时，父母夜间应叫醒宝宝起来排尿，使尿液能够及时排出，以保证泌尿系统的正常功能。

↘ 如果发现宝宝经常憋尿，妈妈就要带宝宝去医院检查，看看宝宝的生殖系统是否畸形，因为有些宝宝憋尿的原因跟生殖系统畸形有关。如果不是这种疾病，妈妈则应到心理咨询中心为宝宝寻求心理治疗。

◑ 远离挖鼻孔的坏习惯

宝宝爱挖鼻孔为什么？可能宝宝鼻子不舒服，鼻涕和鼻痂过多让他们感觉"里面有东西"，所以他们很难不去管鼻子。也可能是因为他觉得好奇或无聊，就像其他习惯一样，这也是为了缓解压力或打发时间。

那我们怎么才能让宝宝远离挖鼻孔的不良习惯呢？

不要强迫宝宝停止

宝宝这个习惯可能让你感到很尴尬，但不要唠叨或强行制止他。对小孩子来说，父母为了这一无伤大雅的举动，而在他手指上缠胶条似乎是不公平的惩罚。强迫他停止可能会引起亲子间的不愉快。他越是意识到这个行为对你有影响，就越会去做。

用发展的眼光看待，静观其变

宝宝长大一些后，能用手做更复杂的工作，像用积木搭城堡和捏橡皮泥后，他的手指自然就不会去挖鼻孔了。或者有一天，一个他很喜欢的小朋友笑话他："哇，你竟然在挖鼻孔呢。"他可能会突然受到触动而停止这种行为。在这之前，你静观其变好了。

给宝宝一个替代品

如果宝宝喜欢挖鼻孔的时间和地点比较有规律，比如在看电视或在车里时，你可以试着给他一个替代品，如可以捏的橡皮球、可以抚摸的绒毛兔子或手指偶。

去医院检查

如果宝宝挖鼻孔太狠，把自己都弄伤了，比如流鼻血，或者他这一行为似乎是神经紧张的表现之一，而且有睡眠问题，就可能需要去看一下医生了。

🐛 不让蛔虫掠夺宝宝的营养

蛔虫病是宝宝常见的肠道寄生虫病，大量蛔虫寄生不仅消耗宝宝体内的营养，而且会妨碍宝宝的正常消化与吸收，即使宝宝食量较大，也常会造成营养不良、贫血，甚至发生生长发育迟缓、智力发育较差等现象。其并发症较多，有时可危及生命，所以必须进行积极防治。

蛔虫病的症状

肠道蛔虫病无任何症状，仅有食欲不佳和腹痛，疼痛一般不重，多位于脐周或稍上方，痛无定时，反复发作，持续时间不定。痛时揉按宝宝腹部，多无压痛，亦无肌紧张。

蛔虫幼虫在体内游行阶段，皮肤可有荨麻疹、痒、发烧、咳嗽、肺部有炎症等表现；有食欲缺乏、消化不良、右上腹痛、肝肿大、肝功能不正常，幼虫带入细菌可引起多发性肝脓肿、肝压痛。白细胞总数升高，嗜酸细胞增高等。个别宝宝由于幼虫到脑子中游行还会引起抽搐或脑膜炎。

蛔虫成虫在小肠中段可刺激肠壁，分泌毒素，排泄废物并吸取宝宝的营养。由于正常的消化吸收功能受到影响，会引起营养不良、贫血等，也会引起精神不振、易怒、夜间磨牙等。

平时成虫在小肠定居，当环境不适合便乱窜起来，由此而引起一系列严重症状甚至危及生命。如宝宝在发烧时，蛔虫就会乱窜引起严重腹痛、呕吐，有时会吐出蛔虫，虫子多，纠缠成团时，堵住肠子上下不通，发生蛔虫性梗阻。蛔虫见孔就钻，可以钻到胆道引起胆道蛔虫症，病情严重，患儿因腹痛打滚哭闹、出冷汗。如蛔虫钻到阑尾就可引起蛔虫性阑尾炎，右下腹剧烈疼痛。从阑尾再钻出可引起腹膜炎等危险病症。

防治措施

应教育宝宝养成良好的卫生习惯，保持手的清洁，常剪指甲，不吸吮手指头。无症状的感染，不必急于治疗，除非发生再感染，虫体一般于一年内可自然排出。对于感染较重或症状明显的，应去医院治疗。

蛔虫卵主要通过手和食物感染。生吃瓜果不洗净，饭前便后不洗手，喜吃生凉拌菜和泡菜，喝不洁生冷水，特别是河水，都是感染蛔虫的重要原因。宝宝玩具不干净，吮指，喜用嘴含东西，也能带进蛔虫卵。

保护好孩子五彩的童心

童心是人美好的天性之一，我们每一个人都曾有童心，童心是娇嫩的、易碎的，稍不留神，就会从过分的要求中逃走，从粗暴的呵斥中消失。童心也是无拘无束的，我们不能把宝宝管得像一个小大人，使宝宝小小年纪就学得矫揉造作，不会自然流露感情。

为了使宝宝的身心能健康地成长，我们应该保护好宝宝细腻、透明、五彩的童心。作为父母，该怎么保护宝宝的童心呢？

用心感受宝宝

要学会要站在宝宝的角度去看他所看，想他所想，感受宝宝的内心世界。当宝宝提出有趣的问题时，爸爸妈妈可以鼓励并引导宝宝弄清楚事情的原委。这样，既教给了宝宝生活常识，又促进了宝宝综合能力的发展。

尊重宝宝

父母要与宝宝共同面对所遇到的人和事。当宝宝的情绪波动时，父母要先控制自己的情绪，探究宝宝生气的原因，心平气和地与宝宝进行交流。

呵护童心的前提是了解

在童心的世界里没有规则，没有框框，没有任何关联的事物都被孩子可以想象在一起。父母习惯用成人的心态来看待宝宝的言行，这必然会导致读不懂宝宝的心，所以要想呵护宝宝的童心，首先要了解宝宝的内心世界。

美育保护童心

根据自己家庭的经济条件，为宝宝搞一些美育投资，如给宝宝买一些内容健康向上的书籍和高雅音乐的磁带光盘等，并且常带宝宝参观艺术展览，以及游览祖国大好河山和名胜古迹，以此保护宝宝美好的心灵和纯真的童心。

宝宝的数学兴趣从哪来

兴趣是推动宝宝学习的最大动力。那么，如何培养宝宝学习数学的兴趣呢？

"悟"数学

在生活中潜移默化地感受数学，宝宝就会逐渐学会用数字表达自己的思想。让宝宝亲近数学，自然也就乐在其中了。例如，剥毛豆时，抓起一把和宝宝一起猜有几颗，比一比谁猜得准。再比如刚买回来的菜，问问宝宝是几种，每种几根，等等。这样培养数感，对宝宝今后的学习会大有裨益。

"做"数学

"做"数学是指父母陪宝宝一起玩数学小游戏，从游戏与制作中激发宝宝对数学的兴趣。例如，和宝宝一起玩七巧板、搭积木、堆建筑玩具等。这些都能帮助宝宝在玩中探索数学知识。还可以玩简单棋盘游戏，这可以帮助宝宝去数数、认数字。

"用"数学

"有用的才是最有趣的"，这句话反映了情感的一种价值取向，其实也是宝宝产生兴趣的原因之一。因此，"用"数学也很重要。例如，逛商场时，和宝宝一起商量50元钱能够买哪些东西呢？家里来客人时，让宝宝帮着想想要准备多少碗筷。

"唱"数学

父母需要挑选一些带有数字的儿歌和童谣教给宝宝，例如："我说1，1张纸来1支笔，学习数学做练习，都要用到纸和笔。我说2，身上长着多少2？左边右边数一数，眼睛、手脚和耳朵。"这些带数字的儿歌给了宝宝基本的数字概念。

♥ 特|别|提|示　　　　　　　　　　　　　　　　　　　　　**TIPS**

培养宝宝学习数学兴趣的方法形式多样，只要不断尝试，大胆探索，宝宝学数学的兴趣会随着父母的努力而日益浓厚。

宝宝有问，家长必答

宝宝好奇心强，爱问问题，是他强烈的求知欲的表现。父母应该怎样回答宝宝的提问，才能促进宝宝的积极性和求知欲呢？

根据问题的性质选择回答宝宝的方式

↘ 简单易答的常识类问题。有些关于自然界、生活常识类的问题是比较简单的，比如说"树叶为什么会发出声音"等。对这类问题，就可以直接回答他。回答应该是简单明了地说明事实，让宝宝明白。

↘ 较难回答的问题。有的问题是一时之间难以回答清楚的，这当中有的是父母知道大概，但不知道怎样回答才能简洁明了，让宝宝容易理解；还有一种就是父母也不知道答案的，对于这种问题，父母应该查找资料后再给宝宝答复，切忌胡乱回答。

↘ 比较棘手、尴尬的问题。宝宝有一些问题会让父母感到很尴尬，不知如何回答宝宝才好，尤其是与性有关的问题。比如，几乎每个宝宝都会问的一个问题："我是从哪里来的？"对于这类问题，父母可以视具体情况来回答。如果宝宝只是随便问问，并不真正想要父母回答，那就可以延缓回答。如果宝宝确实想知道，父母可以告诉宝宝事实，可以通过对动植物的观察让宝宝了解。

值得注意的是，对这类问题，一定不要刻意回避，也不要编一些故事来应付宝宝。

热心对待宝宝的提问

宝宝对周围感兴趣的东西总想问个明白，表现出强烈的求知欲，他特别爱问："这是什么？"刚回答一遍，一会儿宝宝又问："这是什么？"反复多次，令不少父母既头痛又厌烦。许多时候，父母会嫌烦而搪塞几句，或用斥责的语言对待他，特别是爸爸，可能会以沉默来回答。这样会打击宝宝的求知欲望，扼杀宝宝的聪明智慧，挫伤宝宝的提问积极性。

鼓励宝宝多提问

好问是宝宝好奇心的表现，一般来说，好问的宝宝勤于思考，爱动手，求知欲强。每当宝宝提出问题时，父母应当以赞赏的表情给予回应，并适当给予口头表扬，如"这个问题提得好！""不错，你怎么想到这个问题的？"等。使宝宝感到提问题是一件快乐的事情，经常为提出问题而自豪。这对宝宝的思维发展有很好的作用。

🐦 帮宝宝选择中意的亲子班

亲子班，现已渐渐成为宝宝早期教育中的主角，那么如何才能选择一个宝宝喜欢、妈妈中意的亲子班呢？

- - ❤ - - - - - ❤ - - - - - ❤ - - - - - ❤ - - - - - ❤ - - - - - ❤ - -

了解教育理念

现在的亲子班教育理念差别比较大，有的注重规则教育：要求上课时要认真听讲，老师示范时要仔细观察，老师点名时要大声应答，等等。有的则宽松许多，着重让宝宝在玩耍中释放个性，并向父母传递一些科学的育儿方法。哪种更好无定论，适合宝宝的才是最好的。

观察教学环境

好的亲子班其教学环境应是整洁、舒适、卫生且安全的，教室要经常通风、消毒；桌椅板凳等各种用具不应有尖锐的边角；特别是电源插座安装的位置不能太低；另外，教学场地要宽敞，使用的玩具要质量良好且数量充足。

体验课程设置

在选择亲子班时要注意了解其课程设置是否与宝宝的发育特点相符合，是否能够开发宝宝的潜力，是否富有特色等。建议大家带宝宝试听一些亲子课，有比较才能有鉴别。

考察师资力量

亲子班的老师要受过系统、专门的培训，具有一定的专业素养，了解不同年龄宝宝的发育特点，能够充分调动宝宝的情绪，能准确把握课程游戏设置的内涵，最重要的是有一颗真正爱宝宝的心。

计算亲子班的性价比

其实，价格也是选择亲子班的一个重要条件，大家可根据课程安排、授课时间以及自身的经济条件选择一个性价比相对较高的亲子班，所谓只选对的不选贵的。

聪明宝宝夸出来

幼儿与成人一样，是喜欢被人夸奖称赞的。越是夸奖他，他就会做得越好。大多数父母都知道夸奖可以建立宝宝的自信，那么，我们该如何夸奖宝宝呢？

真心夸奖宝宝。父母一定要在宝宝确实做了一件不错事情的时候真心地去夸奖宝宝，这样才能充分调动宝宝的积极性，鼓励他今后有更好的表现。如果夸奖只是父母泛泛地对宝宝进行赞美，宝宝往往不知道父母在夸奖自己什么，自然也不知道自己要往哪里努力。

夸奖要及时。当宝宝表现出了好的行为，要马上夸奖，及时的夸奖才能更有效，对年龄较小的宝宝更应如此。

夸奖的方式要适合宝宝的年龄。对年龄很小的宝宝在口头夸奖能同时给他一个吻，一次拥抱或者其他的身体接触，效果会更好。而大一点的宝宝夸奖的方式要含蓄一些，可心领神会地向他们眨眼睛，或者竖起大拇指表示对他的赞赏。因此，家长要留意，哪一种夸奖的方式对自己的宝宝更好。

夸奖过程而非结果。赞美宝宝是一门学问，除了对结果表示满意，我们更应该对宝宝在过程中付出的专心与毅力表示赞赏。

假如没有这个努力的过程，也就不可能有完美的结果。

及时而适当的物质奖赏。"口头表扬和精神鼓励固然重要，但是物质奖励也不可缺少。"很多父母都抱有这样的教育理念。如果能不时地给宝宝来一些物质奖赏，就可以让宝宝更好地与父母合作，并且让他们表现得更加优秀。因此，这些父母平时总是会留意寻找妥当的礼物，以便及时奖励宝宝。不过物质奖赏既要及时，又要适当，不要把物质奖赏作为一项惯用的、例行的方法。

戒除宝宝的功利心。宝宝因为做好一件事而受到称赞时，就会产生某种期待，比如下次再完成这件事之后，他还希望父母能够继续夸奖他。为了获得夸奖而去努力，这不是一个正确的处事态度，容易让宝宝养成较强的功利心。所以，随着宝宝年龄的日益增长，父母可以逐渐减少夸奖的次数，让宝宝转变态度，认识到自己把事情做好是理所当然的。

❀ 冷静处理宝宝间的争吵

其实，宝宝之间的争执，往往并没有什么原则性的对与错，只是由于所处的生活环境不同、个性不同，看事情的角度不同而产生的分歧。其实，如果没有大人的介人、没大人明显地、不分对错地支持一方，他们的争执很快就会平息下去了。所以，如果宝宝间发生了争吵，父母可以参考以下建议：

父母要耐心听，不要急于解决

发现宝宝间发生争吵时，只要不是那么激烈，父母就要耐心听他们为什么事争吵。一般不要急于解决，让他们争吵一会儿，他们把话说完了或是意见统一了，自然就不争吵了。

先转移注意力，后冷静处理

当宝宝争吵非常激烈，有打架的趋势时，父母可先用转移注意力的方法，等他们冷静下来以后，大人再询问争吵的原因。

听清原因，不要轻易评判

宝宝间的争吵，反映着双方关系不协调。暂时有了障碍，只要父母采取调和的手法，说说双方的优点，鼓励他们有勇气承认错误，让他们互相说声"对不起"，宝宝就会和好了，父母不要非评个谁是谁非不可。

父母不要急躁，不要横加指责

宝宝间发生争吵，必然声音大，态度不好，父母千万要冷静听听他们争吵什么，手里拿什么东西，在不了解原因前不要横加指责，各打五十大板。这样简单、粗暴地处理，会使宝宝产生抵触情绪。

宝宝间相互争吵，父母要给以正确的评价

宝宝间发生争吵，父母一定要以理服人，不要以谁会说，谁的力气大就说谁理。这种不公正的评判，会使宝宝是非不分，影响宝宝的个性发展，以致影响宝宝正确认识做人的标准。

♥开心乐园 ·

老师："我要你们写一篇作文，要写人，重点要写突出的地方。"

小明："老师，我想好了。我就写我奶奶。"

老师："那你奶奶有什么突出的方面吗？"

小明："我奶奶腰椎间盘突出。"

听觉训练——手表滴答响

目的：培养宝宝的听觉能力。

步骤：

↘ 妈妈把手表贴在自己的耳朵上，随着表的滴答声说："滴答、滴答。"

↘ 说完之后，妈妈把表贴在宝宝的耳边，让宝宝听表秒针走动的声音。妈妈随着表的声音慢慢说："滴答、滴答。"

↘ 妈妈把表递到宝宝手里，同时问："滴答声哪去了？"引导宝宝把表贴在耳边听。

↘ 当宝宝把手表放在耳边的时候，妈妈可以要求宝宝"把'滴答'给妈妈听一听"，看宝宝是否会把表贴在妈妈的耳朵边。

↘ 如果宝宝能做到，妈妈要及时鼓励并夸奖宝宝。

注意事项：有的宝宝好奇心强，不会那么快把手表递给妈妈，妈妈要耐心等待。等宝宝满足了好奇心以后再跟宝宝要手表，以免宝宝失去兴趣，游戏无法进行。

角色训练——我是小厨师

目的：培养宝宝的想象力、模仿力、精细动作能力。

步骤：

↘ 和宝宝一起坐在地板上，把锅和勺子放在面前。

↘ 假装把一堆东西加进锅里，每次一定要让宝宝好好地搅搅它们。

↘ 然后再大把地加进一些想象中的配料，其他配料只要撒一点就行。

↘ 尝尝味道，做出太热、太凉、太酸的表情，宝宝觉得有趣，那就鼓励他也来尝尝。

↘ 继续不停地加进去更多想象中的配料，直到味道尝起来刚刚好为止。

注意事项：

宝宝玩得开心的时候可能会站起来手舞足蹈，注意看好宝宝。

🔵 动作训练——瓶中装水

目的：训练宝宝手眼协调能力以及手的精细动作能力。

步骤：

↘ 先学倒沙子：用一个沙盘装满沙子，放2只小碗，让宝宝用碗盛沙子，把沙子从一只碗里倒进另一只碗中，逐步做到沙子几乎全部被倒进另一只碗里。

↘ 然后换一个大口的瓶子，让他将沙子倒进瓶子里去。

↘ 再在水池或面盆中让宝宝边玩水边学倒水，给他一个碗和一个瓶子，先示范将瓶子压到水中灌满水，然后拿着瓶子将水倒进碗中，看水是否洒出来。

↘ 经过多次训练后，手的技巧进步了，可以让他用碗装满水，将水倒进瓶子里，因为碗口大、瓶口小，不容易倒准，妈妈可以示范将碗提高一些，离开瓶口远些，就容易倒得准一些。

注意事项：

瓶中倒水技巧，宝宝需要经过反复的训练和练习才能学会，所以父母要有耐心。

🔵 语言训练——小鸟也有家

目的：在妈妈的指导下，宝宝学会用简单的动作表演儿歌。学会接字"家"。

步骤：

↘ 妈妈抱着宝宝，指着窗外的大树说："小鸟也有家，它的家就在那高高的大树上。"

↘ 妈妈带着宝宝来到大树下，观察大树和小鸟，并给宝宝念儿歌《小鸟的家》。接着让宝宝跟着妈妈念儿歌：你有家，我有家，小鸟也有家。高高大树上，住着鸟娃娃。

↘ 把字卡"家"贴在大树上，给宝宝戴上小鸟头饰。然后妈妈拉着宝宝模仿小鸟飞的样子，跑到大树下，摸一摸字卡"家"，并把宝宝举起来，绕着树边跑边念儿歌。

注意事项：

此游戏可以思维拓展，比如……"小鱼也有家。大江小河里，住着鱼娃娃"。妈妈和宝宝可以在一起发挥下想象力。

情商训练——坐花轿

目的：营造一种和谐的家庭氛围，让宝宝在愉快的环境中成长，通过游戏，还能让宝宝养成敢于信任他人的意识。

步骤：

↘ 在一个较大的活动空间里，爸爸和妈妈分别用右手握住自己的左手腕，再用左手握住对方的右手腕，两人当"花轿"蹲下。

↘ 妈妈引导并鼓励宝宝两只脚分别伸进爸爸、妈妈的两臂之间。

↘ 当宝宝坐上"花轿"后，爸爸和妈妈站起来，抬着宝宝往前走或左右摇晃。

↘ 等宝宝适应了在高处的感觉以后再动起来。

↘ 在做动作的同时爸爸妈妈还可以唱儿歌："坐花轿，坐花轿，爸爸妈妈抬花轿；前后左右摇一摇，颠颠轿里的小宝宝。"

注意事项：

动作幅度不要太大，以免宝宝害怕。

生活训练——过家家

目的：培养宝宝了解生活的规律，养成关心别人的良好品德。

步骤：

↘ 妈妈给宝宝准备一个布娃娃、一只碗、一把小匙和一个纸团（当作米饭），与宝宝一起玩"过家家"。

↘ 妈妈对宝宝说："布娃娃肚子饿了，该喂饭了！"让他给布娃娃喂饭；喂完饭后，妈妈说："布娃娃吃饱了，要睡觉了！"让他把布娃娃放在床上去睡觉，并给娃娃盖上被子（小毛巾），轻轻地拍着布娃娃睡觉。

↘ 妈妈又说："布娃娃睡醒了，你跟它一起玩一会儿吧！"让宝宝与布娃娃一起玩汽车、搭积木等，宝宝会模仿母亲平时的动作，照顾布娃娃吃、睡、玩。

注意事项：

妈妈可以倡导宝宝与其他小朋友一起来玩这个游戏，相信会更加有趣。

♡ 金牌喂养

◉ 容易缺锌的宝宝要重点补锌

有些宝宝属于容易缺锌的高危人群，应列为补锌的重点对象。

容易缺锌的宝宝

↘ 罹患佝偻病的宝宝。这些宝宝因治疗疾病需要而服用钙制剂，而体内钙水平升高后，就会抑制肠道对锌的吸收。

↘ 过分偏食的宝宝。宝宝从小拒绝吃任何肉类、蛋类、奶类及其制品，这样非常容易缺锌。

↘ 过分好动的宝宝。不少宝宝尤其是男宝宝，过分好动，经常出汗甚至大汗淋漓，而汗水也是人体排锌的渠道之一。

如何给宝宝补锌

↘ 改善宝宝的饮食习惯。在宝宝饮食中添加富含锌的天然食物，如海鱼、牡蛎、贝类等海产品，动物肝脏、花生、豆制品、坚果、麦芽、麦麸、蛋黄、奶制品等。

↘ 多吃禽肉食品。一般禽肉类，特别是红肉类动物性食物含锌较多，且吸收率也高于植物性食品。

↘ 多吃粗粮与发酵食品。粗粮含锌多于精粮，发酵食品的锌吸收率高，也应多给宝宝吃一些。

选择补锌产品要计算好用量

补锌不是越多越好，补锌剂量以年龄和缺锌程度而定，不可过量。买补锌产品时要看产品说明书上标定的元素锌的含量，这是计算宝宝服锌量的标准。在计算补锌计量时不要超过国家推荐的锌摄入标准，如6个月以内的宝宝每天应该摄入3毫克锌，6～12个月的宝宝每天应该摄入5毫克左右的锌，1～3岁宝宝每天应该摄入6～10毫克的锌。一旦宝宝食欲改善后可添加富锌食物，减少补锌产品的用量。

让宝宝多吃蔬菜的妙招

2岁左右宝宝对饮食流露出明显的好恶倾向，不爱吃菜的宝宝逐渐多起来。可是不爱吃菜会使宝宝营养不良，影响身体健康。怎么才能让宝宝多吃蔬菜呢？

变着花样做蔬菜

想让宝宝爱上蔬菜，妈妈应该尽量从烹调方式或菜品搭配上变一些花样。对于不喜欢吃蔬菜的宝宝，妈妈一定要多动脑筋变化蔬菜的烹调方式，如将胡萝卜等根菜类做成丝状或磨成酱泥，加入肉馅中做成小水饺、小包子等。

让宝宝多参与做菜

妈妈做菜，有意识地让宝宝帮忙做点什么，如帮忙择菜、洗菜、端菜。这样宝宝就会很乐于享受自己的劳动成果。

想法激起好奇心

妈妈可以在不喜欢吃的蔬菜盘子底下，贴一张很可爱的粘贴画。然后告诉宝宝，如果把这盘菜吃光了，就会在盘底发现一个秘密。这样，会使宝宝很好奇，尽管眼前的饭菜他们不喜欢，但也会尽力去吃。经常变换这些小"花招"，宝宝在不知不觉中就把蔬菜快乐地吃下去。

编个故事

妈妈可以根据蔬菜编故事："这块菜是敌人的司令，把他消灭了再端敌人的老窝——喝汤，吃光了这些菜你就胜利了。"宝宝会为取得胜利很快地投入到进餐中。

父母要起带头作用

吃饭时父母应积极带头多吃蔬菜，并夸张地做出吃得津津有味的样子。切不可在宝宝面前随意议论什么菜不好吃或自己不爱吃什么蔬菜之类的话题，宝宝会受到不良的影响。

❤ 特｜别｜提｜示　　　　　　　　　　　**TIPS**

无论什么季节吃蔬菜都应以新鲜为主，因为所有蔬菜中都含有维生素C，它的含量多少与蔬菜的新鲜程度密切相关。蔬菜存放时间越长，维生素C流失越多，所以，蔬菜最好是现吃现买。

❀ "耍花招"让宝宝吃出营养

让宝宝吃得营养又健康，是每个做父母的心愿。但是，在宝宝吃饭的问题上，妈妈们常常遇到宝宝任性的时候——不喜欢吃菜，喜欢吃甜食，喜欢吃冰冷的东西……这时候，妈妈平时不妨试试，通过"耍花招"让宝宝吃出营养！

给宝宝吃"混合饭"

将家里常吃的白米饭换成由黑米、白米和小米组成的"混合饭"。黑米富含大于白米3倍的粗纤维，仅1/4茶杯的黑米就包含约1克重的纤维。另外，由于主食的色彩丰富，更能吸引宝宝的注意力，刺激食欲。

自制冰激凌

在巧克力全麦饼干上撒些低脂奶酪，经冷冻之后，即可用来代替宝宝想要的冰激凌。这样做的好处是既能降低70%的脂肪，又可增添谷物的摄入量。

冰爽水果

妈妈可以将一些小块的菠萝、甜瓜和香蕉穿成一串，冻在一起，制成冰爽水果，让宝宝摄入更多的高纤维水果。

美味肉酱

对于不喜欢吃瘦肉的宝宝，妈妈如果将瘦肉切成小块，与芝麻酱、花生酱混合在一起制成美味的肉酱，他们就会狼吞虎咽的。由此，宝宝们就可以得到每日所需的蛋白质和钙质。另外甜酸酱、烤肉酱也可尝试。

蔬菜汉堡

很多宝宝都不喜欢那些闻着有"怪味"、表面有粗糙纹路，或者看上去颜色深绿的蔬菜。妈妈可以偷偷地将蔬菜藏在宝宝的比萨饼或汉堡包中，再加番茄酱和乳酪之前先将它们撒在饼上。宝宝们不会尝出口味有何不同，更不会拒绝和抱怨它们。

给宝宝适当添加益智小食品

脑细胞发育所需要的营养物质不外乎蛋白质、糖类、脂肪、矿物质及维生素类等。这些营养物质完全可以从宝宝的日常饮食中获得。以下食物具有较好的益智作用，父母常给宝宝食用，对其智力的发展有很大好处。

能增强记忆力的食品

黄豆含有丰富的磷脂酰胆碱，磷脂酰胆碱能在人体内释放乙酰胆碱，乙酰胆碱是脑神经细胞间传递信息的桥梁，对增强记忆力大有裨益。常吃胡萝卜有助于加强大脑的新陈代谢。菠萝含有维生素C和微量元素，有助于提高宝宝记忆力。

促进智力发育的食品

鸡蛋中的蛋白质吸收率高，蛋黄中的磷脂酰胆碱经肠道消化酶的作用，释放出来的胆碱，直接进入脑部，与醋酸结合生成乙酰胆碱，乙酰胆碱是神经传递介质，有利于智力发育，改善记忆力。同时，蛋黄中的铁、磷含量较多，均有助于脑的发育。

能提高灵敏度的食品

核桃含有较多的优质蛋白质和脂肪酸，对脑细胞生长非常有益。栗子含有丰富的磷脂酰胆碱、蛋白质和锌，有助于提高宝宝思维的灵敏性。

能提高分析能力的食品

花生含有人体所必需的氨基酸，可防止过早衰老和提高智力，能促进脑细胞的新陈代谢，保护血管，防止脑功能衰退，常吃花生能提高宝宝分析问题的能力。

 **专家叮咛**

过咸食物会损伤动脉血管，影响脑组织的血液供应，造成脑细胞的缺血缺氧，导致记忆力下降、智力迟钝。人体对食盐的需要量，成人每天在7克以下，儿童每天在4克以下。日常生活中父母应少给宝宝吃含盐较多的食物，如咸菜、榨菜、咸肉、豆瓣酱等。

⬤ 不要让宝宝养成边吃边玩的坏习惯

宝宝一边吃饭一边玩是一种很不好的进食习惯，它既不科学又不卫生。正常情况下，人体在进餐期间血液会聚集到胃部，以加强对食物的消化与吸收。如果是一边吃饭一边玩，就会使得一部分血液被分配到身体的其他部位，从而减少了胃部的血流量，这样必然影响到各种消化酶的分泌，还会使得胃的蠕动减慢，妨碍对食物的充分消化，必然造成消化机能减弱，导致宝宝缺乏食欲。

另外，如果宝宝吃几口就玩一阵子，必然使得进餐的时间延长，使饭菜变凉，还容易被污染，也会影响胃肠道的消化功能，会加重孩子的厌食。

边吃边玩的毛病不仅损害了宝宝的身体健康，也会使宝宝从小养成做什么事都不专心、不认真、注意力不集中的坏习惯。

要改变宝宝边吃边玩的坏习惯，就要重视培养宝宝定时、定地点吃饭的良好饮食习惯，同时还要注意饭前1小时内不要给宝宝吃零食。

⬤ 根据宝宝的体质选水果

父母在给宝宝选水果时，要注意与宝宝体质、身体状况相宜。舌苔厚、便秘、体质偏热的宝宝，最好选择吃寒凉性水果，如梨、西瓜、香蕉、猕猴桃、芒果等，它们可以起到败火的作用。

↘ 当宝宝缺乏维生素A、维生素C时，多吃含胡萝卜素的杏、甜瓜及葡萄柚，能给身体补充大量的维生素A和维生素C。

↘ 秋冬季节宝宝患急慢性气管炎时，吃柑橘可疏通经络，消除痰积，有助于治疗急慢性气管炎。但柑橘不能过多食用，吃多了会使宝宝上火。可以给宝宝经常做些梨粥喝，或是用梨加冰糖炖水喝，因为梨性寒，可润肺生津、清肺热，从而止咳祛痰。但宝宝腹泻时不宜吃梨。

↘ 宝宝消化不良时，应该给他吃煮熟的苹果。在幼儿排便不通畅的时候，生食苹果最适宜。如果宝宝咳嗽且声音嘶哑，可用苹果榨汁给宝宝喝，可以起到润肠止咳的功效。

核桃银耳汤

原料 核桃仁30克，银耳10克，猪瘦肉100克。

做法

1. 将银耳水泡好，择洗干净；核桃仁洗净；猪瘦肉洗净，切片。

2. 锅置火上，放清水、白木耳、核桃仁、猪瘦肉一起煮汤，可放少许盐调味。

营养分析

核桃滋肾润肠。银耳又称白木耳，味甘、性平，能滋阴润肺，益胃生津，止血利肠道，含有蛋白质、脂肪、粗纤维、钙、硫、磷、铁、镁等。此汤有滋阴润肠，和中摄血的功效，可治疗婴儿便秘、肛裂出血等症。

排骨汤面

原料 猪排骨100克，细面条50克，青菜50克，盐、醋各少许。

做法

1. 将猪排骨剁成小块后放入冷水锅大火煮沸，加一点醋后继续小火煮半小时左右，关火，捞出排骨，留汤。

2. 将青菜洗净，切成小段；细面条中间折断，下入排骨汤中，开大火煮。

3. 面煮到沸腾后，加入青菜段，边搅拌边煮，大约5分钟后，加盐调味即可。

营养分析

排骨汤中除含蛋白质、脂肪、维生素外，还含有大量磷酸钙、骨胶原、骨黏蛋白等，可为宝宝提供丰富的钙质。

火腿菜花

原料 火腿30克，菜花30克，生抽1滴，盐少许，植物油适量。

做法

1. 火腿切丁，菜花洗净后，掰成小朵。

2. 油锅烧热后，下入火腿丁炒至八分熟，然后加入菜花，焖熟后，加一点盐，滴入生抽即可。

营养分析

火腿所含蛋白质、脂肪、磷、钙、铁等都很丰富，更为重要的是火腿中含有18种氨基酸，包括8种人体必需的氨基酸，是宝宝滋补的佳品。而菜花中除蛋白质、钙、磷、铁含量较高外，还有丰富的维生素和胡萝卜素，常吃可爽喉、开音、润肺、止咳。

爆炒三鲜

原料 墨鱼、虾仁各50克，胡萝卜30克，植物油适量，米酒少许，蚝油1小匙，盐少许，葱末和姜末1小匙。

做法

1. 墨鱼洗净，切花；虾仁洗净，沥干水分；胡萝卜去皮，放入滚水中煮熟，捞出晾凉后切片。

2. 上油锅烧热后，下入葱末、姜末爆香，然后下入墨鱼、虾仁和胡萝卜，大火炒匀后，倒入耗油和米酒，再略炒3分钟，加盐即可。

营养分析

墨鱼含大量的蛋白质、维生素A等，还含有钙、磷、铁、维生素B_2等宝宝成长所需的物质，能滋养肝肾、强身健体；虾仁可以健脑；胡萝卜可以促进视觉系统的发展，所以常吃这道菜，对宝宝发育很有好处。

◉ 宝宝学会自己控制大小便

家长可以对1岁半以上的宝宝，通过训练他定时使用坐便器，来培养宝宝学会自己控制大小便。

为宝宝购置合适的坐便器

市场上各种坐便器都有，男孩则适合前面有挡头的坐便器，无论站着小便还是坐在坐便器上，都不容易尿到外面。"长"得像小椅子形状的坐便器，适合女孩用，它不容易使女孩尿湿裤子。

男孩女孩大不同

↘ 男孩模仿爸爸。当爸爸去厕所时，带着宝宝，并准确示范，为了保证不尿到坐便器外，可以在坐便器内放张有颜色的纸片，让他瞄准纸片尿。最开始，把小便当作游戏，不要给宝宝太大压力。

↘ 女孩当然由妈妈来帮忙。妈妈要给女孩穿易脱的裤子，在训练女孩小便的同时，要教给她正确的擦拭方向，尤其是在大便后，一定要从前往后擦，以防尿道感染。

训练时间有讲究

↘ 多数宝宝能在两三岁时学会控制大小便。他们控制大小便的次序大致是这样的：夜间控制大便——白天控制大便——白天控制小便——最后是夜间能够控制小便。

↘ 宝宝2岁左右的宝宝能够用语言、动作告诉大人他需要大小便，那我们就可以开始训练。等到宝宝白天可以较熟练上厕所后，夜间可脱掉纸尿裤，并在晚上宝宝睡不安稳或说尿尿时协助他小便。每个宝宝训练时间不尽相同，但在2～3岁逐步训练，会大有收获。

● 戒除宝宝对奶瓶的依恋

有的宝宝2岁多仍离不开奶瓶，这有习惯和依恋两方面的原因。如果只是习惯，对宝宝来说比较容易改为用杯或碗喝奶。但如果是依恋，则比较难撤掉奶瓶，因为这样的宝宝往往安全感差，总要寻找一个亲切、熟悉的东西作为依恋的对象，而奶瓶往往就是最易被宝宝依恋的一件东西。

如果这时硬性撤掉奶瓶，会对宝宝产生较强的心理打击，使他恐惧不安，反而影响以后良好性格的建立。如果宝宝依恋奶瓶，父母可以逐渐改变奶瓶里的东西，使宝宝对奶瓶慢慢失去兴趣。如逐渐稀释奶瓶里的奶，最后只装白开水，宝宝对只装水的奶瓶很快就会失去兴趣。

如果宝宝还是不肯撤去奶瓶，不必非撤掉它，父母也不必太过着急。当宝宝与外界接触增多，自立能力增强时，他会自动放弃奶瓶的。

● 男宝宝爱玩"小鸡鸡"的对策

有些1～2岁的男宝宝平时爱玩自己的"小鸡鸡"，宝宝把玩自己的"小鸡鸡"就好比他玩自己的小手、小脚一样，不必大惊小怪。妈妈没有必要把事情看得那么严重。当然，宝宝爱玩自己的"小鸡鸡"确实不是一个好习惯，妈妈应想办法予以纠正。

转移注意力

当宝宝在玩"小鸡鸡"时，妈妈不要对他大声呵斥，更不要打骂。宝宝并不知道这样做不好，妈妈应尽可能转移他的注意力，如给他换新的玩具、和他一起玩他喜欢的游戏等，让他暂时忘记玩"小鸡鸡"。

正确引导

妈妈不要以为宝宝还不懂事就什么都不教，要告诉宝宝，不可以当着别人的面摸"小鸡鸡"，背后偷偷地摸也不好，因为可能让"小鸡鸡"生病。或者告诉宝宝，"老摸小鸡鸡，它会害羞和不高兴的"。

● 为宝宝选择好牙膏、牙刷

从口腔卫生保健的角度来讲，父母应为宝宝选择保健牙刷和含氟防龋齿的牙膏。

如何为宝宝选择牙刷

在购买牙刷时妈妈应大致挑选一下，先看牙刷头，其大小要适中，能在宝宝口腔中转动灵活；刷头有2～3排毛束，每排由4～6束组成，毛束之间有一定距离，易于清洗和通风；刷毛不可过粗、过硬。可选择刷毛优质、尖端磨细、磨圆的牙刷，这样既能插进牙缝，又减少对牙龈的损伤。而且刷牙后，牙刷也较易涮干净。另外还要注意定期更换牙刷，一般以3个月为宜。

如何为宝宝选择牙膏

牙膏是刷牙的辅助用品，目前牙膏品种较多，但总的来说含氟牙膏是预防龋齿比较好的药物牙膏。它的作用机理是利用牙膏中的活性氟促进牙齿的再钙化，增强牙齿的抗病能力，有利于牙齿保健。同时应注意不要长期固定使用同种牙膏，应经常更换，这样才能避免因常用一种牙膏而产生耐药性。

给宝宝选用合适的小漱口杯

可以给宝宝准备一个可爱的小漱口杯，轻一点，做工精致，尤其是杯口处理要圆滑，不要划伤宝宝娇嫩的嘴唇。

ᕕ开心乐园 ᕗ

有一个小男孩，有一天放学后，问他的妈妈："妈妈，我到底是从哪里来的？"

妈妈觉得这个问题不好回答，但应该趁此机会教育下小孩，就一本正经地以猫狗为例，支吾地谈及生殖的过程。

儿子听完后，一头雾水地说："怎么会这样？我的同桌说他是从山西来的！"

● 宝宝感冒不用急

感冒是宝宝在新生儿时期最常见的病症，一年四季均可发生，冬春两季发病率最高。宝宝感冒的家庭护理要点如下：

衣着要适当

很多家长总是用自己的感觉来作为宝宝穿衣的标准。经常不是给宝宝穿得过多就是穿得过少。这样衣服骤增或骤减会适得其反，更容易让宝宝感冒。

给宝宝做按摩

↘鼻子揉搓法：让宝宝平躺，妈妈两手合掌，手指交叉，把大拇指置于宝宝眉尖的印堂穴上，往下一直推至鼻子两侧的迎香穴（在鼻翼两侧1.5厘米处）。这种按摩可促进宝宝鼻子周围的血液循环和气血畅通。

↘揉搓迎香穴法：让宝宝平躺，妈妈用两手的食指按住宝宝鼻翼两侧的迎香穴，按顺时针、逆时针方向各搓摩36次。这种按摩可为宝宝祛风散寒，增强宝宝抵抗病菌感染的能力。

注意营造安全的环境

宝宝在吃食物之前，一定要先把手洗干净。大人给宝宝拿食物时也不要赤手拿，严防经食物传播感冒。另外家里有人感冒，应尽量避免病人与宝宝直接接触，特别是不能面对面坐着，也不可同床睡觉。流行感冒发生的时候，最好少带宝宝出门。

让宝宝好好休息

已患感冒的宝宝，良好的休息是至关重要的，还要适当减少户外活动。如果宝宝鼻子不通气，可以在宝宝的褥子底下垫上一两个毛巾，头部稍稍抬高能缓解鼻塞。

饮食更要关心宝宝

父母要让宝宝多吃一些含维生素C丰富的水果和果汁，适当减少奶制品的摄入。另外对于食欲下降的宝宝，应当准备一些易消化的、色香味俱佳的食品来促进宝宝的食欲。同时还要让宝宝多喝水。

宝宝腹泻怎么办

腹泻是宝宝最常见的肠胃道疾病，多发生在夏秋两季。宝宝腹泻该怎么护理呢？

吃易消化的食物

应选择容易消化、符合宝宝口味的食物，不要选择需很长时间才能消化的食物，选择米粥或菜粥等食品，并做得软一些。但如果宝宝不愿意吃的时候也不要勉强。

用宝宝喜欢吃的饮品来补充水分

因腹泻失水较多，补充更多的水分是非常必要的。在宝宝不想喝水的时候，可以多找一些宝宝喜欢喝的饮品，如果汁、蔬菜汁等。当腹泻严重并伴有呕吐时，更应大量补充水分。

注意宝宝的卫生

父母要让宝宝饭前便后勤洗手，注意保持卫生，还要给宝宝的食具、玩具、被褥等进行消毒，防止被细菌感染。

保护宝宝的小肚肚

宝宝腹泻期间，要注意保护好宝宝的腹部，防止宝宝着凉而加重腹泻。每次便后都要给宝宝清洗肛门。

给宝宝进行按摩

腹泻时宝宝的体质较差，父母可以通过按摩帮助宝宝减轻腹泻症状，早日恢复健康。

方法一：让宝宝俯卧，妈妈用右手拇指的指面按在宝宝尾骨尖处的龟尾穴，按顺时针方向揉动，揉1圈为1次，共揉100~150次，可以调肠止泻。

方法二：让宝宝仰卧躺平，妈妈用左手掌面稍加用力贴在宝宝的肚脐下6.6~9.9厘米（2~3寸）（相当于丹田穴），轻轻按揉，可以培肾固本。

❀ 宝宝咳嗽护理要点

咳嗽是宝宝常见症状之一，当患上感冒、咽炎、支气管炎、肺炎、百日咳、哮喘等疾病，宝宝都会出现咳嗽。宝宝出现咳嗽症状时，在家中该怎样护理呢？

注意环境因素

无论宝宝是哪种咳嗽，都与环境的影响有密切的关系，所以在宝宝咳嗽的时候，父母要对家庭环境稍加注意。

培养宝宝良好的生活习惯

良好的生活习惯可以让宝宝远离传染源和疾病，另外也要注意让宝宝少喝或者尽量不喝冰水。

宝宝咳嗽时急速气流从呼吸道黏膜带走水分，造成黏膜缺水，因此，父母一定要让咳嗽的宝宝所在的环境湿润洁净，并保持良好的通风。还要增加空气湿度，可以使用加湿器、挂湿毛巾、用水拖地板或在房间里放一盆清水等方法来增加空气湿度。

给宝宝适宜的温度

适宜的温度和湿度是保持宝宝呼吸道清洁的重要因素。当室内温度过高、湿度过低时，会大大降低宝宝呼吸道纤毛运动功能，使呼吸道抵御病菌的能力下降，反复遭受致病菌的侵袭，呼吸道内膜受到损伤，宝宝的咳嗽就会久治不愈。另外要注意，宝宝住的房间和其他房间温度要一致，由于宝宝的调节能力较差，对温差变化不能作出相应的反应，温差过大会使宝宝缺乏保护能力，病毒细菌就会乘虚而入。小宝宝室内的最适温度是18～22℃。

保证充足的睡眠

保证充足睡眠对于咳嗽的宝宝至关重要。睡眠不足，不但影响宝宝生长发育，还会降低宝宝的抵抗力。抵抗力低下的宝宝会反复感冒，这是导致宝宝咳嗽的最主要原因之一。

◉ 让宝宝成为你的小帮手

千万不要认为宝宝需要照顾就事事代劳，特别是宝宝学会走路后，自我意识飞速发展，更要锻炼宝宝做些简单的事情，培养他成为一个勤劳懂事的宝宝。只要引导得当，宝宝就会成为你的好帮手。

让宝宝乐意"效劳"

要留心在照料宝宝时让他用自己的能力来帮助你。这时的宝宝会很乐意为你"效劳"，为你取一份报纸、搬一张小凳等，他会高兴地跑来跑去。你不妨多给宝宝提供一些这样的机会，这不仅使宝宝练习了动作，更可以促进他的语言理解和记忆能力，因为对宝宝的口头说明要靠他自己去理解才行。宝宝完成了任务，爸爸妈妈对他说一声"谢谢"，这会让他体会到成功的喜悦。爸爸妈妈应当多与宝宝共同活动，让他做大人的"小助手"。

让宝宝把劳动当游戏

父母应该以游戏或儿歌的形式激发宝宝做家务的兴趣，比如说，宝宝洗手帕，可以边洗边和宝宝一起念儿歌："洗衣粉，泡泡多，我洗手绢唱着歌。唱着歌，慢慢搓，搓开一盆花朵朵。爸爸笑，奶奶乐，大家齐声

称赞我。"这样宝宝在愉快轻松的气氛中就完成了洗手帕这项劳动。

呵护宝宝的成就感

细心呵护宝宝干活儿的成就感。宝宝有惊人的成功欲，渴望得到大人的表扬，所以不用担心宝宝会累着、伤着，也不要随意破坏宝宝的劳动成果。

多表扬和感谢宝宝

爸爸妈妈的鼓励表扬会让宝宝斗志昂扬，兴趣大增。良性循环，宝宝会越干越起劲。

自己的玩具自己整理

大部分父母都有这样的烦恼，宝宝会把一大堆的玩具拿出来玩，弄得满屋子都是，乱七八糟的，不玩了也不懂得收拾。强令宝宝收拾，他又不乐意。怎么才能让宝宝养成自己整理玩具的好习惯呢？

树榜样，影响大

在日常生活中，创设情景，利用故事、儿歌、表演等形式，让宝宝知道整理物品是具有责任感的表现，能够受到大家的赞扬。小杰的妈妈天天跟宝宝一起读故事书，妈妈突然发现有一天，小杰玩过玩具后不像以往那样乱扔一地不管，而是自己把所有玩具归类、整理好放回原位，妈妈很惊讶，小杰变懂事啦。原来小杰是跟书里的故事人物学的。有一个故事里就是睡觉前要把玩具收好，没想到小杰潜移默化地受到了影响。

成功感，要体会

宝宝收拾玩具后，要带领宝宝观看收拾后整齐的样子，用赞赏的口吻肯定宝宝的劳动成果，并对整理前和整理后的模样进行比较，让他看到明显的变化，建立成功感，树立自信心，为以后自觉地整理玩具打下基础。让宝宝从收拾中得到成就感和乐趣，才是收拾整理的最大动力。

别瞎忙，作示范

假如宝宝在前头扔，父母在后头一边骂、一边捡，宝宝是永远学不会的。父母必须要以自己的实际行动给他作示范，然后要求他独自完成整理玩具的任务。

🎪开心乐园

一个人一次出去玩，在一个远房亲戚家住了两天。那里的人认为小孩子的尿是最干净的，他们就用童子尿来煮鸡蛋招待他，说是非常养生。这个人哪里肯吃，无奈人家热情，一直劝他吃吃吃，他没办法只好来了句："我不爱吃鸡蛋。"那亲戚更可爱了，说："那你喝点汤吧。"

拼图是"补脑的维生素"

有人把拼图玩具比喻为"补脑的维生素"。可见，拼图对宝宝智力发展的好处之大。那我们如何引导宝宝玩好拼图游戏呢？

给宝宝挑选购买合适的拼图

一定要给宝宝选择图案简单、拼块大、块数少，质地较厚实的拼图。比如图案是宝宝喜欢的小动物、童话故事中的人物、动画卡通人物或熟悉的交通工具等。块数多，图案复杂，超出了宝宝年龄所能理解的范围，千万不要购买。

让宝宝由易到难的玩拼图

第一次玩拼图，父母最好先向宝宝演示将四片拼图拼成一幅完整图画的过程，并让他仔细观察最终拼出的图案。接着，父母可以试着将其中的一片或两片拼图移开，让宝宝恢复。宝宝玩熟了以后，再全部打乱，让宝宝自己拼出一幅完整的图画。

启发式引导宝宝来玩的拼图

在玩拼图的过程中，父母需要时时启发宝宝思考和观察，而不是帮宝宝代劳。比如，可以在游戏中提醒宝宝：这块拼图的线条和那块拼图的线条能连在一起吗？这两块拼图可以放在一起吗？父母做玩伴，及时提醒他观察图案特征，或者可以悄悄把正确的图块递到宝宝手中，激励他大胆动手，争取成功。

玩的过程父母要有耐心

宝宝玩的过程即熟悉的过程，刚开始玩的速度肯定很慢，父母一定不能急躁。如果宝宝一时拼不出完整的拼图，也没有关系，父母可以协助他完成余下的部分，一方面让宝宝享受成功的喜悦，另一方面要教育宝宝做事要有始有终。

科学指导宝宝识字

宝宝识字，不仅可以提高宝宝语言能力，对于他们大脑总能力和效率的发展也有着积极的作用。因此，我们要做到运用科学的方法指导宝宝学识字。

用实物教宝宝汉字

在教宝宝识字时，父母同时展示实物，这样字和实物之间就产生了联系。用这种方法，可以使宝宝很快认识汉字。例如，指着门，对宝宝说："门，这是门。"同时向他们出示"门"字，让他们辨认。这样宝宝就会很快学会。

随时随地学汉字

生活中随时随地都可能学到汉字。比如拿一份报纸，让他挑自己认识的字。再比如周六日全家去郊游爬山，听一听山间的各种声音。这时，父母可把"山"字写在地上，对宝宝说："瞧，这个字读什么？"宝宝一定会脱口说出这个字。"山"字的美和大山的美在宝宝的心中就引起了共鸣。

举一反三学汉字

汉字是一种象形文字，可以举一反三地学习。例如教宝宝认识"休"这个字。首先在一张纸上画一棵树，树下一个人在睡觉。然后指着图画告诉宝宝："一个人在树下睡觉又叫'休息'。所以，人在木旁就是休。"然后把"休"字写出来。这样，宝宝就能够牢牢地把这个字记住了。

开心阅读学汉字

爸爸妈妈常苦恼教给宝宝许多生字，很多字都被宝宝遗忘了。其原因是他们没有注意到"字不离词，词不离句，句不离篇，篇不离章"这个道理。识字的最终目的是阅读。马上用自己学到的字阅读诗歌、童话故事等有关的儿童书籍，如果书里面的字宝宝认识，他就会产生自豪感。

♥ 特|别|提|示　**TIPS**

我们平时说话可以故意进行问字、教字、写字、猜字谜、考字等活动，谈得津津有味，引导宝宝主动来看来问，积极参与识字活动。

☺ 让宝宝体会分享带来的快乐

现在的宝宝在家的时候往往处于家庭的中心位置，宝宝总是以"我"为中心，不考虑他人的感受，这会直接导致宝宝长大后协调人际关系的能力较差，不为别人所接受，成为不受别人欢迎的人，直接会影响宝宝的社会适应性。

晓之以理，动之以情

家长可以跟宝宝讲道理，鼓励宝宝和其他宝宝一起玩玩具，反复强调几次"弟弟没有玩具，让弟弟玩会儿吧"。在宝宝同意后鼓励他"宝宝真棒，可以和弟弟一起玩儿"。

通过游戏让宝宝体验分享的快乐

父母可以想一些好点子让宝宝体验"分享"的快乐，比如让几个小宝宝一起玩传接球的游戏，培养他们的合作精神；让宝宝们一起用一套画画工具也不错，只要有足够的蜡笔供他们使用。不过起初当宝宝和他的玩伴在一起时，最好事先把他认为最珍贵的玩具藏起来，避免宝宝之间因此发生争执。

教宝宝谈判的技巧

宝宝永远觉得别人的东西比自己的好，所以宝宝们在一起最常见的就是抢成一团。这时妈妈千万别急忙分开他们，甚至对自己的宝宝大声呵斥，而是可以递给他另一个玩具，告诉他："你想玩那个玩具吗？别抢了，咱们拿这个去换吧。"宝宝已能说3~5个字组成的短句，这时妈妈可以教宝宝几个"谈判词"了，比如换、给你、给我、一起玩儿等。时间长了，宝宝自己就知道使用这些语言与别的宝宝谈判，从小锻炼他自己处理问题的能力。

妈妈多鼓励宝宝

当宝宝与人分享自己的玩具时，妈妈一定要对他表示赞扬。妈妈要亲亲宝宝，夸他真棒。对于不愿意分享的宝宝，妈妈可以让他带着自己的玩具在一边玩儿，当他看到别的小朋友开心地在一起玩，而自己孤单一人时，他会表现出失落的情绪，这时妈妈再带着宝宝到其他宝宝旁边，告诉他"自己玩自己的多没意思啊，和小朋友一起玩儿吧"。有的宝宝很小的时候就表现出敏感的个性，对这样的宝宝妈妈一定要有耐心，注意给他"台阶"下。可以说："瞧我们宝宝，真棒，自己把玩具给哥哥玩了"。

◉ 动作训练——爬"树"

目的：训练宝宝的运动能力及四肢的肌肉力量，让宝宝学会四肢配合运动。

步骤：

↘ 爸爸和宝宝面对面站着，爸爸假装是一棵树，让宝宝爬上爬下。

↘ 爸爸拉着宝宝的手，让他由膝盖处开始往上爬，经由膝盖、腰部、腹部、胸部，小心往上攀爬。如果爸爸此时身体微向后仰，宝宝则容易爬上去。

↘ 当爬到爸爸的颈部时，让宝宝的两腿骑在爸爸颈部，爸爸一只手扶住宝宝后背(臀、腰、颈一线)，另一只手放在宝宝的前胸部，两手用力夹住宝宝，并且弯腰让宝宝翻转到地面上。

◉ 语言训练——认识情绪

目的：锻炼宝宝的语言能力、大动作技能和分辨情绪的能力。

步骤：清理出一块空地，和宝宝一起站在那儿。

↘ 一边唱歌，一边做相应的动作：

↘ 如果感到幸福你就拍拍手，（拍手2次）

↘ 如果感到幸福你就拍拍手，（拍手2次）

↘ 如果感到幸福你就拍拍手呀，

↘ 我们大家一齐拍拍手。（拍手2次）

↘ 如果感到悲伤你就抹眼泪，（用拳头"揉"眼睛2次）

↘ 如果感到悲伤你就抹眼泪，（用拳头"揉"眼睛2次）

↘ 如果感到悲伤你就抹眼泪呀，

↘ 我们大家一齐抹眼泪。（用拳手"揉"眼睛2次）

↘ 如果感到快乐你就高声喊，（双手拢在嘴巴上喊"耶"）

↘ 如果感到快乐你就高声喊，（双手拢在嘴巴上喊"耶"）

↘ 如果感到快乐你就高声喊呀。

↘ 我们大家一起高声喊，（双手拢在嘴巴上喊"耶"）

认知训练——认识身体

目的：让宝宝认识身体各个部位的名称。

步骤：

↘ 我们可以选择在宝宝刚洗完澡或刚睡醒的时候，跟他说："我觉得我得亲你一口。让我亲亲你吧，嗯……亲哪儿好呢？也许，我应该亲你的……"夸张地停顿一下，积累悬念，然后说，"手！"马上在他的小手上印上深深的一吻。

↘ 以同样的方法亲他身体的其他部位。然后说："接下来亲你哪里好呢？我不知道亲哪里好了！"假装很疑惑的样子，看看他会不会帮你决定。然后你再说："哦，你的小肚皮！好主意！"

↘ 你可以用这个游戏来教宝宝他还不知道名称的身体部位，比如胳膊肘、手腕、脚腕和脚后跟。

注意事项：

玩熟悉了之后可以互换角色，让宝宝来亲你。

生活训练——给娃娃喂饭

目的：锻炼宝宝的运动技巧和生活独立性。

步骤：

↘ 准备碗、勺子、布娃娃或其他宝宝喜欢的软玩具。

↘ 让布娃娃坐在椅子上、婴儿车里、儿童餐椅上，或者其他任何方便宝宝坐着能够到的地方。

↘ 给他一套他在吃饭时用的碗勺，告诉他布娃娃饿了，要吃他的饭。假装碗里装着的是湿的容易洒的东西，比如酸奶或汤。

↘ 鼓励宝宝用勺子时对着布娃娃说话，如果必要的话，你可以说："哎呀，注意别一次给布娃娃吃太多"，或者"我看得出来布娃娃很喜欢吃这个！"

注意事项：

最后，要提醒宝宝把碗里的食物都让布娃娃吃了，不能浪费粮食。

思维训练——机器人妈妈

目的： 让宝宝明白因果关系，开发宝宝的想象力。

步骤：

↘ 要进入到机器人模式，需要先在房间里走一会儿，用胳膊、腿和头做出像机器一样的动作。告诉宝宝，现在你已经变成机器人了。

↘ 向下弯腰到宝宝的高度，给他展示一些你的"控制按钮"。先用你的食指按压你的鼻子，同时伸出你的舌头。然后拧拧你的右耳朵，把你的舌头向右伸。接着再拧拧你的左耳朵，把你的舌头向左伸。把两根食指指向你的两只耳朵，同时把眼睛瞪得非常大。

↘ 不断地重复这些动作，宝宝很快就会去尝试你的一些"控制按钮"，好看看这个机器人是否也为他工作。

注意事项：

当宝宝熟悉了之后，可以换他来做机器人，看他是否会有精彩的表现。

综合训练——今天天气真好

目的： 提高宝宝综合运用感官的能力，让他们学会观察事物的方法，提高宝宝探索自然的兴趣和能力，并善于探索、善于发现的良好习惯。

步骤：

↘ 引导宝宝说出天空的颜色、白云的形状，让宝宝说说风吹在脸上是什么感觉。

↘ 引导宝宝观察大树的高度、小河的流动方向，辨别花朵的色彩，听听小鸟的歌声，找一找小鸟的家在哪里。

↘ 引导宝宝闻一闻空气里泥土和小草的味道。

↘ 在出游的时候教宝宝念儿歌：太阳公公露出脸，今天是个大晴天。黑云白云不高兴，马上请来雷公公。雷公电母齐上阵，一会儿天上要下雨。

注意事项：

可以在不同的天气条件下、不同的时候里玩此游戏，宝宝会有更丰富的观察体验。

PART 3

2~3岁，最可爱也最淘气的阶段开始了

2~3岁宝宝语言能力、智能等方面日趋完善，各个器官也都逐渐成熟。你会发现宝宝不像以前那么听话了，对了，小宝宝开始要求独立了，有选择能力了，想自己吃饭、自己穿衣服，还想帮你打扫卫生、收拾东西呢！宝宝很能干，但有时也会很捣乱，你可千万不要对他的过分要求百依百顺哦！

💗 金牌喂养

💗 培养宝宝良好的进食习惯

饮食习惯的好坏，不仅关系到宝宝的身体健康，而且关系到宝宝的行为品德，父母应该重视。良好的饮食习惯包括：

饭前准备程序化

吃饭前首先得安静下来，停止活动，洗净双手，作好进食准备。

不偏食、不挑食

如果宝宝经常食用高脂肪、高蛋白和高糖类的食物，缺少蔬菜、水果等碱性食物，就容易造成偏酸性体质，使肌体内环境平衡发生紊乱，从而影响宝宝的心理发育。

不快食、不暴食

食物进嘴要充分咀嚼后才能咽下去，一般宝宝吃到了喜欢的食物就会狼吞虎咽。这样会加重消化道的负担，出现胃肠不适。

不玩食、不走食

不要一边吃饭一边看电视、听故事，甚至来回跑。这样会分散注意力，影响消化液的分泌，不利于食物的消化吸收，也提不起食欲。

不笑食

不能在进食时大声说笑，以免食物呛入气管，造成严重的后果。

不贪零食

不吃过咸、过甜、过油腻的零食。常吃零食会影响胃肠的正常工作，还会对主食没有胃口。

不剩饭

不要给孩子盛上满满的一碗饭，宁愿少盛再添，也不要吃不了剩下。让孩子从小就养成不浪费粮食的好习惯。

◙ 适量食用坚果让宝宝更聪明

坚果是植物的精华，它含有对人体非常有益的不饱和脂肪酸以及丰富的蛋白质、维生素及微量元素。选择坚果为宝宝的健康和生长发育加油，实在是再合适不过了。

宝宝适当吃坚果的好处

＼ 有益于宝宝视觉发育。坚果含有丰富的亚油酸、亚麻酸，它们合成的DHA和AA对视网膜的完善有促进作用。所含的维生素及钙、锌等矿物质对视力的正常发育也有直接的影响。

＼ 有益于宝宝大脑发育。坚果富含各种不饱和脂肪酸，如亚麻酸、亚油酸等。这些不饱和脂肪酸是DHA、AA的前体，可促进脑细胞发育和神经纤维髓鞘的形成，并保证它们的良好功能。此外，适当的咀嚼也有利于视力的提高，而坚果可以锻炼宝宝的咀嚼能力。

宝宝每日食用多少坚果合适

1~3岁的宝宝每天可以吃20~30克的坚果。由于坚果类食物油性大，宝宝消化功能弱，因此如果食用过多的坚果，就会"败胃"，引起消化不良，甚至出现"脂肪泻"。

生活中常见的有益坚果

＼ 核桃。核桃含有丰富的磷脂，它能补脑、健脑，促进大脑皮质的发育。

＼ 杏仁。杏仁是维生素E的最佳天然来源之一，它富含磷脂，但是中医上认为杏仁有小毒，不宜多食。

＼ 瓜子。常见的有葵花子、南瓜子和西瓜子。葵花子富含不饱和脂肪酸及胡萝卜素，西瓜子含有丰富的锌，同时有健胃的功效。吃瓜子时应尽可能选择原味的瓜子，因为外裹的各种香料不但会增加热量，还会使人口干舌燥。

＼ 松子。含有丰富的维生素A和维生素E，以及人体必需的脂肪酸、油酸、亚油酸和亚麻酸。

＼ 榛子。含有大量不饱和脂肪酸，以及维生素A、维生素B$_1$、维生素B$_2$、烟酸等，经常吃可以明目、健脑。

◉ 让宝宝适当吃醋有好处

　　1岁以内的宝宝并不适合吃醋，因为醋对这个年龄阶段的宝宝的肠胃系统会产生刺激作用，让宝宝脆弱的肠胃系统无法承受。但随着宝宝年龄的增长，到了2岁以后让宝宝适当吃醋将会对宝宝的健康非常有利。

宝宝适当吃醋的好处

　　＼醋能刺激胃酸分泌、帮助消化，少量的醋可提高宝宝的食欲。夏天的闷热有时候会让宝宝胃口尽失，如用醋及橄榄油制成的油醋沙拉酱凉拌蔬菜，或是用醋腌渍小黄瓜、莲藕、苦瓜，作为夏日餐前给宝宝的开胃小菜，相信宝宝们会很喜欢。

　　＼醋可以保护宝宝体内维生素C，促使宝宝精力旺盛。因为维生素C在消化道中被吸收是靠一种称为选择性吸收的细胞，这种细胞有个特点是喜酸，醋中的醋酸会刺激这种细胞，让其大量吸收维生素C，同时，富含维生素C的蔬菜多为酸性食物，醋也为酸性，"两酸"结合，产生催化作用也能够提高维生素C的利用率。

　　＼醋可以增强肝脏机能，促进体内新陈代谢。它降低尿糖含量，有利尿作用，客观上可以减轻宝宝的肾脏负担。

　　＼醋能帮助摄取钙质。给宝宝烹调排骨汤时，可以加入少量的醋，这样有助于骨头里的钙释放，使宝宝在吃饭的时候更容易吸收钙。

给宝宝吃醋要选好时机

　　宝宝食欲缺乏时，可以用醋1汤匙，白糖半匙，让宝宝慢慢饮用，可治疗宝宝食欲不振。如果宝宝吃饭的时候总感觉肚子发胀，可以用醋20毫升冲淡服下，以增加宝宝的胃酸浓度，促进宝宝消化，排除宝宝不适症状。

　　宝宝睡眠不好时，在睡前用醋20毫升，加少量开水，待温度变得适宜，让宝宝一次服用，这个方法有助于宝宝睡眠。

❤ 专家叮咛

　　在感冒和病毒类疾病流行的时候，父母在做菜、拌凉菜时添加适量的香醋，既可以为孩子生津开胃，增强孩子的食欲，又可提高孩子的免疫力，预防疾病的发生。

宝宝不吃饭的对策

"我家宝宝不好好吃饭，怎么办？"不少家长都为此感到头疼。按理说，吃饭是人的本能，饿了自然就想吃，不需要刻意去进行后天培养。可是现在，越来越多的孩子都存在"吃饭难"的问题。到吃饭时间了，还是放不下手中的玩具，需要一边玩玩具一边喂，或者是不肯关掉电视机，喜欢一边看电视一边吃饭。吃一顿饭，至少要花上半个小时甚至更多的时间。很多妈妈把孩子吃饭比喻成像打仗一样，很累、很苦恼。在这里向各位家长介绍几种方法，希望有所帮助。

＼孩子们很喜欢热闹快乐的气氛，在吃饭的时候千万不要责骂孩子。在愉快的气氛中进餐，可以给宝宝留下很好的进餐印象，从而喜欢上吃饭。

＼孩子对颜色很敏感，喜欢鲜艳丰富的色彩，妈妈要多花点心思配色。建议使用分类餐盘，可以有很好的色彩分类效果。

＼多样化的进食方式。例如将食物摆成笑脸，或将花椰菜变成一朵花等。用一种游戏的方式让宝宝对吃饭感兴趣。

＼用餐前的1小时内不能给糖果。

＼让孩子自己挑餐具，自己喜欢的餐具也会比较珍惜。

＼利用举行饭前仪式的方法，让宝宝重视吃饭。

＼降低外在诱惑因素。孩子3岁之前，专注力不足，对外界充满好奇心，特别是电视和玩具很容易引起他们的注意。所以，用餐前要关掉电视、收拾好玩具。

＼订立用餐规则。爸爸妈妈要和宝宝一起遵守，也可以让宝宝监督爸爸妈妈，这样才能让宝宝有兴趣和坚持遵守规则。

＼适当运动，让宝宝胃口大开。孩子的运动量与饭量是有着密切的关系的。运动量大了，体能消耗就大，胃口就自然会增长。多多运动，对孩子来说，是有好处的。但家长也要切记，至少要在运动半小时过后才可以进食。双休日，家长可以多带孩子出去走走，呼吸下新鲜空气，适当的户外运动，既可以增强体质，又有助于让宝宝胃口大开。

宝宝营养食谱推荐

鸡丝冻

原料 鸡胸肉80克，小黄瓜、西兰花各30克，琼脂10克，盐少许。

做法

1. 将鸡胸肉洗净，放入滚水中煮熟，捞起，晾凉后用手撕成鸡丝；小黄瓜洗净后切丝，西兰花洗净后，掰成小朵。

2. 锅内倒入适量水，放入黄瓜丝和鸡丝煮开，加入盐调味后，放进琼脂调匀至熔化，盛入模子里，待凉后，倒扣在盘子上。

3. 再取一个锅，加水和盐煮开后，放入西兰花烫熟，捞出来，摆在盘子边即可。

营养分析

这道菜用一种很特别的形式，把含蛋白质、碳水化合物及多种矿物质，营养丰富的鸡肉呈现出来，让宝宝兴趣倍增，胃口大开。

肉末圆白菜

原料 肉末40克，圆白菜60克，鸡蛋1个，植物油适量，姜末、盐各少许。

做法

1. 将圆白菜洗净后，撕成小块；肉末加鸡蛋搅拌均匀。

2. 起油锅，烧热后，下入姜末和肉末炒香，接着倒入圆白菜，大火煸炒几分钟，加盐调味即可。

营养分析

圆白菜含有丰富的叶酸和维生素C，可以防衰老、抗氧化，提高宝宝的机体免疫力，可以补肾强骨，促进消化，增进食欲，而且还有很好的抗癌作用。

豌豆炒虾仁

原料 豌豆20克，海虾4只，花生油、香油、盐各少许。

做法

1. 将豌豆洗净后，切碎；虾去头去尾，挤出虾仁，剔出泥肠。

2. 油锅烧热，下入虾仁爆炒后，再下入豌豆碎，加一点水，焖煮一下，加盐，滴入香油即可。

营养分析

豌豆含有蛋白质、碳水化合物、脂肪及多种维生素，营养十分丰富。与虾仁清炒，颜色淡雅，口味清爽，是一道适合宝宝常吃的菜。

蔬菜小杂炒

原料 土豆、蘑菇、胡萝卜、黑木耳、山药各20克，植物油、盐、鸡精、香油各少许，水淀粉、高汤各适量。

做法

1. 将所有蔬菜材料切成片，备用。

2. 油锅烧热，放入胡萝卜片、土豆片、山药片，煸炒片刻，再放入适量高汤。烧开后加入蘑菇片、黑木耳和少许盐，烧至原料熟烂，加一点点鸡精，然后用水淀粉勾芡，再淋上少许香油即可。

营养分析

这道菜里蔬菜众多，纤维素和营养素丰富，应该常给宝宝吃。另外，这道菜里的蔬菜，妈妈可以酌情调整换成如洋葱、菜花、芋头、红薯、白萝卜、茄子、玉米、海带以及各种菌类等，但注意一定要用新鲜的食材。

日常护理

小宝宝该学刷牙了

宝宝长到2岁的时候，就可以教宝宝学刷牙了。俗话说，万事开头难，宝宝学刷牙也是如此。对于2岁左右的宝宝而言，他们通常只会做感兴趣的事情。而刷牙，对于他们来说，似乎是一件比较沉闷的事情。这需要父母极大的耐心和恒心，并且要有技巧。那么如何让宝宝学会刷牙呢？

教导宝宝正确的刷牙方法

➘科学刷牙的最佳次数和时间要遵循"三、三、三"原则，也就是每天刷牙3次，每次都在饭后3分钟后刷牙，同时每次刷牙2～3分钟。

➘科学的、符合口腔卫生保健要求的刷牙方法是竖刷法，即顺牙缝方向刷。先刷牙齿的表面，将牙刷刷毛与牙齿表面呈45°角斜放并轻压在牙齿和牙龈的交界处，轻轻地做小圆弧的旋转，上排的牙齿从牙龈处往下刷，下排的牙齿从牙龈处往上刷。其次刷牙齿的内外侧。用正确的刷牙角度和动作清洁上下颌牙齿的内侧和外侧。刷前牙内侧时，要把牙刷竖起来清洁牙齿。最后刷咬合面，将牙刷头部毛尖放在咬食物的牙面上旋转移动。用这种方法刷牙的好处是基本上可以把牙缝内、咬合面上、牙齿的里外、面上滞留的食物残渣黏结物都刷洗干净。

妈妈要经常鼓励宝宝

任何生活习惯的培养，都是以正面引导的方式来进行，这样才能使宝宝愉快地接受。再加上这个时期的宝宝喜欢模仿大人的活动，如果大人鼓励宝宝模仿愿望的同时，加以必要的动作指导，宝宝会很快掌握动作的技能。

让宝宝学习使用筷子

让宝宝学习使用筷子吃饭是一个循序渐进的过程，家长千万不能操之过急。如果宝宝不愿使用筷子，不妨慢慢引导。但不能因为逼迫孩子使用筷子而影响到他的进食兴趣。

为孩子选购有益健康的筷子

2岁以后，宝宝就要逐渐学习掌握使用筷子的技巧。妈妈此时应该为孩子选购有益健康的筷子。

﹨筷子有木质的、塑料的、金属的、竹质的、骨质的、漆筷等。妈妈给宝宝选购哪一种筷子好呢？

﹨塑料筷较脆，受热后易变形。对与饮食有关的塑料用品妈妈总是有戒备的。

﹨金属筷子导热性强，容易烫嘴。

﹨木筷和竹筷使用时间长了，容易长毛发霉，表面变得不光滑，不易洗净，造成细菌繁殖。

﹨漆筷虽然光滑，但油漆里含铅、苯及硝基等有毒物质，特别是硝基在人体内与蛋白质的代谢产物结合成亚硝胺类物质，具有较强的致癌性。

﹨给宝宝选用骨筷比较好，骨筷不会损害宝宝的身体健康。

教宝宝使用筷子的方法

幼儿用筷子吃饭并不是件容易的事。用筷子夹食物时，不仅是5个手指的活动，腕、肩及肘关节也要同时参与。从大脑各区分工情况来看，控制手和面部肌肉活动的区域要比其他肌肉运动区域大得多，肌肉活动时刺激了脑细胞，有助于大脑的发育。

使用筷子的技能不一定仅限于在餐桌上，平时父母可以和宝宝一起玩用筷子夹起小球的游戏，也同样能达到训练的目的。

幼儿拿筷子的姿势是个逐渐改进的过程，家长不必强求孩子一定要仿照自己用筷子的姿势，可以让幼儿自己去摸索。随着年龄的增长，幼儿拿筷子的姿势会越来越准确，可以夹起一些小的食物，如小糖丸等。初学用筷子时，先让幼儿夹一些较大的、容易夹起的食物，即使半途掉下来，家长也不要责怪，应给予鼓励。

宝宝对玩具喜新厌旧怎么办

回想一下你身边小宝宝是不是总是这样呢？一个新玩具到手，玩不了几分钟，就将其打入"冷宫"，不予理睬。家里数不清的玩具，可是小家伙还是要新的，或者见到别的宝宝拿着玩具就去抢。宝宝贪求玩具的欲望就像一个永远无法填满的无底洞，不知何时能填平。是什么原因导致宝宝贪求玩具呢？该如何解决这个问题呢？

喜新厌旧是天性

由于集中注意的时间本来就比较短，宝宝对玩具喜新厌旧是天性。

爸爸妈妈依赖玩具哄宝宝

爸爸妈妈工作繁忙时，没有时间和宝宝玩耍。为了让宝宝安静待上一会儿，可能会更多地依赖玩具来承担本应该自己承担的责任。这样也会导致宝宝对玩具产生依赖性，从而提出购买更多新玩具的要求。

玩具不适合宝宝

一个玩具拿到手，宝宝可能根本就不知道怎么玩。尤其那些不适龄、适性的玩具，宝宝更是难以驾驭，无法创造性地寻找到一些新的玩法，这样就会降低他对玩具的兴趣。

不能无条件满足

有的父母娇惯宝宝，只要宝宝一提要求，马上就满足，结果宝宝就会养成总是提要求的习惯。分析宝宝要求的合理性，再作出不同的回应，这是理性父母的明智选择。

别太心软，要把拒绝说出口

看着宝宝眼巴巴地看着别人玩玩具时的可怜样，父母就会心疼、心软，于是可能宝宝还没开口，父母就会爽快地领他去玩具店。其实，宝宝的适应能力远比父母想象得强，前一秒还在为获得某个玩具而哭闹，但后一秒，已抛到九霄云外去了。

特 | 别 | 提 | 示　　TIPS

经济条件好的家庭也没有必要给宝宝买太多的玩具，那样反倒不利于宝宝的智力发展。而且，宝宝也不会知道珍惜玩具。

严防宝宝走失的悲剧

现实生活中宝宝不慎走失，导致骨肉分离的悲剧太多了。悲伤的眼泪，悔恨的心痛都于事无补。因此，我们有必要掌握防止宝宝走失的方法，避免悲剧的发生。

让宝宝待在你的视线范围内

你能看到宝宝，他也能看到你，只能让他在这样有限的范围内自由活动。人多或者附近常有车经过的地方，切莫存有侥幸心理。千万不要这时候跟宝宝玩藏猫猫，危险系数太高。

告诉宝宝他可以在哪儿跑

我们给宝宝选择一个安全的地方，让他自由地探索。告诉他小区里什么地方可以自由活动，什么地方绝对不能去，像池塘边、灌木丛、停车场等不要去。

别让宝宝感到无聊没事可做

宝宝如果跟你在一起感到无聊，就会喜欢自己跑开。如果能让小家伙和你一块忙活，他会感觉有趣得多。一两岁的宝宝都喜欢帮忙，他们帮你做事会很高兴的。

告诉宝宝应该遵守的规则

比如去商场购物，你要提前告诉他"记住，我们在商场的时候，你一定要拉着妈妈的手"。过人行道告诉他："绝对不能乱跑，要等绿灯亮了才能走。"

及时称赞宝宝

在宝宝不疯跑的时候，你要及时称赞他做得好，以强化他的良好行为。比如说："我一叫你，你就跑过来，我真高兴你能这么听话。"

不要把时间浪费在警告或威胁宝宝上

这么大的宝宝，警告或威胁还没有什么意义。如果你说"现在我数一、二、三了，你再不回来，我就要……"你会发现没什么效果。

教他有关安全的故事和歌曲，防止走失

给宝宝读一些出门必须待在大人身边的图书，或教他唱一些相关内容的儿歌，或者讲一些儿童走丢的故事，让他无形中受到感化，明白走丢后的严重后果。

宝宝夜磨牙，妈妈有对策

有些宝宝在熟睡之后，会不自主地把牙齿咬得"咯咯"作响，即所谓"磨牙"。宝宝磨牙可以是阶段性的，也可以每夜发作，程度也各不相同。

宝宝磨牙的原因

↘ 肠道寄生虫。蛔虫、蛲虫寄生在人体，不仅掠夺人体的营养物质，还会刺激肠壁，分泌毒素，引起消化不良，以及出现失眠、烦躁和磨牙。

↘ 自主神经紊乱。患有维生素D缺乏性佝偻病的宝宝，由于体内钙、磷代谢紊乱，可引起骨骼脱钙、肌肉酸痛和自主神经紊乱，常常会出现多汗、夜惊、烦躁不安和夜间磨牙。

↘ 咬合障碍。咬合障碍破坏了咀嚼器官的协调关系，于是机体以增加牙齿的磨动来去除咬合障碍。

↘ 精神因素。宝宝白天过于紧张或入睡前兴奋过度，致使入睡后神经系统仍处兴奋状态。

↘ 消化不良。晚餐进食过饱或临睡前加餐，致使消化系统负担过重，入睡后胃肠仍在不停工作，咀嚼肌也随之一同运动而致使磨牙。

如何应对宝宝磨牙

↘ 有夜磨牙症的宝宝，父母要注意使其精神放松，尤其在睡觉前1~2小时，不要做一些紧张激烈的活动。

↘ 注意调节好饮食，吃一些容易消化、营养丰富的食物，晚饭不要吃得过饱。

↘ 发现有肠道寄生虫，应当在医生的指导下驱虫。

↘ 有牙齿排列不齐、咬合关系错乱的要进行及时矫正。

↘ 患有维生素D缺乏性佝偻病的宝宝，如果给这些宝宝补充鱼肝油、钙片，平时多让他们晒晒太阳，那么，夜间磨牙的情况会逐渐减少。

↘ 如果宝宝睡姿不好，帮助他及时调整。不要让宝宝养成偏向一侧睡或蒙头睡觉的习惯。

谨防惊厥意外

惊厥是宝宝在婴幼儿时期最为常见的急症。惊厥常常表现为突然出现全身或局部痉挛性抽搐，伴有意识障碍、双眼上翻、凝视或斜视。发作持续时间短，严重者反复多次发作，甚至可以转变为癫痫，造成严重后果。炎热的夏季是惊厥的高发期，父母们一定要多加注意。

紧急处理

当宝宝突发惊厥时，父母应让宝宝平卧，松开衣领，头偏向一侧，以防呕吐窒息；双齿间垫以木质的压舌板或木质的勺子，以防舌头被咬伤；也可以用拇指压宝宝的人中穴，这能够起到定惊作用。千万不要剧烈摇晃宝宝，或对宝宝大声喊叫，否则会加重宝宝的惊厥。还有就是宝宝患病期间，要特别注意高热的护理。

预防措施

任何感染都可以导致宝宝体温不同程度的升高。当体温超过机体所能承受的范围时，宝宝就会发生惊厥。所以，合理做好降温措施，避免使宝宝持续处于高热状态，就能有效地预防惊厥。

↘ 尽快给宝宝降温。以物理降温为主。可以按医嘱口服或注射退热剂，辅以冷毛巾敷额、温水擦浴或温水沐浴，促使宝宝机体尽快降温。

↘ 体温处于高热持续期时，妈妈给宝宝穿衣服要合适，以有利于机体散热为准。

↘ 让宝宝多喝水，多吃富含维生素易消化的食物，维持机体足够的营养与水分，促进机体康复。

专家叮咛

宝宝发生惊厥的原因有很多，在没有颅脑疾病或外伤的情况下，多是因为发热。由于婴幼儿的神经系统发育不完善，对大脑皮层的抑制作用较差，神经髓鞘形成不良，热调节功能弱，机体发热刺激大脑很容易引起强烈的兴奋与扩散，导致神经细胞异常放电，从而发生惊厥。

启迪智慧

让"淘气包"非常可爱

和"淘气包"一起生活就像和天使与魔鬼的化身共舞，有的妈妈都会被弄得有些抓狂。不过，下面一些方法能让"淘气包"变得非常可爱。

让他知道接下来会发生什么事

虽然你不可能让宝宝对所有的事情都了如指掌，但却可以在允许的情况下事先给他一些心理准备，以免他感到意外而闹情绪。

经常抚摸和拥抱宝宝

虽然宝宝现在越来越独立了，但仍然非常需要和爸爸妈妈之间的亲密接触。这样，会让宝宝觉得自己能信任你，遇到事情你会一直守护在他身旁。

尽量避免宝宝容易发脾气

如果你们是在一个非常热闹的场合，比如在小伙伴的生日聚会上，要在宝宝失去兴趣发脾气前赶紧离开，不必为此觉得不好意思。

褒奖宝宝的好行为

不要担心使用奖励的方法会使宝宝沾沾自喜。要多称赞他来肯定他的努力："今天在木木家你没有吵闹，真棒！"只要是你想让他达到的行为，尽量每一次都称赞他。

尽量不要给宝宝定性

避免用"不听话的""累人的""爱哭闹的"之类的词来给宝宝定性。在和亲戚、老师谈论宝宝时要使用肯定的评语，也会让他们看到宝宝的出色品质。

♥ 特｜别｜提｜示　　　　　　　　　　　TIPS

家有"淘气包"，妈妈也要注意照顾好自己。家并非一定要看起来很完美，晚饭也不必非要美味佳肴。最重要的是你能精力充沛，宝宝和你自己都会受益。可以找一个你和宝宝都信任的、固定的、能替换你的人，需要的时候请他来帮忙。

帮助"反抗"宝宝度过反抗期

2岁左右的宝宝开始学习思考问题，形成自己处事的观点，并希望按照自己的方式做事。这时，身体的发育使他们可以通过动作表示反抗，抵制自己不喜欢的东西。虽然，独立是宝宝成长过程中重要的一步，但2岁左右的宝宝还太小，不知道行为的后果，不能预见可能发生的危险，因此这个时期的宝宝需要父母的特别关注。父母一定要记住：反抗行为是宝宝成长过程中的必经阶段，只有通过父母的帮助，宝宝才能顺利度过反抗期。

做好宝宝的榜样

父母的行为会直接影响宝宝的思想和行为，因此，父母要控制自己的行为，不要让抵触情绪影响自己，特别是在宝宝面前。除此之外，如果宝宝确实毫无原因地产生抵抗行为，不要因为觉得烦而控制不了自己的情绪。

用询问语气和宝宝说话

询问与命令产生的效果截然不同，例如妈妈想要宝宝小心一点，妈妈可以说："轻轻地拿起那个杯子，好吗？"不要说："不要把杯子打坏!"

帮宝宝发泄怒气

父母可以为宝宝设计个沙袋或者大沙包，用来发泄自己的怒气。等宝宝发泄完后再询问他发怒的原因。若宝宝只是因为不能称心如意而生气，就要劝他忍耐，要宽宏大量，肯为别人着想。家长还可以以朋友的身份与宝宝沟通，设法让宝宝说出使他生气的事情，并告诉他下次遇到这种情况该怎么办。鼓励宝宝用语言来表达他的愤怒，譬如教他说一些你认为可以接受的表示愤怒的字眼。

家庭成员教育观点要保持一致

家庭成员对宝宝的要求一定要保持一致。尤其是老人跟年轻的父母之间的教育观要协调一致，由于老人的"隔辈疼"往往使宝宝容易钻空子，在父母和爷爷奶奶面前的表现不一致时，会导致宝宝反抗期的表现更加突出。

莫束缚宝宝的创造力

创造力不仅能让宝宝长大后创造性地解决各种问题，更能让他一生都感到幸福和快乐。可是，在中国很多父母喜欢让宝宝听话，其实这是对宝宝创造力的最大伤害。聪明的父母如何培养小宝宝的创造力呢？

要呵护宝宝的好奇心

不囿于条条框框、充满好奇心的宝宝，才会去寻找自己感兴趣的新事物，才能勤于思考、敢于质疑、勇于创新，所以父母要呵护宝宝的好奇心。

提问激发创造力

爸爸妈妈有意设置些情景提问，让宝宝设法解决。比如：爸爸给宝宝讲故事，小朋友玩球时不小心球掉到小土坑里了。这时可问宝宝："有哪些办法可以把球拿出来？"宝宝会说"用手拿""用棍子挑"等，有的宝宝甚至会说"到动物园请大象来用鼻子吸出来"，这些都是创造性思维的表现。

对宝宝的想法要鼓励

即使在你看来宝宝的想法很可笑，但那一定有宝宝自己的道理，你或许应该去认真地听听，不要对宝宝的行为漠不关心。宝宝在进行游戏或绘画等活动时，父母不要不闻不问，你可以多关注宝宝，当他有创造性的表现时，应该给予鼓励和赞美，这样宝宝的创造性就更高了。

允许在错误中学创造

父母应该给宝宝充分的自由，让他们有机会犯错误，然后重新思考自己的想法，以此帮助宝宝学会用有创意的方式思考和解决问题。

不小看白日梦

白日梦是解决问题的前奏，能给宝宝更多有创意的想法。父母需要鼓励宝宝自由思考，不要总给宝宝指定方向。

给宝宝插上想象的翅膀

丰富的想象力对宝宝的成长和社会的发展至关重要。怎么才能给宝宝插上想象的翅膀呢？

多带宝宝接触新事物

注意观察是开发智力和想象力的最佳途径。一个没有接触新鲜事物的人免不了因循守旧，缺乏独特的思维和见解。让想象力在宝宝幼小的心田里驰骋，必须有广博的知识作基础；积累的经验越多，解决问题的思路就越广。

给宝宝提供适合的环境

除了带宝宝外出，在家中也要给宝宝一个良好的环境。如给宝宝合适的图书，和宝宝一起分享故事描述的情景，和宝宝一起想象情节的变化，鼓励宝宝想一想结局怎样，都是帮助宝宝想象力发展的好办法。

别对宝宝的主意下评语

动不动就告诉宝宝什么是好主意什么是坏主意，不是一种积极培养他们独立思考的好方式。宝宝的好主意并不能仅以成人的眼光来看待，不要伤了他们想象的积极性。

对宝宝的作品多提问题

提问可以激发想象力。比如，看到宝宝的涂鸦作品，问宝宝为什么要那样画树，他可能会有自己不同的想法。

玩新玩具不如创造新玩法

现在经济条件好了，很多父母热衷于给宝宝不断提供各种新的玩具，殊不知，玩新玩具不如创造新玩法。一个好玩具必须是给宝宝提供了不少想象空间的玩具。

引导宝宝合理地幻想

如宝宝喜欢"奥运会"的吉祥物，就进而幻想，开奥运会的时候，我怎样与奥运会吉祥物见面？还可以引导宝宝幻象一下未来的交通会是什么样，人类是什么样，等等。

开心乐园

小明拣了个手机，想还给失主，于是在他手机里找了个号码打了过去（是失主的妹妹），对方接通后说："哥，什么事？"小明说："你是这个手机主人的妹妹吗？你哥手机我拣到了！"她听后说："哦，你等一下。"然后就把电话给挂了。大约一分钟后，电话响了，小明一接，就听对方是个女的，说："哥，你的电话找到了！"

增强宝宝想象力的亲子活动

从小培养宝宝的想象力，对宝宝今后的学习能力和创新发散思维的培养很有帮助。尤其是2～3岁的宝宝，处在培养学习能力的初期，爸爸妈妈在这个时期应该尽量避免强硬地给宝宝灌输知识。

信手涂鸦

爸爸妈妈可给宝宝提供一些纸、笔，让宝宝在纸上信手涂鸦，不要刻意追求宝宝的作品达到某种水平，而在于通过画画，唤起宝宝对日常生活中所接触事物的记忆，并在此基础上展开想象。

制作玩具

游戏离不开玩具，给宝宝的玩具并不在于它价格是否昂贵，重要的是看它能否满足宝宝想象力发展的需要。所以有时利用废旧物品和宝宝一块制作玩具，往往会收到意想不到的好效果，制作过程就是激发宝宝想象的绝佳时机。

去公园

利用空闲时间，爸爸妈妈要经常带宝宝去公园里游玩。在游玩过程中，爸爸妈妈可以引导宝宝观察和认识周围的许多事物，如花草树木、小鸟、小蚂蚁等，不要求宝宝记住多少内容，主要目的是通过这些活动来丰富宝宝的生活经验，这些经验可为宝宝展开想象提供很好的素材。

编故事

爸爸妈妈画出几幅前后有逻辑联系的简单图画，先让宝宝按照一定的顺序把这几幅画排列起来，然后再让宝宝根据自己的想法编故事。在宝宝讲故事时，爸爸妈妈要注意运用口头语言或动作来鼓励宝宝进行讲述。

捏橡皮泥

爸爸妈妈可以给宝宝提供足够的橡皮泥，教宝宝揉、压、卷、捏等动作，接着塑造各种人和物的形象。宝宝刚开始学时，可先做些简单的造型，如面条、筷子、皮球、饼干等。

◉ 生活训练——勺子舀小米

目的：

掌握细小物品的正确移倒法，培养做事情的独立性和专注力。

步骤：

↘ 把两个杯子摆放好，其中装小米的杯子放在右手边。

↘ 让宝宝右手拿勺子，将杯中的小米平平地舀起，保持角度不变，轻轻地提起来，移至空容器的中央上方时，再把勺里的小米倾倒下去。

↘ 舀到最后会越来越难，这时用左手托住容器，把容器稍微倾斜些，使之比较容易舀。

↘ 待宝宝掌握熟练后，还可以练习舀较大的固体物或液体，如水等。

注意事项：

如果小米散落在桌子上，用小刷子及时整理干净，以免滑倒宝宝。

◉ 言语训练——小鸡和小鸭

目的：

让宝宝学会模仿小鸡、小鸭的叫声及动作，并知道它们爱吃什么。学习儿歌，练习"叽""嘎"的发音。

步骤：

↘ 妈妈出示小鸡、小鸭木偶："我是小鸡，我是小鸭，我们两个是好朋友。"小鸡是这样叫的："叽叽叽、叽叽叽，我喜欢吃米。"小鸭是这样叫的："嘎嘎嘎、嘎嘎嘎，我喜欢吃鱼虾。"

↘ 学习儿歌："小鸡和小鸭，一起过家家。小鸡叽叽叽，小鸭嘎嘎嘎。小鸡爱吃米，小鸭吃鱼虾。"

注意事项：

模仿小鸡、小鸭的动作，要尽量夸张一些，让宝宝在哈哈乐的同时锻炼语言能力。

❀ 分类训练——难不倒我

目的：归类技能是宝宝思维能力的基础，通过游戏，可以提高宝宝将事物进行分类的意识，促进智力发展。

步骤：

↘ 准备一些动物、水果、蔬菜的图片，如老虎、猴子、狮子、大象、西瓜、橘子、草莓、苹果、香蕉、白菜、辣椒、萝卜等。给宝宝看这些图片，让宝宝一一说出它们的名称。

↘ 宝宝说名称的时候引导宝宝说出它们的类别，比如，宝宝说这是老虎，妈妈问："老虎是动物、植物还是水果呢？"引导宝宝把图片上的动物放在一起、水果放在一起、蔬菜放在一起。

↘ 这个游戏玩熟了以后，妈妈可以把所有图片放在一起，随意抽出一张，让宝宝说出该图片所属的类别。

注意事项：

隔一段时间换一批素材让宝宝分类，会让它对此游戏更加兴趣盎然。

❀ 认知训练——下雨打雷

目的：帮助宝宝分辨不同材质的物品，识别其发出的声音。

步骤：

↘ 准备一些可以出声的小物品，如小勺、饼干罐、大纸盒或蛋糕盒、瓷盘或玻璃瓶。

↘ 妈妈先让宝宝自由敲击这些物品，让宝宝聆听不同物品发出的声音。

↘ 妈妈一边敲击瓷盘或玻璃瓶，一边说："滴答滴答，下雨了。"妈妈一边用小勺敲击蛋糕盒或大纸盒，一边说："轰隆隆，打雷了。"然后妈妈一边敲击桌面，一边说："咚咚咚，有人敲门啦。"

↘ 引导宝宝遇到不同情境时做出相应动作。如下雨时宝宝可将双手放在头顶，打雷时宝宝用双手捂耳朵。

注意事项：

妈妈要尽量用稳定的节奏引导宝宝，并让宝宝跟着敲击，逐渐让宝宝自己根据妈妈说的"打雷"或"下雨"的指令敲击不同的物品。

❤ 平衡训练——木板摇摇摇

目的：锻炼宝宝的身体平衡能力。

步骤：

↘ 准备一张大约15厘米宽、1.5米长的纸，如果没有，用胶带把几张纸粘成那么长也可以，或者一块大约这个长度的木板或其他扁平的木材也可以。

↘ 把木板或纸放在室内的一块地毯上，或者室外的草地上。

↘ 让宝宝看看怎样从上面走过去，让他把两只胳膊向左右伸开以保持平衡。

↘ 当宝宝到达终点后，演示给他看怎么跳下来，告诉他落地时要屈膝。

↘ 如果你用的是一块结实的木板，还可以把两本厚书垫在木板的两头，把木板抬高一点儿。

注意事项：

当你和宝宝在上面通过时，要抓紧宝宝的手，以免他因害怕而退却。

❤ 动作训练——打保龄球

目的：锻炼宝宝的手眼协调能力和上肢动作的控制能力。

步骤：

↘ 准备塑料瓶、硬纸筒、软球或袜子。

↘ 用塑料瓶或硬纸筒做一套保龄球瓶柱，用颜料或小贴画为瓶柱做装饰。

↘ 开始时，只摆三四个瓶柱，离投掷线大约1米远就够了。

↘ 如果觉得这个距离对宝宝来说太远了，可以再把瓶柱摆得离宝宝近一些。

↘ 准备一个又大又软的球或一双卷起来的袜子。

↘ 鼓励宝宝滚球命中塑料瓶或硬纸筒。宝宝练习越多，就可以站得越远。

↘ 宝宝每打倒一个，就告诉他还剩几个没倒，这能帮助他学着数数。

注意事项：

一定要选择塑料瓶或硬纸筒等安全的物品作"保龄球"，禁用玻璃瓶子等。

♥ 金牌喂养

⊕ 这些食物，让宝宝"吃"出好睡眠

除了保证良好的睡眠环境之外，妈妈们可以在宝宝日常饮食中添加一些"小佐料"，让宝宝"吃"出一个好睡眠。

↘ 牛奶。牛奶中含有色氨酸，这是一种人体必需的氨基酸，有助眠作用。牛奶还富含乳糖、氨基酸、亚油酸、亚麻酸以及丰富的矿物质和维生素，这些物质对缓解脑细胞紧张状态有益。

↘ 核桃。核桃富含脂肪、蛋白质、磷脂酰胆碱和微量元素，其中脂肪和蛋白质是大脑最好的营养物质，有治疗神经衰弱、健忘、失眠、多梦等作用。

↘ 红枣。红枣营养丰富，含糖量高，维生素C含量比苹果和桃子都高，蛋白质含量几乎是百果之冠。红枣性平味甘，有养胃健脾、益气安神的功效。

↘ 小米。在众多食物中，色氨酸含量高的食物首推小米。色氨酸能促进大脑神经细胞分泌出一种使人欲睡的神经递质，而且小米含丰富的淀粉，食后使人产生温饱感。色氨酸还可以促进胰岛素的分泌，提高进入脑内色氨酸的量。小米具有和胃安眠的功效。

↘ 百合。百合含有淀粉、蛋白质、脂肪、矿物质和维生素等，不仅有良好的营养滋补作用，而且有润肺、止咳、调节免疫力的功效。药理研究证明，百合能延长睡眠时间，提高睡眠质量。

↘ 莲子。莲子味清香，营养丰富。去皮、芯后称为莲肉，具有养心、补脾、益肾等功效。生用补心脾，熟用厚肠胃，治心悸、失眠等症。

◉ 避免不好的饮食方式

一般说来，宝宝吃饭不像成人那样，每顿饭都能安安静静、慢条斯理地吃，这是由宝宝的天性决定的。父母不可用成人的饮食标准来要求宝宝。在宝宝吃饭时，父母应该怎样做呢？

不要分散宝宝注意力

这个时期的宝宝，好奇心强，玩兴正浓，往往到了吃饭时间，因正在看电视、玩游戏，思想处在一种兴奋紧张状态，就没有心思吃好、吃饱。

不要饮食无度

有的父母总认为宝宝没吃饱，像填鸭似的往宝宝嘴里塞，认为只要吃下去就有营养，结果引起积食及肥胖。为避免上述状况的发生，父母应严格控制宝宝的饮食，使宝宝的饮食根据生长发育的需要来供给，每餐进食量要相对固定，品种要丰富，营养要均衡。

要按时吃饭

如果没有按时进食的习惯，每天餐次太多，使宝宝饮食不定，就容易造成宝宝消化功能紊乱，生长发育需要的营养素就得不到满足。因此，宝宝要从小养成良好的饮食习惯，进食定时定量，以一日三餐为正餐，早餐后2小时和午睡后可适当加餐，但也要定量。

不强求宝宝吃饭

强求是以软磨的形式出现的变相强制。有的父母用尽各种方法（说教、劝导等）强求宝宝吃饭，这些做法都不妥。这样对宝宝的身心健康极为不利。

不讨好宝宝吃饭

有些父母因宝宝吃饭表现好就"讨好"宝宝，给宝宝提供奖赏，这样不利于宝宝养成健康的饮食习惯。此外，父母也不要纵容宝宝，不该吃的食物就不要让宝宝吃，该少吃的食物则应有所限制。

不催促宝宝吃饭

吃东西时细嚼慢咽，无论是对食物的消化吸收还是对胃肠来说都是有利的。因此在吃饭时，父母不要催促宝宝。

让宝宝养成细嚼慢咽的好习惯

口腔是进入身体的第一关，是人体消化食物的开始，细嚼慢咽，可使食物在口腔中磨碎，减轻胃的工作负担，同时通过咀嚼，可以使食物更好地与口腔中的唾液混合成为食团，便于吞咽；而且能反射性地引起胃液的分泌，为食物的下一步消化做好准备。细嚼慢咽对于保护宝宝牙齿和牙周组织的健康、促进颌骨的发育以及帮助消化吸收、增进身体健康都大有益处。

父母应经常给宝宝讲吃东西细嚼慢咽的好处，如可以帮助消化、有利于食物营养的吸收等，吃得太快容易导致发胖，引起胃疼、胃胀和消化不良等症状。

父母可以和宝宝一起探讨各种食物的味道，多嚼和少嚼食物可产生味道差异，有的饭越嚼越香，有的食物先咸后甜，有的先甜后苦，等等。让宝宝通过细细咀嚼体味食物的味道，培养宝宝细嚼慢咽的好习惯。

吃饭过急常常和宝宝的性格有关。因此，父母应注意培养宝宝耐心做事的好习惯，可以和宝宝玩一些有助于锻炼宝宝耐心的游戏，如穿珠子、数数碗中的小豆豆等游戏。

给宝宝吃肥肉要适量

肥肉是一种包含脂肪组织的食物，因为其味道香，又便于咀嚼、吞咽，而成为很多宝宝喜爱的食物。虽然肥肉能够为宝宝的生长发育提供所需的热量，但是并不宜多吃。

如果宝宝过量贪吃肥肉，导致摄入脂肪过多，会使脂肪细胞体积增大、数量增多而产生肥胖，从而诱发多种疾病；同时，过多进食脂肪，会影响对其他营养食品的进食量；脂肪消化后可以与钙形成不溶解性的脂酸钙，因此，高脂肪的饮食会影响宝宝对钙元素的吸收。由此可见，肥肉虽然好吃，也要少吃为妙。

专家叮咛

宝宝多吃肥肉没有好处，但一点不吃也不好，所以要根据宝宝的自身情况，适当地给宝宝吃一点肥肉，以增加宝宝对脂肪的吸收。

海鲜面

（原料）细挂面50克，小白菜、虾仁、鱼片各20克，调料米酒1小匙，姜末、盐各少许。

（做法）

1. 将虾仁、鱼片洗净后，放到碗里，加米酒和姜末腌10分钟；小白菜洗净，切段。

2. 锅内倒入水煮开后，下入挂面和虾仁、鱼片，煮沸后，下入小白菜段，再略煮一会儿，加盐调味即可。

（营养分析）

挂面内富含淀粉，在汤中加海鲜、青菜后，营养全面且易消化，有利于宝宝有效地吸收。另外，妈妈还可以加入青菜、鸡蛋或猪肉片、火腿片等做成风味迥异的面。

翡翠肉卷

（原料）猪肉馅50克，胡萝卜30克，玉米粒40克，菠菜1棵，大白菜60克，盐少许，料酒或生抽各1小匙。

（做法）

1. 玉米粒放入开水中煮熟；菠菜洗净后，用热水焯过，挤干水分，切段；胡萝卜洗净后，去皮，切丁。

2. 肉馅放到碗里，加入玉米粒、胡萝卜丁和菠菜段，加盐和生抽以及料酒拌均匀。

3. 大白菜取完整的叶子，放在开水中烫软，沥去水分后，铺平，放入馅料，卷成春卷，蒸熟即可。

（营养分析）

这道肉卷，富含胡萝卜素、维生素B_1、维生素B_2、烟酸、维生素C、粗纤维、蛋白质、脂肪、糖类及钙、磷、铁等，对宝宝的生长发育大有好处。

海陆蔬菜羹

原料

圆白菜15克，鸡腿肉20克，虾5个，柴鱼、香菇、胡萝卜各10克，面粉、盐各适量。

做法

1.将香菇、圆白菜及胡萝卜切丝，鸡腿肉切成细丝，虾切半备用。

2.将柴鱼、香菇丝、圆白菜丝、胡萝卜丝及鸡腿肉末加入热水、盐，放入微波炉中，以强微波微波5分钟。

3.将面粉调水后加入汤中勾芡，以强微波微波2分钟即可食用。

营养分析

这道菜营养丰富，其中鸡腿肉、柴鱼、虾中更是含有丰富充足的钙质，对宝宝生长发育大有好处。

虾仁豆腐

原料 海虾3只，豆腐50克，盐少许，植物油适量，姜1片，葱花少许。

做法

1.把虾去头去壳，挤出虾仁，挑去泥肠，切成小块。

2.豆腐用水焯过，去豆腥味后，切成细片。

3.起油锅烧热后，用姜片和葱花炝锅，放入豆腐和虾仁，翻炒熟，加盐调味即可。

营养分析

虾仁的营养价值很高，是人们饮食中蛋白质的重要来源之一。而且虾仁中所含的蛋白质是鱼、蛋、奶的几倍甚至几十倍；另外它的钙含量、镁含量也很丰富，且比例恰好是人体吸收钙的最佳比例；同时虾肉所含有的维生素D也为海产品之首，维生素D和镁都可促进钙吸收；另外虾仁还含有钾、硒等微量元素及维生素A。

日常护理

宝宝尿床怎么办

这个年龄段的宝宝夜间尿床是经常发生的，这对他们来说仍是一种正常现象。但到4岁以后仍频繁在夜间尿床，那就是遗尿症了。这是由一定病因造成的，需要进一步检查和治疗。

宝宝经常尿床的原因

↘ 宝宝神经系统调控膀胱功能的能力尚未发育完善，当尿液蓄满时，不能及时醒来小便。

↘ 幼儿夜间所分泌的抗利尿激素（一种存在于体内能使尿量减少的激素）未增加，使尿液无法有效浓缩及减少。

↘ 幼儿膀胱容量在夜间一般会缩小，当尿液在膀胱蓄积到一定量时便不自主地排出体外。

避免宝宝尿床的方法

这个年龄段是培养幼儿夜间不尿床的过渡时期，应当把握好，等到3岁以后再训练则有些晚了。

↘ 要给宝宝安排一个合理的生活作息表，使幼儿的吃、喝、拉、撒、睡形成一定的规律，保证宝宝得到充足的休息，以避免过于疲劳而在夜间熟睡后尿床。

↘ 晚餐进食不能太稀，少喝汤水，限制牛奶的摄入量，以减少尿量。晚餐的饭菜也不要太咸，以免睡前大量喝水，使夜尿增多。

↘ 睡前尽量排空大小便。在睡下2~3小时后，大人准备上床睡觉时，再叫醒宝宝小便。

注意事项：

一旦宝宝尿床也不要责备孩子，更不能恐吓孩子，以免给孩子造成紧张和恐惧心理。

如果长时间用纸尿裤，会使宝宝无法形成良好的排便习惯，使宝宝发生尿床的概率增多，因此，不要长时间用纸尿裤。

宝宝不爱刷牙想办法

宝宝每晚睡觉前，只要一听见妈妈说"刷牙"两个字，就开始大哭。无论怎么劝，他就是连哭带闹不配合。这可能是在宝宝成长过程中，许多父母都会遇到的难题。究竟如何才能让不懂事的宝宝爱上刷牙呢？让宝宝爱上刷牙其实并不难，家长要学会抓住宝宝的脾性，用不同方法引导他。

让宝宝从模仿开始

爱模仿是宝宝的天性。家长可以在其面前，做出非常有兴趣的样子来刷牙，一边刷一边说，真舒服，嘴巴真干净……宝宝就会跟着家长有模有样地学刷牙了。

给宝宝编故事

家长可以采取讲故事的方法，用反面事例引起他的关注。比如"有个孩子（最好说个宝宝知道的小朋友的名字），天天不刷牙，牙齿变黑了，最后医生用钳子把他的牙都拔掉了。从此，妈妈就不喜欢他了。"

设置刷牙游戏

妈妈不妨跟宝宝做一场"抓细菌"的游戏。一边给宝宝刷牙一边说："抓到一个细菌。"然后假装放进他手里。接着说，"再去上面抓个细菌吧！"继而刷上侧牙齿。几分钟后不知不觉牙就被刷得干干净净。

全家刷牙比赛

我们可以全家总动员来个刷牙比赛，早晨起床后或晚上临睡前，一家人争先恐后地来到卫生间刷牙，比比谁刷得最积极、最认真，获胜者能得到奖励。如此一来，宝宝就会非常积极地刷牙了。

♥ 特│别│提│示 **TIPS**

任何生活习惯的培养，都要以正面引导的方式来进行，才能使宝宝愉快地接纳。成人可以利用宝宝模仿的愿望，再加以必要的动作指导，宝宝会变得越来越能干。

带宝宝乘车，安全问题最重要

带宝宝出去兜风，见识外面的世界，欣赏外面的风景，有益于宝宝的身心健康发展。但是，宝宝乘车也有很多门道，带宝宝乘车，一定要保护好宝宝。

↘ 禁止将宝宝随意放在车座位上。因为在急刹车或转弯时，家长自己控制不了自己的身体，会和宝宝一样撞向前面或两侧的玻璃。

↘ 禁止家长抱着宝宝乘车。因为在急刹车时，家长的身体会从后面压伤宝宝。

↘ 禁止宝宝坐在副驾驶位置。不仅是因为副驾驶位置是车内最不安全的位置，更因为宝宝身材矮小，当遇到紧急情况安全气囊打开时，不仅保护不了宝宝，反而会伤到宝宝的头部。

↘ 不要让宝宝绑成人安全带。安全带虽然是预防危险的最有力武器，但它是为成人设计的，并不适合宝宝体形。如果安全带绑得太紧，可能在车祸发生时将宝宝颈部勒伤或对腰部的挤压；如果绑得太松，则起不到任何保护作用。

↘ 宝宝乘车时不要吃东西或饮水。汽车的颠簸会导致食物进入气管，极其危险。

↘ 宝宝乘车时不要玩尖利的玩具。汽车的颠簸会导致其划伤宝宝，而在急刹车时，

专家叮咛

父母要避免把宝宝长时间留在车内。夏天时，宝宝会因车内闷热而导致脱水或窒息死亡。好奇的宝宝，也有可能触动汽车的一些开关而导致危险。

则有可能会严重伤害到宝宝的身体。

↘ 不要让宝宝把身体探出车外，首先，宝宝身体的任何部位探出车外都是非常危险的；其次，有些汽车的电动车窗会有自动关闭功能，此时将身体，尤其是头探出车外，都会因车窗关闭而引发意外。再次，车外汽车的尾气，也对宝宝健康不利。

↘ 不要让宝宝自己上下车。宝宝力气小，可能推不动沉重的车门，如果车门回弹，有可能撞伤或夹伤宝宝。另外，为宝宝打开车门时，要注意往来的车辆，以及车门下面是否有水坑、窨井等危险物。

◉ 让小宝宝不再害怕分离

宝宝在成长的过程中，有一段时间会容易因为和妈妈分离，而产生焦虑的情绪。面对宝宝的分离焦虑，父母应该怎么做呢？

陪伴宝宝走过分离焦虑期

如果太忙需要让长辈或保姆照顾宝宝，最好不要在宝宝6～8个月、18～24个月这两个时间段让他们接手。这段期间，宝宝正在克服分离焦虑，如果父母正好此时把宝宝送给长辈或保姆照顾的话，只会让宝宝产生双重焦虑，增加他的不安全感。

给宝宝时间适应新环境

宝宝第一次上幼儿园的时候，不要突然把宝宝带入一个完全陌生的环境，父母可以事先带着宝宝去熟悉环境，让宝宝对陌生的环境有一些印象，以降低他的焦虑感。

宝宝心爱的玩具是最好的陪伴者

宝宝要独自在一个陌生的环境里待上一段时间时，给他带上他心爱的玩具，如布偶或小毛毯，替代宝宝依赖的特定对象，这是帮助宝宝降低分离焦虑的好方法。

恐吓话语会使情况更糟

威胁恐吓的话语只会更增加宝宝的焦虑，不仅于事无补，还会让宝宝的抵触情绪更加明显。

宝宝的成长需要同伴参与

有时候不妨邀请其他年纪相仿的宝宝到家里来玩，通过游戏，降低宝宝对陌生情境的敏感程度，让他知道并不是只有妈妈陪伴着自己才是快乐的。

让宝宝学会自理

有时候宝宝和照顾者分开时产生分离焦虑，是因为他不知道照顾者不在身边自己该怎么办，所以他会哭着闹着不让父母离开。

宝宝生病了，怎样照顾最科学

宝宝生病了，照顾宝宝成了爸爸妈妈的头等大事。面对家中生病的宝宝，父母该如何照顾他呢？

让宝宝感受到爱，增加其安全感

宝宝生病的时候最需要父母在身边陪伴，父母一定要让宝宝感觉到是多么爱他。如果宝宝病得很久，或得了一种可能随时复发的疾病，千万不要整天愁眉苦脸的，长期的忧虑气氛会影响宝宝的情绪，他可能变得苛刻蛮不讲理，或者情绪多变爱激动。家长的语气应该是友好而直率，不要过分地催促宝宝这样那样。

引导宝宝配合治疗

结合事实引导宝宝感受父母的爱，让宝宝知道因为他生病，爸爸妈妈很辛苦，大人睡不好吃不好，所以他要尽量克服困难，主动配合治疗。跟宝宝一起观察爸爸妈妈是不是瘦了，在享受大人关爱的同时，萌发关心家人、回报家人爱的愿望。

照顾患病宝宝的胃

多补充水分，吃一些新鲜的蔬果，适量的奶制品也不应舍弃。宝宝喜欢吃的食物可以适量多吃一些（当然这不包括那些什么薯条、可乐、油炸食品），尽量选择清淡容易消化、有营养而且宝宝易接受的食物。

家居护理要科学

↘ 大多数疾病若要康复，保持房间通风非常重要。妈妈害怕宝宝身体弱，容易着凉，不开窗，更不敢开风扇空调，可以理解，但居室若不通风，对宝宝的病情没有一点好处，你可以先打开门窗让空气对流后再将宝宝转移进去。

↘ 适量加减衣服。宝宝生病，抵抗力差，妈妈要及时根据情况给宝宝加减衣服。

开心乐园

一家酒店的招牌上写着："酒每斤八厘，醋每斤一分。"两个人一同到店里来打酒，而酒很酸。其中一人呲舌皱眉地说："酒怎么会这样酸，莫非是把醋错当酒拿来了吧？"另一人急忙在旁捅捅他的腿说："呆子，快别做声！你看那招牌上写着醋比酒还贵呢！"

让宝宝善良仁爱

当你看到宝宝在欺负比他小的宝宝时，不必着急。但是也不能不引起重视，因为这样对宝宝成长不利。究竟怎样理智处理呢？

反思自己的教育方法

家庭教育氛围是否过于紧张、父母是否经常争执、父母对于宝宝的要求是否过高、父母是否因为工作过于忙碌而忽视宝宝等，父母应设计对策及时调整。

创造温馨和谐的家庭氛围

父母在日常生活中要和宝宝加强沟通，在饭桌上谈论一些能引起积极情感的话题，让爱心、同情心作为主线始终隐含在话题中。父母在给宝宝讲故事时，要表现出喜怒哀乐，尤其要表现出对弱者的同情，对善良行为的赞美，用故事激发宝宝的爱心、同情心和移情能力。

及时表扬宝宝的善良行为

表扬宝宝的善良行为可以激起宝宝积极的情感体验，有利于宝宝记住自己的言行，为下一次继续表现善良的行为打好基础。

增强宝宝的情感体验

宝宝的爱心举动会对其一生带来深刻影响。比如，因同情贫困地区失学儿童，父母带宝宝捐款，要让宝宝知道捐款后，失学儿童可以买到书，可以学到知识。这样更增强儿童情感的体验。

认识宝宝不良情感产生的原因，采用合理的方法加以纠正

宝宝不同情弱者，甚至欺负弱者时，父母不要盲目指责、教训，要了解原因。如果真是宝宝自身原因，父母可以通过换位思考、情感渲染、冷处理、游戏法、榜样作用这些方法帮宝宝改善。

● 理智看待宝宝"爱破坏"的行为

宝宝经常"爱破坏"，干净整齐的家动不动就是一团糟，很多父母为此抓狂，恨不得敲开宝宝的小脑袋，看他天天都在琢磨些什么！不过，其实大人只要转变一下态度，就会发现宝宝"爱破坏"更是一件好事。为什么这么说呢？

宝宝在"破坏"中探索学习

"破坏"行为是宝宝探索世界的途径。他要弄明白：抽屉、橱柜里有些什么？闹钟里到底什么在响？自行车的轮子为什么可以滚动？类似这样的问题有很多。所以宝宝每时每刻都忙着满足自己的好奇心，寻求这些问题的答案。

宝宝失误很正常

在探索学习的过程中，宝宝免不了会有这样那样的失误：学习自己吃饭，会把地板弄得一塌糊涂；如厕训练，有时候会尿在裤子里；玩具没有拿好，掉在地上；在沙发上跳得正开心的时候摔下来，他受了伤，茶几也塌了……大人做事还不能保证100%没有失误呢，更不用说宝宝了。

宝宝会自己找乐子了

所有的宝宝都会在事物的"错位"上找到乐趣。事件的发生不符合逻辑，物品有突然的变化，乃至父母脸上不太常见的表情，都能让宝宝哈哈大笑。这么好玩的事情，他当然不能放过，以至于他们会让事情不断重复。比如：从沙发上跳下来，看到你平时从容镇定的表情一下子变得惊慌失措，他会很高兴；抓住邻居家狗的尾巴，狗会暴跳如雷，他会觉得很好笑。

专家叮咛

宝宝也有可能因为不满、生气而故意搞破坏，狠命地扔东西、把碗打翻、大叫制造噪声。这种情况我们就要及时安抚他，并制止他的这种行为。

给宝宝专门提供"破坏"的空间

2岁多的宝宝破坏力不容小觑。他会翻抽屉、翻橱柜、制造噪声、把玩具弄一地、把闹钟的时间随意乱调……很多父母每天急着赶在后面收拾残局，有什么办法呢？这么大的宝宝，他的工作就是折腾、破坏。我国著名的儿童教育家陈鹤琴老先生说："给宝宝一片'破坏'的天空吧，小孩爱'破坏'，失去的只是可估量的价值，而得到的却是小孩一生受之不尽的无穷财富——思考、创造和智慧。"

给宝宝买一些拆装玩具，和他一起玩

如木质的拆装玩具车、DIY拼拆装机器人、各种模型玩具等。

使用安全锁

把贵重物品和易碎物品的橱柜或抽屉锁起来。这样你就可以控制，哪些空间、哪些物品是对宝宝开放的。

在宝宝主要活动区域铺上地毯

比如在客厅的地板上铺上地毯，即使物品掉落到地上，也不会发出很大的噪声，这样可以减少对楼下邻居的骚扰。

设定清晰的行为界限

"玩妈妈的手机是不可以的，你的玩具手机在那里。"每次看到宝宝某个不恰当的行为都要制止他，并使用同样的话语。

给宝宝合理的指导语

与其说"不要把杯子掉了"，不如说"两只手把杯子拿牢"。多用正面的、你期望的行为去指示宝宝。

带着宝宝一起探索世界

向宝宝开放一些无关紧要的物品，如餐巾纸、旧的闹钟、空饮料瓶、广告册等。这样东西不容易有噪声，弄坏了收拾起来也很方便。

◉ 让宝宝爱上唱歌

宝宝在不断听歌的过程中，也会时不时地跟着唱起来。音乐，能陶冶人的情操，并且这个年龄段的宝宝，如果爱唱歌，也有利于嗓子的发育。妈妈快让你的宝宝爱上唱歌吧，这样，宝宝将来就会有个好嗓子了。

﹨千万不要让宝宝勉强学用假嗓子唱太高的音，也不可以让宝宝用过大的声音去唱歌，以免宝宝的声带受损，让宝宝失去甜美的声音就太可惜了。

﹨爸爸妈妈要让宝宝唱出歌的情绪来，有表情地唱歌。唱歌是这个年龄的宝宝对音乐表达的最好的形式，宝宝可以用唱歌来表现自己的音乐能力。

﹨电视上的插曲和流行歌曲的音域较宽，宝宝唱不上去，就自己改调来唱。长久下去，宝宝唱出的音调不准，唱习惯了也就不容易改正。

﹨每当妈妈准备播放音乐时，宝宝会说出自己要听的曲子的名称，或者唱出第一句，让妈妈能找到宝宝爱听的乐曲。有时同一个名称作者不同的作品有不同的曲调，如舒伯特的《小夜曲》和海顿的《小夜曲》不同，如果听音乐时爸爸妈妈经常提到曲作者的名字，让宝宝了解，宝宝也会记住曲作者。有些家庭喜欢听京剧，宝宝也会知道曲子的名称，知道曲子是谁的唱腔，这是宝宝有音乐记忆的表现。

◉ 兴趣是宝贵的资源

宝宝虽小，但他们也有着鲜活的思想和情感，有自己的兴趣。兴趣是宝宝成长过程中的宝贵资源。现在我们探讨一下宝宝的兴趣特点以及如何正确对待宝宝兴趣的问题。

宝宝兴趣不稳定

宝宝的兴趣表现出一定的不稳定性。日常生活中我们已经注意到宝宝的兴趣会随着时间的推移而有所改变，不久前还很感兴趣的东西，现在已经"靠边站"了，让位给其他更感兴趣的事物了。如1岁左右的宝宝对撕纸乐此不疲，而两三岁的宝宝则热衷于玩水。

宝宝兴趣可塑造

宝宝的兴趣有一定的可塑性。常听父母抱怨说，自家的宝宝对什么都感兴趣，就是对学习不感兴趣。其实不然，只要用合适的方法引导，宝宝的兴趣在一定程度上是可以塑造和改变的。

尊重宝宝的兴趣

成人需要做的是，主动积极地接受宝宝的兴趣，尊重宝宝的兴趣，而不是把成人的兴趣强加在宝宝身上，可以积极地创造一定的条件和空间，鼓励宝宝发展自己的兴趣。实际上，尊重宝宝的兴趣就是让宝宝拥有快乐，就是父母给宝宝的最好礼物。发展宝宝的兴趣就是给宝宝提供了成长的沃土。

合理开发宝宝的兴趣

宝宝的兴趣是一种非常宝贵的资源。保护宝宝的兴趣是为了更好地合理开发、利用任何形式的不尊重、限制或否定态度都不利于保护宝宝的兴趣，同样，对宝宝的兴趣进行任何形式的过度挖掘都是竭泽而渔，都是极不负责任的行为。试想，我们自己对某事感兴趣，但如果让我们长期沉浸其中，我们也会感到乏味的，也没有快乐可言？如同爱吃的东西，天天吃，顿顿吃，最后也会败了胃口。

认知训练——神奇的静电

目的：让宝宝对静电有一个简单的认识，培养宝宝的动手能力。

步骤：

↘ 准备胡椒粉、盐巴、塑料汤匙、羊毛布。

↘ 妈妈先将胡椒粉和盐巴混合，然后把它们轻撒在餐桌上。

↘ 让宝宝用羊毛布摩擦塑料汤匙1~2分钟。

↘ 让宝宝将摩擦过的塑料汤匙移到盐巴和胡椒粉的上方，再慢慢往下移动。可以发现，胡椒粉会跳上来黏附在汤匙上面。

↘ 让宝宝继续把汤匙往下移动，可以观察到最后盐巴也会跟着黏到汤匙上。

↘ 最后妈妈向宝宝说明胡椒粉和盐巴被汤匙黏上去的原因，是因为经过摩擦后的汤匙有静电，胡椒粉比盐巴早被静电黏上去的原因就是因为它比盐巴轻。

注意事项：

千万不要让宝宝弄到眼睛里或放到嘴里。

排序训练——哪个高哪个矮

目的：学习按高矮排列物体的顺序；激发宝宝动手操作的兴趣。

步骤：

↘ 取两只高度相差较大的瓶子，放在桌子上。提问："这两只瓶子一样吗？""什么地方不一样？"引出高矮不同，命名"这个是高的""那个是矮的"。让宝宝快速反应，练习分辨高与矮。

↘ 将瓶子从高到矮进行排序，学习"比较高""比较矮"的概念。取出4只高矮不同的瓶子，让宝宝首先取出最高的瓶子、最矮的瓶子。在剩余的瓶子中进行比较，找出较高的放在最高瓶的后面，依次排序，看宝宝能不能排对。

↘ 让宝宝和爸爸比身高。两人同时靠墙站立，比一比身高，然后在墙上每人的身高处画一条线做标志，得出结论：谁高谁矮。鼓励宝宝与其他人比身高，方法可以背靠背，比头高。

让宝宝认识高、矮的游戏，可以延伸到生活的很多角落，比桌子、椅子、床、柜子、树和小草等。

🔘 言语训练——小蝌蚪找妈妈

目的：让宝宝学习儿歌，认识蝌蚪，知道蝌蚪的妈妈是青蛙。

步骤：

↘ 妈妈拿出小蝌蚪头饰，告诉宝宝："它是小蝌蚪。看！它长了一个大脑袋，有一条长长的尾巴，在水里快活地游来游去。"

↘ 妈妈和宝宝分别戴上青蛙、蝌蚪头饰，边念儿歌边做"小蝌蚪找妈妈"的游戏，并告诉宝宝"蝌蚪的妈妈是青蛙"。

↘ 教宝宝学小蝌蚪游来游去的样子。

↘ 学习儿歌："小蝌蚪，摇尾巴，游来游去找妈妈。妈妈妈妈你在哪儿？游来一只大青蛙。"

注意事项：

游戏过程中，可以用提问来激发宝宝思考，如小蝌蚪为什么认不出妈妈，等等。

🔘 认知训练——小鸡吃什么

目的：知道小鸡爱吃的食物是虫、米。让宝宝学说儿歌，练习"虫""米"的发音。

步骤：

↘ 妈妈指着图片，让宝宝观察："宝宝，看一看图上都有什么？有几只小鸡？小鸡们都在干什么呢？"

↘ 妈妈给宝宝讲图片内容："今天天气真好，小鸡们都出来做游戏。有的小鸡在吃虫子，有的小鸡在吃米，还有的小鸡在玩。看，它们相亲相爱在一起多好啊！"告诉宝宝，小鸡爱吃虫和米。

↘ 妈妈教宝宝说儿歌："小鸡小鸡吃什么？爱吃虫来爱吃米。绿草地上做游戏，相亲相爱在一起。"

注意事项：

妈妈和宝宝可以模仿小鸡觅食的样子，相信宝宝一定会乐此不疲。

◉ 观察训练——宝宝来画画

目的：训练宝宝的观察力和记忆力。

步骤：

↘ 准备彩色水笔和画纸。

↘ 妈妈在纸上画一些不完整的图案，比如缺了一个口的苹果、缺了一个口的太阳等。

↘ 将画纸递给宝宝，让宝宝想一想："妈妈要画的是什么？"然后请宝宝用画笔将图案缺失的部分补充完整。

↘ 妈妈和宝宝一起给图案涂上好看的颜色。

↘ 妈妈也可以先给宝宝看一些动物的图片，让宝宝记住颜色。

↘ 再拿出没有颜色的动物图片让宝宝凭记忆涂色，涂完之后再与原来的图片进行对比，加深宝宝的印象。

注意事项：

宝宝开始可能会觉得无从下手，不知道从哪里把图案补全，或者妈妈刚把图片拿走，宝宝就忘记了图片上的颜色。这都是正常现象，只要多练习几次就可以了。

◉ 综合训练——树叶很奇妙

目的：丰富宝宝对色彩和图形的感知能力。

步骤：

↘ 准备好一支水彩笔、一瓶胶水和几张白纸；天气较好时，带宝宝到大树下捡些树叶，让宝宝将树叶收集好后，带回家。

↘ 妈妈把树叶洗干净并晾干，让宝宝说一说树叶的颜色和形状，然后按住树叶，让宝宝用水彩笔把每片树叶的轮廓描出来。

↘ 给宝宝一瓶胶水，让宝宝发挥想象力将树叶拼成一幅图。妈妈还可以把宝宝的画挂在墙上，让宝宝有成就感。

注意事项：

不要让宝宝乱涂胶水，造成不必要的浪费。

♥ 金牌喂养

◉ 吃粗粮果蔬的6个好处

宝宝的饮食也不能过于精细，因为常吃粗粮果蔬有以下6大好处呢！

有利于减少癌症的发病率

儿童中癌症发病率上升，与不良的饮食习惯密切相关。英国剑桥大学营养学家宾汉姆等曾分析研究表明，食用淀粉类食物越多，大肠癌的发病率越低。

保护心血管

如果经常让宝宝吃粗粮，植物纤维可与肠道内的胆汁酸结合，降低血中胆固醇的浓度，起到预防动脉粥样硬化，保护心血管的作用。

有益于皮肤美白

宝宝如吃肉类及甜食过多，在胃肠道消化分解的过程中产生不少毒素，侵蚀皮肤。若常吃粗粮蔬菜，能促使毒素排出，有益于皮肤的美白。

维护牙齿健康

经常吃粗粮，不仅能促进宝宝咀嚼肌和牙床的发育，而且可将牙缝内的污垢除掉，起到清洁口腔，预防龋齿，维护牙周健康的作用。

清洁体内环境

各种粗粮以及新鲜蔬菜和瓜果，含有大量的膳食纤维，这些植物纤维具有平衡膳食、改善消化吸收和排泄等重要生理功能，起着"体内清洁剂"的特殊作用。

控制宝宝肥胖

膳食纤维能在胃肠道内吸收比自身重数倍甚至数十倍的水分，使原有的体积和重量增大几十倍，并在胃肠中形成凝胶状物质而产生饱腹感，进食减少，利于控制体重。

◉ 饥饿疗法比药物灵验

饥饿疗法就是不进食或少进食高能量的食物，让身体感觉饥饿来调动对食物的欲望，也可以用来减轻胃肠的负担。日常生活中，有时候吃得太多、太荤、太油腻或活动太少了，没有食欲，而有意无意采用"饥饿疗法"，让自己饿一顿。同样，"饥饿疗法"也可以巧妙地运用在纠正宝宝吃饭难的问题上。

饥饿疗法的好处

↘ 适量的饥饿，有利于胃的排空，激发宝宝进餐的欲望。通过饥饿疗法，使宝宝养成良好的进食习惯，纠正不良饮食行为引起的偏食、挑食，使宝宝能够健康成长。

↘ 饥饿的刺激让宝宝明白吃饱饭的意义，可以让宝宝自觉地爱上吃饭。

"饥饿疗法"的具体实施

↘ 与宝宝做好沟通。告诉宝宝，如果无故不吃饭或不好好吃饭，你就会把饭菜及其他零食都收起来，他只能等到下顿饭时间才能吃到东西。

↘ 父母之间要默契配合。最关键要做通家里老人的思想工作，以免"同情心"影响到饥饿疗法的效果。

↘ 吃饭时间控制在半小时内。由于宝宝已经对吃饭兴致不足，开始实施饥饿疗法时，即使已经饿了，也可能不会专心地坚持到吃饱，往往吃到半饱就开始玩了。这时，

你要注意控制他的吃饭时间。通常在半小时后，停止喂养或供给食物，等下一餐再吃吧。

↘ 两餐之间除了饮水，不给宝宝吃任何食物。宝宝很可能还没等到下一餐就已经饿了，闹着哭着要吃东西。此刻，必须"铁面无私"，想办法分散宝宝的注意力，如和他玩游戏，带他到外面散步等。

这段时间可以让宝宝喝些水，但绝不能给他吃任何东西或喝含糖饮料。等下餐吃饭时间到了，再让宝宝吃饭。几次以后，宝宝就会明白吃饭的真正意义：不吃饱就会挨饿。饥饿疗法看似残酷，其实比任何药物都有效，对宝宝的正常心理发育极有帮助。

◉ 炎炎夏日，如何让宝宝胃口好

夏日，宝宝厌食是一个常见的问题。夏天一般出汗较多，体内水分、盐分丢失较快。散热时，皮肤血管处于扩张状态，血液流经皮下血管较多，而胃肠道等内脏器官的血液供给相对减少，胃肠道活动减弱，所以食欲降低。有什么方法可以解决宝宝食欲不振的问题，使宝宝胃口大开呢？

优化饮食环境

父母要给宝宝创造愉快的饮食环境，对宝宝的挑食行为，不要施加过多的压力。由于偏食习惯不同，可鼓励宝宝多与其他宝宝一起进食，看别的小朋友把自己不爱吃的菜吃得津津有味时，他也会有尝试的欲望。进餐时，固定宝宝的座位，不要在吃饭时走来走去，更不要一边吃，一边玩或看电视。送到宝宝面前的食物宁少勿多，这比一下子给他一大碗，使他没吃前就觉得没法对付好得多。

提高烹调技巧

烹制食物一定要适合宝宝的年龄特点。如断奶后的宝宝消化能力还比较弱，饭菜要做得细、软、烂；食物色彩、味道的调配也很重要，如蛋黄玉米糊、蔬菜牛肉土豆汤、果汁豆奶、奶粉拌草莓等，这些食品会刺激厌食宝宝的食欲。妈妈可以将萝卜、番茄等色彩鲜艳的蔬菜切成各种形状围在盘子周围，这既能让宝宝喜欢蔬菜，当然也能增加宝宝的食欲。使用色彩鲜艳或印有彩色图画的瓷碗和汤勺有时也能增加宝宝的吃饭欲望，可以带宝宝一起去购买，让宝宝自己选择喜欢的餐具。有些聪明的妈妈还会用不同颜色的碗，盛不同种类的饭菜。

多吃消食蔬菜

白萝卜消食、顺气较好。萝卜中含有芥子油和淀粉酶，有促进食欲、帮助消化的作用。番茄也是厌食宝宝的佳品。番茄中含有助消化的柠檬酸、苹果酸，常吃有开胃作用。做菜时添加一些香醋、米醋等佐料，可使宝宝胃酸变浓增多，起到生津开胃的作用，进而增强宝宝的食欲。

多吃含锌食品

微量元素锌的缺乏可引起宝宝味觉功能和胃黏膜消化功能的降低，使宝宝没有食欲和消化能力减弱。炎热的夏天，人体出汗增多，锌也会随着人体出汗而大量流失，因此夏日的宝宝比平常需要更多的锌。父母这时可以多给宝宝吃一些富含锌的食品，比如海产品、坚果等，此时也可适当给宝宝服用补锌的保健品。

多吃苦味、辛味的食物

适当多吃一些苦味的食物，如苦瓜等。夏季酷暑炎热、高温湿重，吃苦味食物，能清解暑热，如此便可以健脾而增进食欲。另外，为了防止肺气受伤，还要多吃点辛味食物，以补肺气。葱、姜、蒜、韭菜、青辣椒等，都是补益肺气的蔬菜。

保证优质蛋白质的充足供应

优质蛋白质一类是鱼、肉、蛋、禽，一类是豆腐等各种豆类植物性蛋白质。到了夏天既要保证充足的蛋白质还要注意不能太油腻，妈妈应该选择脂肪含量少一点的、蛋白含量高一些的肉制品，比如鸡肉、鸭肉、猪肉、鸽子肉等。

经常给宝宝按摩

在宝宝吃完食物之后，妈妈如果每次都能给宝宝做上几分钟的肠胃按摩，不仅能促进食物消化，增加母子感情，也能帮助宝宝摆脱厌食的困扰。

给宝宝补充营养有讲究

有的父母担心正常饮食中的营养不够，不能满足宝宝生长发育的需要，或者宝宝身体瘦小，于是就买一些营养品或补品给宝宝吃。认为给宝宝吃一点营养品只会对身体有好处，殊不知，有些营养品的含量大大超出宝宝的身体需要，如果其中含有激素类物质，还有可能引起宝宝的早熟。

因此，不管给宝宝补充什么样的营养品，都应先了解宝宝的身体状况，遵循缺什么补什么和以食补为主的原则。即便要使用营养品，也应该在医生的指导下进行。

其实，只要宝宝平日不挑食、不偏食，能达到饮食的平衡，就不会缺少某种营养物质，更不会得某种营养素的缺乏症，根本就没有额外补充营养的必要。

碎菜牛肉

原料 牛肉20克，胡萝卜20克，番茄半个，洋葱、黄油各适量。

做法

1. 将牛肉洗净切碎，加水煮熟。

2. 将胡萝卜洗净后，上锅煮软，切碎；洋葱、番茄去掉皮切碎。

3. 黄油放入锅内，烧热后放入洋葱，煸炒片刻后再把胡萝卜、番茄、碎牛肉放入，小火煮烂即可。

营养分析

胡萝卜、番茄都是营养丰富的蔬菜，洋葱富含硒、钙。这道菜富含优质蛋白质、维生素C、胡萝卜素、维生素B_1、维生素B_2和钙、磷、铁、硒等多种营养素，宝宝可以获得全面的、有助于生长发育的营养。

西芹炒牛柳

原料 牛肉100克，西芹50克，胡萝卜20克，鸡蛋1个（取清），花生油适量，葱末、姜末、黄酒、盐、香油各少许。

做法

1. 牛肉洗净后，切成薄片，用鸡蛋清，盐上浆。西芹、胡萝卜洗净后，切成片。

2. 起油锅烧热后，加入牛肉片，同时加一点油，放入西芹、胡萝卜片，熟后捞出沥油。

3. 锅内余油，加入葱末、姜末爆香后，再加水、盐和黄酒，煮开后，加入牛肉片、西芹片、胡萝卜片，淋上2滴香油即可。

营养分析

西芹含有丰富的纤维素，能帮助宝宝清除体内毒素，保证宝宝健康成长，而含铁量丰富的牛柳可以让宝宝长得更结实。

香菇鸡肉丸

原料 鸡肉末100克，香菇50克，鸡蛋1个，盐少许，黄酒、生抽各1小匙，香油适量。

做法

1. 将鸡蛋打散，搅拌均匀，与鸡肉末、生抽、盐和黄酒混合，搅拌均匀成鸡肉馅。

2. 将香菇洗净后，去蒂，将蒂切成细末混入鸡肉馅中。

3. 把调好的肉馅做成肉丸，放在香菇帽上，然后上锅蒸熟，淋入一点点香油即可。

营养分析

香菇味道鲜美，被誉为"菇中之王"。其中含有的氨基酸，如异亮氨酸、赖氨酸、苯丙氨酸、蛋氨酸、苏氨酸、缬氨酸等都是人体必需的氨基酸，还含有维生素B_1、维生素B_2、维生素P及矿物盐。同鸡肉配合，常给宝宝吃，可以滋益体质，补身养心。

鸡丝拌苦瓜

原料 鸡胸肉150克，苦瓜100克，鸡蛋1个，花生油适量，生抽1小匙，盐、醋、香油各少许。

做法

1. 将鸡胸肉切成细丝，放入碗内，打入鸡蛋搅拌均匀，加盐和生抽腌一下。

2. 将苦瓜洗净，切丝后，用热水氽熟，沥干、晾凉。

3. 起油锅烧热后，放入鸡丝炒熟，捞出，沥净油。

4. 鸡丝放入盘中，上面加上苦瓜丝，然后浇上用醋、香油和少许盐调成的汁即可。

营养分析

苦瓜营养十分丰富，所含蛋白质、脂肪、碳水化合物等在瓜类蔬菜中较高，特别是维生素C的含量，每100克高达84毫克。苦瓜还含有粗纤维、胡萝卜素等，有降血压、降血脂的作用，多给宝宝吃点苦瓜非常好。

◉ 纠正宝宝跺脚的坏习惯

宝宝遇到不高兴的事情会出现双脚乱跺以发泄脾气的情况，2岁半后跺脚的情况愈演愈烈，到底为什么呢？又如何纠正呢？

一般发泄行为不要理睬

宝宝语言表达能力不够，而周围的人又不理解他的心情，所以气愤地跺脚发泄。如果去问他，不合乎他的想法，反而更激发他不安的情绪，跺脚更厉害。最好是不理他，让他觉得没意思。

力不从心跺脚，莫包办

自己想做某一件事情而力不从心。例如，他想剪一圆形的纸样，由于手的协调动作不完善，总是剪不成圆形，产生不高兴的情绪而在发脾气。遇到此情况可以转移其注意力，如讲故事、看图画书等。千万不要去替宝宝完成，一方面有损其自尊心，另一方面易养成其依赖的心理。

帮宝宝出出气

当玩具或物品不能按照自己的想象活动时就要发怒。因为这个年龄阶段还不能进行"人"和"物"之间的区别，父母可以用敲打桌子或椅子来平息宝宝的怒火。但对3岁以后的宝宝，父母不要采用此法，否则以后会养成将自己的缺点归于别人的不正确想法。

抱抱他，安慰他

反复单调的事情玩累了又没有能力进行休息、调节，用跺脚发泄。这时不妨抱起宝宝，亲亲他，让宝宝得到安慰，以收拾残局。

专家叮咛

如果宝宝跺脚已形成习惯，不要哄他、宠他，要想纠正就得采取不理睬的办法，任其哭闹、跺脚，当没有人理睬时自己也觉得没有意思。事过之后再与他讲道理。

避免让宝宝成为"天线宝宝"

怎么样才能避免让宝宝成为"天线宝宝"呢？

限制看电视的时间

宝宝2岁前，尽量不让他看电视。稍大一点儿，宝宝看电视的时间也要限制在10～15分钟，一天不能超过1小时。父母不应该在宝宝的卧室放电视。吃饭的时候，则要把电视关掉。

选择合适的节目

不要坐下之后，才看电视上在播什么，应该从电视节目表上仔细选择宝宝要看的节目，等节目结束后，就关掉电视。提前5分钟，你就应该提醒宝宝他喜欢看的节目就要结束了，让他有心理准备，免得缠着要继续看。

选择平和、安静的节目

选择能够激发宝宝发出声音、说话、唱歌和跳舞的节目最好。武打或探险类的动画片里只会让宝宝迷糊。电视上的暴力镜头可能会助长宝宝的攻击性行为，恐怖节目可能会使宝宝害怕得晚上睡不着觉。

用活动或书籍来扩充电视节目里的内容

如果你和你的宝宝正好看完了一集动画片，里面提到了一个数字，你可以之后再谈起这个数字，并找出例子演示给宝宝看。比如，当你摆放餐具的时候，你可以说："嘿，今天的数字是3，桌上要放3份碗筷。"或者给宝宝读并讨论一本包含数字概念的书。

和宝宝一起看电视

陪着宝宝就等于告诉他："你的一举一动都对我很重要。"如果可能，就带着需要叠的衣服或其他活儿边干边看，看电视也就变成一起享受的活动了。

教宝宝有选择地看电视

尽可能多地向宝宝解释电视节目和广告正在演的内容，并说明两者的区别。鼓励他问问题，并且将节目中的内容与他的生活联系起来。

及时纠正宝宝的不良习惯

宝宝小，不自觉会出现很多的不良习惯，如果妈妈不及时纠正宝宝的不良习惯，久而久之，这些不良习惯就会危害宝宝的身心健康。

掏耳朵

原因：耳道内的真菌感染或湿疹病变等引起耳内发痒。

危害：引起感染、发炎，发生肿胀、疼痛，形成化脓性疖肿还可造成中耳腔内感染。

纠正方法：检查一下宝宝的耳道有无异常，如有问题，要及时给予治疗。

挖鼻孔

原因：模仿大人。

危害：易将鼻黏膜挖破，导致血管破损从而引起感染、发炎。

纠正方法：温和地制止，或者是分散宝宝的注意力，使其慢慢改正。

揉眼睛

原因：灰尘、沙子飞入眼内。

危害：引起眼睛感染，造成眼角膜溃烂、结疤，一定程度上还会影响宝宝的视力。

纠正方法：检查一下宝宝的眼睛有无异常，如存在眼疾，要及时给予治疗。

吮手指或咬指甲

原因：因好奇、饥饿而将手放到口中吮吸或宝宝精神紧张。

危害：手指会发生变形，下颌发育不良，牙列不齐，影响咀嚼功能。

纠正方法：随时将宝宝放入口中的小手拿出来，并告诉宝宝这样不好，让他慢慢改正。如果宝宝有孤独、恐惧、不安状况时，父母要及时给予关注，不让孩子靠吃手自慰。

咬衣被

原因：依恋心强，寻找慰藉而养成的某种固定动作。

危害：引起牙齿畸形。

纠正方法：引导宝宝观察某一种物体，或参加某一个游戏活动，及时转移宝宝的注意力，使宝宝在不知不觉中改正不良习惯。

🗨 宝宝锻炼身体要遵循的原则

宝宝身体各方面还比较稚嫩，要使孩子长得健壮，力所能及的锻炼是不可缺少的。婴幼儿期应主要培养宝宝锻炼的兴趣、爱好和习惯，锻炼时要遵循以下几个原则：

循序渐进

开始锻炼时，宜采用只引起身体最低限度变化的锻炼强度和时间。在宝宝习惯了这种强度和时间后，才能逐渐地、小心地增加强度和时间。锻炼时要随时观察宝宝的心率、呼吸及精神状态。如宝宝心率、呼吸加快，情神状态好，面色红润，说明强度较合适；如呼吸急促，面色苍白，说明强度过大；锻炼后睡眠好，食欲佳，情绪稳定，说明锻炼强度适宜；若食欲减退，睡眠不安，情绪低落，头晕头昏，说明强度过大。锻炼的时间，开始每次可持续2～3分钟，逐渐增加到10～15分钟。

持之以恒

每天都要进行锻炼，尽量不要中断。若中断，锻炼的效果可能会消失。倘若中断时间短，可继续按以前的锻炼强度和时间进行；若中断时间长，则应从最小的锻炼强度和最短的锻炼时间重新开始。

综合多样

宝宝的体格锻炼应该采取综合的形式来进行。通过室外走、跳、跑、攀登等体育运动，做儿童健身操或运动量较大的游戏活动，这些活动既可以让宝宝利用充足的阳光、新鲜的空气等自然条件，又能够通过各种活动对宝宝的健康成长产生积极的影响。

注意个体差异

选择锻炼项目时要根据每个宝宝的特点和身体状况选择合适的锻炼项目、时间和强度。要采用游戏的方法，使宝宝在游戏中锻炼身体，得到乐趣，以利于培养宝宝锻炼的兴趣。

专家叮咛

宝宝在室外进行步行、跑、跳等运动时，应该选择没有汽车、摩托车的空旷而安全的场地。带宝宝到室外锻炼时，妈妈记住给宝宝穿适合运动的衣服，不要穿得太厚，不然容易出汗，宝宝会感到不舒服，严重的还会感冒。

❤ 让宝宝独立入睡

专家称，跟宝宝分床睡的最晚时间不要超过3岁。因为，3岁正是宝宝独立意识萌芽和迅速发展时期。这时独立意识与自理能力的培养，对宝宝日后社会适应能力的发展有着直接的关系。怎样养成宝宝独睡的习惯呢？

告诉宝宝独睡是长大的标志

刚刚要求宝宝独睡时，宝宝通常会有这样的想法：爸爸妈妈不再爱我了，不要我了。因此，父母一开始就要跟宝宝解释清楚：分开睡是一个人成熟、长大的标志，是勇敢的象征，每个人都会经历这个过程。

及时鼓励让宝宝更爱独睡

第二天起床时，父母要记得及时说些鼓励的话，比如说些"你昨天的表现很好，妈妈喜欢自己睡觉的宝宝""宝宝太棒了"之类的话，以强化宝宝的独立心理和行为，减少宝宝由于分床睡带来的孤寂情绪。

给宝宝找个替代物

如果宝宝需要，可以给他找一个替代物。例如，让他抱着妈妈的枕头睡觉，或者抱着自己喜欢的娃娃睡觉等。时间长了，宝宝适应了一个人独睡时，父母可撤掉替代物，但切不可操之过急。

打开房门，保持空间交流

宝宝开始独睡时，父母要打开他房间的门，也打开自己房间的门，让两个小空间连接起来。这样，宝宝会感到还是和父母在一个房间里睡觉，只不过不是在一张床上而已。

布置一个宝宝喜欢的环境

父母可以发挥宝宝的主动性和想象力，和宝宝一起布置他的小房间或者小床铺。这样，宝宝会感到他长大了，有了自己的一片小天地，自己可以说了算了。

❤ 特│别│提│示　　TIPS

需要注意的是，在宝宝分床睡的最初阶段，爸爸妈妈要比平时更多地关心和爱抚宝宝，并注意宝宝的睡前准备。

⊙ 异物窒息，化险为夷

宝宝在婴幼儿时期正处于生长发育时期，各器官和组织尚未发育完全，咽喉部的保护作用不健全，会厌软骨的功能由于神经系统的调节不够好，没有成人那么灵敏，而且宝宝常常在做吞咽动作或口中含有食物时，又笑又哭，会厌软骨来不及遮盖气管开口，而致使食物落入气管内，导致窒息。而且除了食物外，因为宝宝天性好奇，还喜欢将一些小物体，如纽扣、花生以及钥匙等含在口中，同时嬉戏就很容易导致这些物体落入气管。宝宝的气管比较狭小，一旦有异物落入，很容易将气管堵住，而发生严重呼吸困难，那么异物落入气管，该如何处理呢？

叩击背部法

⟍ 首先把宝宝翻转成俯卧位，并骑跨于父母的手臂上，使宝宝头部低于躯干，同时用手握住宝宝下颌以托住头，并将前臂放在自己大腿上。

⟍ 另一只手掌心用力叩击宝宝背部两肩胛间4～6下。

⟍ 再将叩击的手放在婴儿背上，手指握住其后脑、颈部，把宝宝放在两手中间，将其上下一致翻成仰卧位。

⟍ 让宝宝头部低于躯干，施救者前臂放在大腿上，再用另一只手的两个手指在宝宝胸部（把3个手指放在胸部中线上，食指对准乳头连线，抬起食指，用中指、无名指向下压2～3厘米）冲击4次。

⟍ 如果宝宝哇的一声哭出来，说明异物已经出来，这时要将宝宝放成侧卧位，迅速用小手指沿着口腔低的一侧将口中异物取出，防止异物二次吸入。

立位腹部冲击法

⟍ 施救者站在宝宝背后，让宝宝弯腰、头部前倾，双臂环绕宝宝腰部。

⟍ 将一只手握拳，大拇指朝内，使拇指内侧顶住腹部正中线肚脐上方，但要远离剑突尖。

⟍ 另一只手压在拳头上，有节奏地快速向上、向内冲击，连续6～10次。这样可使肺内产生一股气流冲出，有可能会将异物冲到口腔里。

⟍ 检查异物是否在排到口腔里，若有，及时让宝宝侧头，用手掏出，若没有，可再冲击腹部6～10次。

每次冲击都应是独立的、有力的动作。

◉ 宝宝被咬，从容处理

现在，养宠物的家庭多了，宠物对宝宝的伤害事件也随之增多。比如家养的猫、狗和其他的小动物，对宝宝都有可能造成伤害。

避免宝宝被咬的预防措施

↘ 禁止宠物进入宝宝的房间，或和宝宝一起睡。如果受住房面积限制，可以在宝宝的摇篮上加个网罩。

↘ 不让宝宝给宠物单独喂食。

↘ 不要把宝宝放在童车或学步车内让他自己玩，因为宝宝的小手随时都可能去"挑逗"宠物。

↘ 不要让宠物在宝宝面前表演刺激的游戏动作，以免宠物过度兴奋而伤害宝宝。

↘ 一旦发现宠物对着宝宝发出嘶嘶声、吠声、低吼声时，或者它有发怒的迹象时，成人应及时制止，并将宠物和宝宝隔离开。

↘ 教宝宝如何轻轻抚摸宠物，但不要让宠物舔宝宝的脸。

↘ 教宝宝远离流浪狗、流浪猫。

↘ 毒虫活动频繁的时节给宝宝挂上蚊帐是最保险的，既可以隔绝蚊虫，又可过滤空气。

↘ 家中的环境要整洁干净，保持空气新鲜，垃圾要及时处理掉，以免滋生蚊虫。

↘ 让宝宝多吃有味蔬菜。蔬菜中有一些含有蚊子不喜欢的气味，如含胡萝卜素的胡萝卜、番茄等，宝宝吃下后，蚊子也会离他远点。

宝宝被咬后的处理

如果宝宝被咬的伤口很小，应用大量的肥皂水反复彻底冲洗伤口5分钟，擦干后用5%碘酒烧灼伤口。初步处理后，父母应立即带宝宝去医院，注射狂犬疫苗和破伤风抗霉素。

♥ 启迪智慧

◉ 宝宝说谎与品质无关

两三岁的宝宝还不可能理解说谎话和说真话的概念。他说的无伤大雅的小谎是有原因的。虽然宝宝说谎可能不是什么品质问题，但我们也可以巧妙地用他这个年龄段可以理解的方式教他自然地去说实话。

宝宝说谎的原因

↘ 想象力活跃：他的创造力正在充分发育的时期，他不明白为什么浴缸里不能有会说话的小鱼？

↘ 真的是健忘：当你因为墙上的笔道而批评宝宝，而他说不是他干的时，这不是他在说谎，他只是忘了自己做过这件事，或者太强烈希望自己没有做过了，以至于坚信自己没有做过。

↘ 天使综合征：宝宝可能认为："爸爸妈妈爱我是因为我很棒。好宝宝是不会像那样把牛奶弄洒的。"

怎样教宝宝说实话

↘ 鼓励宝宝说实话。与其苦恼于宝宝的不当行为，不如感谢他把一切都告诉你，他很可能会感到诚实得到了认可。如果你因此冲他大叫，他会觉得不该说实话。

↘ 不要指责宝宝。委婉地让宝宝承认自己的行为，而不是抵赖，比如你可以说："我想知道怎么客厅地毯上到处都是彩笔？谁能帮我把它们捡起来？"

↘ 不要让宝宝压力太大。不要让宝宝承受太多期望和规矩。他不理解这些，也无法去遵守，他可能觉得只有说谎才能不让你失望。

↘ 建立互信。让你的宝宝知道你相信他，他也可以信任你。对你来说没有什么比诚实更重要。尽量信守诺言，在你做不到的时候，要向他道歉没有做到。

● 宝宝爱听爸妈讲故事

宝宝都喜欢听故事，而且特别喜欢听父母给他们讲。讲故事可以使宝宝与父母的关系变得更加亲密无间。但是，很多父母都感觉让他们讲故事比读故事书要困难得多。下面提供一些建议，可能会对你有所帮助。

讲真实的故事

给宝宝讲一件有关他自己或在家庭里发生的真实事情，这样的故事会使他感到真实性，体会当时激动兴奋的心情，宝宝百听不厌。"我还记得当你……的时候……"这乍听起来不太像个故事，但实际上会令宝宝着迷。

用宝宝喜爱的玩具作为主角

比如宝宝常常跑到离家很远的地方去玩，讲道理无济于事，便可以用他心爱的玩具熊猫为主角编个大熊猫迷路的故事给他听。宝宝故事听进心里去了，道理自然也就想通了。

和宝宝一起编故事

你与宝宝可以在童话故事书的基础上进行再创造，随心所欲地发挥自己的想象力，比如把小矮人描述成中国式的、日本式的、太空式的，随后情节也会发生一些变化，你也可以让宝宝创造属于自己个人色彩的白雪公主，7个小矮人分别拥有不同的颜色。宝宝会从中获得许多乐趣。

与宝宝一起讨论故事

你可以在讲完了故事之后，问他："你喜不喜欢这个故事呀？你知道这个故事告诉我们什么吗？为什么故事的结局会这样？你能另外编一个新的结局吗？你最喜欢故事中的哪一个人？"

临睡前是好时间

建议父母选择在宝宝睡觉前讲故事。每晚给宝宝讲一些美丽的、欢乐的及培养情感的故事，会助宝宝夜夜做好梦的。

帮你的宝宝爱上阅读

让你的小宝宝爱上阅读书本有很多有趣的方式：

建立一定的阅读程序

固定的阅读时间会为宝宝建立他所喜爱的日常生活程序，这也是睡前故事大受欢迎的原因。

给宝宝选择合适的书

宝宝喜欢纸板书、有立体图片的书，任何只要他们自己容易抓住和玩弄的图书。他们喜欢带有明亮、清晰、逼真图片的故事书。

重复，重复，再重复

如果你已经在过去的一个月每天晚上都给宝宝读《小兔乖乖》了，而他还想再听，也忍住别打哈欠。喜欢重复是这么大宝宝的特点。

夸张的表演

给宝宝读书时，你要无拘无束。在讲《小红帽》的时候，学着大灰狼的咆哮；讲《三只小猪》的时候，就像小猪那样尖声说话。让宝宝积极参与进来，他就能从故事中受益更多。

让讲故事成为生活的一部分

父母与宝宝坐在餐桌前或在车里的时候，都可以讲故事，可以是像《小蝌蚪找妈妈》这样的标准故事，也可以是你小时候的趣事，或者是以你的宝宝为主角的故事。用他画的画或最喜欢的图片做成书，围绕上面的内容讲故事，或者干脆让宝宝来讲个故事。

表现出对书的喜爱

宝宝想要模仿父母。如果他看见满屋子都是书，而且知道父母一有空就喜欢坐下读书，他就会懂得书在日常生活中很重要。向宝宝表现出对阅读的热爱，比强迫他坐下熬过死板的讲故事时间更有效果。

● 亲子共读的5大技巧

亲子共读，父母必须掌握一些技巧，才能与宝宝进行愉快的阅读，才能让这段时光成为幸福的回忆。那么，具体应该怎么做呢？

尊重宝宝的喜好

父母应该在亲子共读的过程中注意观察，找出宝宝对哪些书感兴趣，陪宝宝读他所喜欢的书，这才能让宝宝感受到阅读的乐趣。不要因为名著就强迫宝宝去阅读。缺乏兴趣，再好的书也会伤害宝宝的阅读热情。

不厌其烦地重复

宝宝对自己喜欢的书往往爱不释手，经常要求看同一本书。其实，不断重复正是0～1岁宝宝的学习特质，通过一次次的阅读，可增加他们对书本内容的体验与理解。因此，父母应该耐心地陪着反复阅读。请不要担心重复阅读会缺乏变化性，对宝宝来说，每一次的阅读都能产生不同的感受。

保持环境的舒适

亲子共读应选择舒适且安静的环境。电视关掉，电脑停掉。如果条件许可的话，不妨在家中为宝宝设置书房，或选择比较舒适的角落作为读书角，让宝宝习惯在这些地方读书。

为宝宝"念书"

为了增加对宝宝的吸引力，父母可依据书本内容适度模仿一下，做些语调上的变化，并随时观察宝宝的反应，以宝宝能接受的程度为限，语音和表情不需要很夸张哦。

善于利用时间

如果父母平时工作很忙，建议可利用宝宝吃饱后或睡觉前的时间，花5～10分钟陪宝宝一起阅读，让宝宝在父母的怀中度过快乐的阅读时光。

♥开心乐园

我的女儿两岁了，经常有不满意的事但表达不出来，她就大声嚷嚷。我告诉她这很不好，并对她说有什么要求尽管说，我一定答应。她回答说："妈妈，我想大声嚷嚷。"

小小剪刀作用大

很多家长认为剪刀太危险，而坚决拒绝宝宝用剪刀。其实大可不必，2~3岁的宝宝已经可以开始学习使用剪刀了，正确使用剪刀不仅可以促进宝宝手部小肌肉的发展，更能训练良好的手眼协调性，同时还能够认识形状，增强方位感，对于兴趣爱好、自信心等的培养都有一定的帮助。所以，你不妨主动教宝宝使用剪刀的技巧。

从胡乱剪开始

最初宝宝剪刀拿不稳、力气使不上、剪刀的角度不对剪不下来……这时，父母主要是教宝宝学会正确使用剪刀的姿势，练习手眼协调，所以可以胡乱剪，剪成什么样子并不重要。让宝宝熟悉剪刀，能够熟练地使用剪刀，享受剪纸的乐趣。

慢慢学剪直线

宝宝的手灵活度还不够，手指力度小，剪刀打开的口子较小，所以我们可以让宝宝剪直线，剪完了和爸爸妈妈一起把它变成小猫的胡子、太阳公公的光芒等；还可以剪些稍长一点的纸条，剪完了可以变成肯德基的薯条、小吃店的面条……

能剪方形了

第二步，可以试着让宝宝剪一些方形的东西，如电视机、冰箱、洗衣机等规则形状的物品。这时候的剪刀已经会"向左走、向右走"了！

巧手剪出弧线

第三步，宝宝的小巧手就能剪出弧线了，如太阳、月亮、小鱼、玫瑰花等。让宝宝的剪刀犹如一条小鱼，自由快乐地游动吧。

随心所欲剪剪剪

经过一段时间的锻炼，宝宝已经能够自如地驾驭剪刀了。一会儿是小花、一会儿是小狗，千变万化，让人不得不"刮目相看"！

❀ 思维训练——宝宝的水族馆

目的：激发宝宝的想象力，让宝宝认识不同的颜色，同时促进宝宝情感能力的发展。

步骤：

↘ 准备一个空纸盒、白纸若干、剪刀、胶水。

↘ 把纸盒顶端的盖子剪掉，做成一个无盖的空盒。

↘ 在纸盒的内壁贴上蓝色的纸做背景，代表水。

↘ 教给宝宝简单的鱼的画法，和宝宝一起在白纸上画出大小不同的鱼，并请宝宝给鱼涂上颜色，由父母把鱼剪下。

↘ 将鱼贴在盒子内壁蓝色的背景上，和宝宝一起欣赏这个"小小水族馆"，并请宝宝做水族馆的解说员，向妈妈介绍不同颜色和形状的鱼。

❀ 认知训练——我是小交警

目的：让宝宝懂得基本的交通规则，增强宝宝对交警这个工作的认识。

步骤：

↘ 准备好硬纸、彩色笔。

↘ 在3张硬纸上各画上一个圆圈，并且让宝宝分别涂上红、黄、绿3种颜色。

↘ 爸爸先扮演交警叔叔，宝宝扮演司机，宝宝手握拳头放在胸前做开车状，并且口中发出"滴滴"的声音。

↘ 爸爸把交通规则教给宝宝，如红灯停、绿灯行等。

↘ 当司机开车接近"交警"时，"交警"举起不同颜色的纸板，要求宝宝做出相应的动作，如红灯停、绿灯行等。

↘ 当"交警"再一次举起绿灯的时候，"汽车"才可以继续往前走。

↘ 爸爸与宝宝进行角色互换，由爸爸来当汽车司机，宝宝来当交警叔叔，再一次进行游戏。

认知训练——花样叠罗汉

目的：通过游戏培养宝宝理解数的概念，发展宝宝的手眼协调能力。

步骤：

↘ 妈妈将一只手手掌朝下放在膝盖上，然后让宝宝将他的小手放在妈妈手上。

↘ 妈妈再将另一只手轻轻压在宝宝的小手上，宝宝再将另一只小手压在妈妈的手背上。

↘ 妈妈将压在最下面的一只手抽出，压在宝宝的小手上，如此反复。

↘ 等宝宝学会玩手掌的叠罗汉游戏之后，可以改为玩手指的叠罗汉游戏。

↘ 妈妈伸出食指放在膝盖上，宝宝也伸出同一只手的食指压在妈妈的食指上，其他同第一步。

↘ 妈妈不断伸出不同的手指，要求宝宝也跟着妈妈变换手指。

↘ 妈妈加快速度不断变换手指，鼓励宝宝也跟随着变换手指。

认知训练——彩绳找朋友

目的：辨认红、黄、蓝3种颜色，学习按颜色分类。

步骤：

↘ 每人准备一份红、黄、蓝3种颜色、形状不同的大孔珠子（每种颜色6个）。红、黄、蓝3种颜色的彩绳各一根，放在小盘里。

↘ 出示彩绳和珠子，请宝宝观察珠子和绳子的颜色，要求将珠子穿在与其颜色一样的绳子上。

↘ 宝宝自己穿珠子，父母鼓励宝宝要穿完盘中的全部珠子。

↘ 在穿珠子的过程中，父母引导宝宝说一说珠子的颜色。

注意事项：

当宝宝没有按绳子的颜色穿珠子时，父母不要立刻指出或要求宝宝马上改正，要等一等，宝宝也许自己会发现并改正，或用语言及动作给宝宝一些暗示。

认知训练——图形宝宝找朋友

目的：使宝宝对色彩和形状有更好的认识，帮助宝宝认识"相同"的概念。

步骤：

↘ 准备瓶子若干、各种颜色和形状的几何图形若干、小筐两个。

↘ 妈妈随意拿起一个瓶身，指着上面贴的几何图形问宝宝："这是什么颜色？什么图形？"

↘ 等宝宝回答正确后，妈妈说："请你在放瓶盖的筐里找出一个和它一模一样的图形宝宝，把瓶盖拧上去，让它们配对做好朋友。"

↘ 宝宝自己找出相应的瓶盖后，把瓶盖拧好。

↘ 每完成一个，妈妈都要给予肯定和表扬。游戏时，父母要循序渐进。

注意事项：

刚开始，可以用一种颜色几个图形，或是一个图形几种颜色，视宝宝掌握的情况，适当增加颜色和图形的种类。

体能训练——猫捉老鼠

目的：训练宝宝的爬行能力，训练宝宝的体力和反应能力。

步骤：

↘ 准备用纸袋自制猫头饰一个，再用小手绢做成小老鼠的形状。

↘ 给宝宝戴上小猫的头饰，扮演小猫，蹲在一旁做睡觉状。

↘ 妈妈用绳子牵着"小老鼠"在"小猫"的四周来回移动，并念儿歌："小猫、小猫睡着了。老鼠、老鼠到处跑。赶快去把食物找，找到食物赶快逃。"

↘ "小猫"听到儿歌，醒来跪爬着去捉老鼠。妈妈应逗引宝宝向各个方向爬，开始时可以让"老鼠"快逃，让宝宝追不到，让宝宝有练习爬行的机会。

↘ 反复几次后，"小猫"捉到"老鼠"。妈妈拍手表扬"小猫"爬得快、真能干。

注意事项：

提前清理场地，以免玩的过程中被绊倒。

34～36月宝宝，每天爱问"为什么"

♥ 金牌喂养

♥ 宝宝饮用酸奶要注意什么

酸奶含有多种营养成分，可以给宝宝适量饮用，在给宝宝饮用酸奶时，妈妈需要注意以下几点：

↘ 鉴别品种。目前市场上有很多种由牛奶或奶粉、糖、乳酸或柠檬酸、苹果酸、香料和防腐剂等加工配制而成"乳酸奶"，其不具备酸牛奶的保健作用，购买时要仔细识别。

↘ 喝酸奶要在饭后2小时左右。适宜乳酸菌生长的pH为5.4以上，空腹胃液pH在2以下，如此时饮用酸奶，乳酸菌易被杀死，保健作用减弱。饭后胃液被稀释，pH上升到3～5。所以饭后2小时左右饮用酸奶为佳。

↘ 饮用时不要加热。酸牛奶一般只能冷饮，酸奶中的活性乳酸菌经过加热或者开水稀释后，便会大量死亡，不仅特有的味道会消失，营养价值也会降价。

↘ 不宜与某些药物同时服用。氯霉素、红霉素等抗生素、磺胺类药物和治疗腹泻的药物，可以杀死或者破坏酸奶中的乳酸菌，所以酸奶和药物不宜同时服用。

↘ 饮用后要及时漱口。随着乳酸饮料的发展，儿童龋齿率也在增加，这是乳酸菌中的某些细菌导致的，所以喝完酸牛奶要及时漱口。

↘ 不宜让宝宝一次饮用过多。正常健康的宝宝每次饮用酸牛奶不宜过多，以150～200毫升为宜。

根据宝宝体质选择食物

孩子之间存在着个体差异，有的孩子体质偏热，有的孩子体质偏凉。对于不同体质的孩子，家长在为孩子选择食物时应有所不同，否则很可能因进食不当对孩子健康造成损害。

健康型体质

特点：这类宝宝身体壮实、面色红润、精神饱满、胃纳佳、二便调。

饮食调养原则：平补阴阳。

宜食：食谱广泛，多吃新鲜的瓜果蔬菜、五谷杂粮、鱼、肉、蛋、奶等。

忌食：易导致哽噎的食品和垃圾食品。

热型体质

特点：形体壮实、面赤唇红、畏热喜凉、口渴多饮、烦躁易怒、胃纳佳、大便秘结。

饮食调养原则：清热为主。

宜食：甘淡、寒凉的食物，如苦瓜、萝卜、绿豆、芹菜、鸭肉、梨、西瓜等。

忌食：少吃火锅、油炸食品，及荔枝、橘子等热性水果。

寒型体质

特点：形寒肢冷、面色苍白、不爱活动、胃纳欠佳，食生冷物易腹泻，大便溏稀。

饮食调养原则：温养胃脾。

宜食：辛甘温之品，如羊肉、鸽肉、牛肉、鸡肉、核桃、龙眼等。

忌食：寒凉之品，如冰冻饮料、西瓜、冬瓜等。

虚型体质

特点：面色萎黄、少气懒言、神疲乏力、不爱活动、汗多、胃纳差、大便溏或软。

饮食调养原则：气血双补。

宜食：羊肉、鸡肉、牛肉、海参、虾、蟹、木耳、核桃、桂圆等。

忌食：苦寒生冷食品，如苦瓜、绿豆等。

湿型体质

特点：嗜食肥甘厚腻之品，形体多肥胖、动作迟缓、大便溏。

饮食调养原则：健脾祛湿化痰。

宜食：高粱、苡仁、扁豆、海带、白萝卜、鲫鱼、冬瓜、橙子等。

忌食：甜腻酸涩之品，如蜂蜜、大枣、糯米、冷冻饮料等。

给胖宝宝的饮食建议

现在肥胖儿越来越多，胖可不是什么好事儿。给胖宝宝的饮食建议如下：

尽可能自己做着吃

在外面就餐，或直接购买半成品或成品食物，一般热量及脂肪含量较高，且在制作过程中造成大量的营养素流失，从而易造成营养素摄入不足或营养过剩。所以，我们提倡有规律的家庭饮食。

吃饭要定时、定量

一天三餐或四餐的时间要相对固定，进食量也要相对固定。早餐一定要吃好、吃饱，并摄入一定新鲜果蔬，食入总热量应为一天的30%。同时适度减少晚餐的进食量，如宝宝睡前有饥饿感时，可让其喝一杯鲜牛奶。

替换零食种类

对于已习惯吃零食的宝宝，可将其常吃的糖果、巧克力、口香糖、汽水、蜜饯等高糖、高热量的点心、零食更换成纯牛奶、酸奶、水果等低脂高纤维类食品。

烹调口味尽量清淡

食物烹制时，尽量少加入刺激性调味品，食物宜采用蒸、煮或凉拌的方式烹调，让宝宝减少食用油的摄入。

放慢进食速度

细嚼慢咽有助于宝宝细细品味食物，并提高对饥饿的忍耐性和食欲敏感性，找到吃饭的自然停止点，避免饮食过量。还可以用游戏的方式，如我们比一比谁咀嚼的时间更长，来培养宝宝细嚼慢咽的习惯。

减少脂肪类食物摄入量

最好从减少脂肪类食物的摄入量入手。有些妈妈认为，让宝宝少吃肥肉就可以了，实际上，100克瘦猪肉含蛋白质16.7克，而含脂肪却达28.8克。所以，瘦猪肉其实并不是一种高蛋白、低脂肪的食物。瘦猪肉吃得太多，动物性脂肪的摄入量也会大大增加。

每餐必有汤或粥

先吃些蔬菜，再喝汤，最后吃主食。要让宝宝养成每餐必有粥或汤的习惯。饭前喝汤不仅促进消化吸收，还可以有一种铺垫的作用。

● 不要让宝宝多吃巧克力

巧克力因其细腻的口感、醇香的口味，迷倒了众人。巧克力口感好、厂商们又在里面加了不同的坚果，家长觉得营养应该很丰富，于是，不限制宝宝吃巧克力；这样做的直接后果就是宝宝的食欲越来越差。

巧克力的成分

巧克力的主要成分是糖和脂肪，因此能提供较高的热量，具有独特的营养作用。在体力活动强度较大、消耗热量较多的情况下，吃一些巧克力可以及时补充消耗，维持体力。但是巧克力的营养结构也有其不足之处，它的蛋白质和维生素含量非常少，而这些又是宝宝生长发育所必需的。

巧克力不宜多吃

因为宝宝生长发育所需的蛋白质、无机盐和维生素等，在巧克力中含量均较低，所以，宝宝的生长发育需要各种营养素平衡的膳食，如肉类、蛋类、蔬菜、水果、粮食等，这是巧克力无法代替的；同时，食物中的纤维素能刺激胃肠的正常蠕动，而巧克力不含纤维素；巧克力中所含脂肪较多，在胃中停留的时间较长，不易被宝宝消化吸收。

错吃巧克力的坏处

吃巧克力后容易产生饱腹感。如果宝宝饭前吃了巧克力，到该吃饭的时候，就会没有食欲，即使再好的饭菜也吃不下。可是过了吃饭时间后他又会感到饿，这样就打乱了正常的生活规律和良好的进餐习惯；巧克力吃多了容易在胃肠内返酸产气而引起腹痛。

科学食用巧克力

父母应该选择在适当的时间，有节制地给宝宝食用巧克力。比如说，每天只给宝宝吃一次巧克力，每次只一块，时间可安排在两餐之间，不要影响吃正餐。或者在宝宝大运动量活动之后，给宝宝吃一块巧克力，有助于宝宝恢复体力。特别是大人要给宝宝做出榜样，尽量当着宝宝的面不要表现出自己对巧克力的喜好。

绿豆芽炒肉丝

原料 瘦猪肉、绿豆芽各50克，植物油适量，水淀粉、盐各少许，葱末和姜末1小匙。

做法

1. 将绿豆芽洗净，用温水泡20分钟后捞出沥干；瘦猪肉切细丝，加盐腌一下。

2. 油锅烧热，放入肉丝，炒至半熟，加绿豆芽和葱末、姜末煸炒3分钟，加盐调味即可。

营养分析

绿豆在发芽的过程中，维生素C会增加很多，可达绿豆原含量的7倍，所以绿豆芽的营养价值比绿豆更高。多吃绿豆芽，可防止宝宝因缺乏维生素A而引起的夜盲症、缺乏维生素B_2而引起的舌疮口炎及缺乏维生素C引起的坏血病等。

白萝卜炖猪排

原料 猪排1000克，白萝卜500克，葱末、姜丝、料酒、花椒粉各适量。

做法

1. 将猪排1000克剁成小块，入开水锅焯去血水，捞出后用凉水冲洗干净，重新放入开水锅中，放葱末、姜丝、黄酒、花椒面，用中火煮炖90分钟，捞出，去掉骨，排骨汤备用。

2. 白萝卜去皮，切条，用开水焯一下，去生味。

3. 锅内排骨汤继续烧开，放入排骨肉和萝卜条，炖15分钟，肉烂萝卜软即成。

营养分析

这道炖菜，有萝卜的清香，汤鲜好喝。白萝卜有赛人参之美称，可见其营养丰富，它有滋补润心、通气活血的作用。如果伤风感冒、咳嗽痰多，吃此菜（或喝汤）后，能立即缓解。

甜橙烩蔬菜

原料 蘑菇、土豆各50克，西芹20克，甜橙1个，盐少许，高汤适量，葱末1小匙，橄榄油少许。

做法

1. 将蘑菇洗净后，撕成小块；土豆洗净后，切成片；西芹洗净后，切片。

2. 将甜橙洗净后，切块，放入榨汁机，榨出鲜橙汁。

3. 橄榄油加热，用葱末炝锅后，下入蘑菇块、西芹和土豆片煸炒两下，加入高汤煮开后，倒入鲜橙汁，再焖煮至入味，加盐即可。

营养分析

有的宝宝不爱吃蔬菜，加入橙子调味后，他会吃得很香。所以请妈妈发挥想象力，多给宝宝一些惊喜，这样他才能更好地茁壮成长哦！

冬瓜肉丸汤

原料 冬瓜500克、五花肉250克、鸡蛋1个、葱姜适量、白胡椒粉1/3汤匙、生抽3汤匙、淀粉1汤匙、料酒大半汤匙、盐适量。

做法

1. 把五花肉剁成肉糜，打入鸡蛋，加胡椒粉、生抽、淀粉、料酒、小半碗水拌匀至起胶。

2. 冬瓜洗净去皮去瓤，切成小块；葱洗净切碎。

3. 煮沸清水，加姜片，用手将适量肉糜团起，轻轻从虎口挤出，成肉丸，放入水中，直到肉糜用完。

4. 待肉丸浮起，放入冬瓜，中小火煮至所有冬瓜变透明，撒入葱花，下盐调味即可享用。

营养分析

冬瓜含丰富维生素C，让宝宝肌肤更加细嫩。冬瓜与肉丸做汤，对宝宝有清热解毒、滋养脏腑的功效。

♥ 日常护理

◉ 培养宝宝的生活自理能力

这个年龄段的幼儿，随着独立意识以及手和全身动作的发展，对世界有着强烈的好奇心，什么事情都想动手试一下，如搬小椅子、分发筷子、给大人帮忙等。所以，家长应抓住这一好时机，培养幼儿独立的生活自理能力。那么，怎样培养幼儿的生活自理能力呢？

给宝宝干活的机会

一个什么事都给幼儿全部包办的家庭，是培养不出有独立自主能力的孩子的。父母要创造机会，让幼儿有机会做事。最主要的是幼儿在这样的亲身尝试中，培养了动手解决问题的能力，体会到了小小成功带来的喜悦，并逐渐养成良好的卫生习惯、生活习惯，有利于培养其独立性和爱劳动的品德。

﹨ 在饮食方面，可以让幼儿学习自己用勺吃饭，饭后自己擦嘴，自己去拿杯子喝水，准备开饭前的小椅子，分发筷子等。

﹨ 在卫生方面，可以让幼儿自己学会洗手、擦手、洗脸等。

﹨ 在穿衣方面，让幼儿自己穿脱袜子等。

从简单的地方入手培养

培养幼儿生活自理能力，应该让幼儿从简单的事做起，这样幼儿才会树立信心，增加自己做事的兴趣。如学习脱穿裤子时，最好从衣服穿得较少的夏天开始，从易于脱穿的裤子入手，这样幼儿才会较快掌握，保持学习的兴趣。

当幼儿做得不太好，甚至很差的时候，父母不要批评，而是要用温和的语气耐心地对他进行指导。家长要言传身教，多作示范，多让幼儿练习，看到他成功时和他一起高兴，并给予表扬和鼓励。

让宝宝乐意接受父母的管教

2～3岁的宝宝独立意识很强，想要摆脱父母种种束缚，一旦想做某件事就表现得非常任性，不愿服从家长的安排。如果父母忽视宝宝身体活动的需要和心理成长的需要，事事代劳，处处设防，就会引起宝宝的"反抗"。那么，如何让宝宝接受父母的要求呢？

不要强力压制

强力压制是肯定不行的，只能采取说服诱导的方法，要仔细分析宝宝的意图，然后区别对待。如果宝宝只是想自我服务或是帮助大人做家务，家长就不要一味地限制，那样宝宝会很恼火，不听劝。正确的方法是帮助和指导他，把他想做的事做好。

如果是不合理的要求，家长可以用他感兴趣的东西转移他的注意力，或者耐心地讲清道理，告诉他为什么不可以做。合理的限制还是需要的，但宝宝的感情要让他表现出来，不能强行压制。

给宝宝更多行动的自由

父母应当在成长的转变期细心观察宝宝，了解宝宝的独立意向，相信他，放手让他做想做又能做的事，对他经过努力做成的事给予适当鼓励；给宝宝更多的行动自由，养成必要的独立习惯。这样，宝宝独立意识就得到了保护。

家长应该经常和宝宝一起玩耍、交谈，了解和尊重他们的意愿和兴趣。要让宝宝知道你对他很在意、很重视，这样宝宝就容易顺从父母的想法。

采用"回馈技法"

有时家长采用"回馈技法"来处理宝宝的反抗也很有效。比如"妈妈不让你爬凉台，你生气了？"把宝宝的感受变成自己的语言，再回敬给他，借以表示妈妈充分了解宝宝的想法或感受，让宝宝感到妈妈是公正地对待自己，承认自己，比自己懂得多。久而久之，让宝宝知道妈妈很理解他的感受，但做任何事都要有一定的限制，逐渐地宝宝反抗的次数会越来越少，比较容易接受父母的要求。

别随意说宝宝"多动症"

爬上爬下、扔来扔去、钻进钻出、东摸西动是2岁后宝宝最喜欢做的事，仿佛没有停歇的时候。发展心理学中讲的"自发使用原理"，即机体内部的某些机体功能形成和发展到一定水平后，婴幼儿就会自发地加以充分利用。所以，随着宝宝大小动作技能的发展，宝宝便可能在自发运用这些技能的过程中变得十分"多动"。此外，进入空间敏感期之后，宝宝也会对空间探索产生极大的兴趣，喜欢在大大小小的空间里释放自己的探索欲。

宝宝好动，我们有什么相应的对策呢？

安全教育不可少

给宝宝创造一个安全、宽松的活动环境很重要，但更积极的做法则是适时对宝宝进行安全教育，让宝宝学会保护自己。

不要随便说宝宝多动症

"多动症"的帽子一旦扣上，轻则会让宝宝因逆反而越加好动，重则会使其受到负面的心理暗示而自视异于常人，这对宝宝的心理发展和行为导向是极为不利的。

剔除不合理的"乖宝宝情结"

一个身心健康、精力旺盛的宝宝，本身就是活泼爱动的，只有那些患有营养不良或其他疾病的宝宝才懒言少语。

带宝宝合理释放旺盛的精力

我们可以引导宝宝合理释放旺盛的精力。比如，运用比较有意义的活动来转移他们的注意力，带宝宝走进大自然等新奇的空间，在满足宝宝探索欲的同时拓宽他们的视野。

❤ 冬季如何让宝宝健康出行

寒冷的冬季并不是宝宝户外活动的休止符，只要为宝宝的冬天做好充分的健康准备，一样可以带宝宝出去呼吸新鲜空气。

合理添加衣物

如果宝宝是外出运动，可酌情减些衣服，但如果外界环境特别寒冷，导致宝宝身体产热能力不足的时候，还是应该注意多穿衣。判断宝宝穿得多少是否合适，可经常摸摸他的小手和小脚，只要不冰凉就说明他们的身体是暖和的，衣服穿得还算合适。

科学晒太阳

晒太阳会帮助宝宝获得维生素D，它可以帮助宝宝摄取和吸收钙、磷，使宝宝的骨骼长得健壮结实。在冬季，有3个时间段比较适合晒太阳：第一个时间段为上午6～9点，这一时间段阳光以温暖柔和的红外线占上风，紫外线相对较弱。红外线温度较高，可使宝宝身体发热，促进宝宝血液循环和新陈代谢，增强宝宝活力。第二和第三时间段分别是上午9～10点和下午4～5点，这两个时间段的照射特点是紫外线中的A光（UVA）成分较多，这时是宝宝储备维生素D的大好时间。

注意游乐设施的安全

带宝宝逛公园是主要的户外运动了，但家长一定要注意设施的安全性，不少设施会因为冬天结冰而很滑，父母可以实地先看一看，如果不安全尽量不要带宝宝去玩耍。即使是符合安全标准的游乐设施也会因为宝宝的使用不当或意外而发生危险，所以在宝宝玩耍的过程中，父母一定要在旁时刻照看。

专家叮咛

带宝宝出门之前，先制定一些基本的规则，让宝宝先有心理准备，才能有效地预防一些不可知的意外。

宝宝过敏，预防为主

宝宝发生过敏的原因多种多样，导致的后果也各不相同。有的过敏不会对宝宝造成很大的伤害，但是有的过敏却很有可能使宝宝有致命的危险，所以平时护理宝宝时应做到：

↘ 注意宝宝的居住环境，防止某些有害气体、物品使宝宝产生急性过敏性反应。

↘ 在喂宝宝吃药的时候，父母要注意药物是否会使宝宝过敏。

↘ 最好避免宝宝和宠物接触，防止过敏。

↘ 对于宝宝不熟悉的食物要让宝宝少吃，对于容易致敏的食物最好选择性地让宝宝尝试。

↘ 增强宝宝抵抗力，让宝宝多进行锻炼。

↘ 北方地区，是季风比较多的地方。空气里的尘螨、花粉比较容易传播，相对来说会出现比较多的过敏原。所以一定要多加小心。

↘ 注意宝宝的个人卫生，让宝宝穿干净、宽松的衣物。

↘ 防止宝宝接触妈妈的化妆品、香水。

↘ 每周用55℃以上的热水洗涤床上用品，并用热烘干器或晒在阳光下使其完全干燥；床上用品最好使用防螨材料制品，每天起床后要叠被子。

↘ 不使用填充、毛绒玩具、地毯和挂毯；室内尽量少放家具。

↘ 保持室内干燥通风。

↘ 虽然医院能给宝宝做"过敏原检测"，根据现有的测试水平，通常检测的项目不超过100个，而常见的过敏原有200多种，由于污染等因素，每天环境中又会出现新的过敏原，因此，妈妈给宝宝建立一份过敏排查"日记"就相对更准确一些，更能起到预防的作用。

别让宝宝成为听话的"应声虫"

我国的老传统是喜欢老实的宝宝。父母总希望宝宝规规矩矩，百依百顺。其实调皮、好动是儿童的天性。太听话的宝宝，缺少创造力、自信心、独立性和奋进的动力。所以我们要防止宝宝变成太听话的"应声虫"，具体生活中应该怎么做呢？

避免控制，尊重宝宝

父母的要避免宝宝变得太听话，就要尊重宝宝，把宝宝当成独特的个体，不要把宝宝当成控制的对象。

鼓励宝宝自主选择

不要从小就要求宝宝长大后实现大人未实现的理想，要有意识地锻炼宝宝自主选择的能力，让宝宝自己去勾画人生蓝图，让宝宝可以为自己的人生负责。只有这样，宝宝才不会成为可怜的"应声虫"。

意见不同，平等沟通

很多太听话的宝宝通常都有强势的父母，这些父母不允许宝宝有与他们不同的意见，不允许宝宝与父母平等。意见不同时，平等沟通，宝宝从中得益，遇事更有主见。

鼓励宝宝要敢想敢做

创造人格中"敢"字很重要，敢想、敢说、敢做才能创造，要让宝宝有不同意见，敢于实践，这是非常重要的。我们父母应该接受"听话是优点，太听话是缺点"的观念，对宝宝的教育要做到"管而不死、活而不乱"。

给宝宝自由的时间和空间

如果把宝宝捆得死死的，一点自由支配的时间都没有，他只有什么事儿都听大人的。父母应该给宝宝更多的时间和空间，让他们去"淘气"，让他们自由自在地去遐想、去活动、去创造。

开心乐园

爸爸："怎么搞的，大白天还开着灯？"

儿子："这是你早晨上班前忘记关了。"

爸爸："你发现了，为什么不关上？"

儿子："你不是经常教育我要用事实说服人吗？"

宝宝 喂养、护理、启智 一本通（0～3岁）

✿ 培养宝宝的同情心

同情心是人类最美好的一种情感，人际交往中最重要的元素之一。从这一时期开始，父母要让宝宝关注他人的存在，为宝宝将来在社会上成为一个有价值的人打下基础。

不要扼杀宝宝的同情心

很多妈妈不了解宝宝心理发育的特点，一旦宝宝看到别的小朋友哭，他也跟着哭，有的妈妈就很不耐烦甚至很生气，会毫不犹豫地将宝宝训斥一通。久而久之，宝宝就会产生认识的偏差，觉得他同情别的小朋友是一种错误的行为。因此，每当遇到这样的情形，妈妈最好给予宝宝一些正确的引导，比如给宝宝手绢让他去给正哭着的小朋友擦擦眼泪，鼓励宝宝用小手轻轻地拍拍哭着的宝宝等。这样既可以调整宝宝的心情，同时也教给宝宝正确的表达同情的方法。

潜移默化地影响宝宝

想要养育一个富有同情心的宝宝，妈妈首先得富有同情心。比如宝宝不小心将心爱的玩具摔坏了，宝宝正哭闹着呢，此时，妈妈最好不要因为宝宝摔坏了玩具而简单地训斥宝宝，而是应该站在宝宝的立场考虑问题，给予宝宝关注与安慰，并尽可能提供机会让宝宝诉说，让宝宝意识到妈妈是多么同情他的处境。

借助各种媒介教育宝宝

宝宝喜欢看动画片或者故事书，妈妈可以利用这些媒介向宝宝宣传，让宝宝明白对哪些人和事应该表示同情，应该以什么样的方式来表示同情。

经常帮助弱势群体

让宝宝蒙上眼睛，体验盲人的痛苦；每次见到残疾人，都做些力所能及的事情为他们提供帮助；鼓励宝宝在日常生活中多帮助那些比他小的孩子，让他在帮助弱小者的行动中获得一种心理上的支持。所有这一切都会给宝宝一种正确的心理暗示，让宝宝慢慢地培养并巩固他的同情心。

5方法让宝宝过目难忘

宝宝记忆有3条特殊规律：第一，能较好记住形象事物，但不善于记住抽象事物；第二，以机械记忆为主，不善于理解记忆；第三，记忆活动容易受情境或情绪影响。根据以上三点，可以有针对性地训练宝宝的记忆力。以下方法，可供参考。

重复、重复再重复

对宝宝来说，一遍又一遍地重复，是一种简便易行、行之有效的记忆方法。宝宝很多时候愿意重复，比如反复听同一个故事，多次到一个游乐场所玩。在活动过程中加以必要的引导，如让他讲故事，让他指路、背着说出游乐器械的特点等，可以强化记忆。

明确目的才更有兴趣

指出让宝宝记忆事物之后的结果，可以提高宝宝记忆的积极性。比如告诉他仔细观察一辆汽车，记住它的样子，回家就能把它画出来。或者练习讲一个小故事，到外面就能讲给其他小朋友听，这样的记忆的效果会更好。

眼、耳、口都来参与

在认识事物时，父母让宝宝尽可能动用多个感官共同参与，可以使他在头脑中留下的印象更全面、更清晰，有助于记忆内容准确、保持时间长。比如背唐诗，让他能边看着图边说，还能用手指一指。

记忆游戏很好玩

记忆游戏的内容、以游戏的方式记忆某些事物，是发展宝宝记忆力的好方法。家庭中，妈妈可以自编很多亲子游戏活动，在轻松快乐的亲子同乐中锻炼了宝宝的记忆力。比如用实物或图片让宝宝看一看、想一想"什么东西没有了？""哪一种变多了？"和宝宝轮流讲一个故事的不同段落，比赛背诗歌"接龙"，中间不停顿，等等，不拘时间、场地，随时可以进行。

记住之后勤应用

让宝宝记忆知识、经验，一定要给他机会鼓励他应用到生活中，以求"熟能生巧"。在不断应用中，宝宝会加深有关知识经验的印象和理解，提高记忆的准确度，延长记忆时间，需要时能迅速轻松地提取，提高记忆效果。

父爱让宝宝更聪明

心理学专家认为，由男人带大的宝宝智力水平更高，他们在学校会取得更好的成绩，在社会上也容易成功。同在一个家庭，面对同一个宝宝，两个大人的家庭教育却存在着许多差异。这除了与父母文化、修养差异有关外，更多的应是性别差异造成的。

爸爸教育更有目的性

那些在家里照顾宝宝的爸爸在教育方面有更强的目的性。想要培养宝宝哪些品质，发展哪些方面的才能，爸爸心中一般都是有计划的，而妈妈在这方面就要差一些。大多数妈妈对宝宝都是有较高期望的，但在实际教育中，妈妈往往显得无计划。

爸爸更注重拓宽宝宝的视野

在教育内容上，爸爸的知识面一般广于妈妈，而且在史、地、哲上爸爸往往精于妈妈。因此，爸爸给宝宝讲得更多的是历史故事、各地民情风俗、英雄人物等。而妈妈则一般都给宝宝讲童话，涉及史、地、哲较少。这在拓宽宝宝视野、丰富宝宝知识上就稍逊一筹了。

爸爸更注重让宝宝独立

爸爸教育宝宝要独立、果断，要具有勇敢精神和冒险精神。他们让宝宝参与修理简单家电，让宝宝大胆学骑自行车，带他们爬山、赛跑……而妈妈总想保护宝宝，不让他们受到任何伤害。她们不让宝宝参加有一点危险的活动，她们总担心宝宝会不小心碰着了、摔着了、累着了，她们使宝宝更柔弱、更胆小一些。

爸爸较少包办代替

在教育方式上，爸爸一般鼓励宝宝自己动手动脑做事，而妈妈则比较喜欢帮宝宝做他们力所能及的事；爸爸对宝宝提出的无理要求态度一般都比较强硬，而妈妈则时常心软。爸爸带宝宝上街，看的东西多，零食吃得少；妈妈带宝宝上街，看的东西不多，零食却吃得不少。

有些爸爸把教育宝宝的责任推给妈妈，自己则躲个清闲，其实这样做不好。若宝宝心里感到爸爸对他不负责任，有事时也不向爸爸征询意见，爸爸的威信就会越来越低。夫妻两人有分工可以，但在教育问题上不能把责任推给对方。

🌑 幽默宝宝人人爱

宝宝天生就有幽默基因，如何才能在养育过程中让幽默在宝宝体内不断发酵呢？

多和宝宝进行笑脸的"交流"

让宝宝每天睁开眼后都能够看到妈妈充满爱意的笑脸，让宝宝每天都能够带着妈妈温馨的笑容入睡，妈妈千万不要吝惜自己的微笑，宝宝在笑容中长大，自然就能学会微笑着面对生活。

给宝宝营造轻松愉快的环境

在安全、亲密、轻松且愉快的家庭氛围中成长的宝宝，才可能以快乐的心态看待周遭的人、事、物，成为一个具有幽默感的人。因此父母与宝宝之间不妨经常开些善意的玩笑，多讲些有趣的见闻，让宝宝感受快乐、学会幽默。

向宝宝传递乐观的生活态度

父母的生活态度是会潜移默化地传递给宝宝的。因此爸爸妈妈要格外注意自己的言行，要用乐观的态度去对待生活，即使遇到什么不如意的事情，也要积极面对，让宝宝知道办法总比困难多。

积极回应宝宝的幽默

当宝宝怪模怪样地走到你跟前，跟你做鬼脸的时候，父母要积极地回应，千万不要无动于衷，认真观察和倾听，并报以会心的微笑，让宝宝的小幽默在他心里开出美丽的花。

纠正宝宝的"不良"幽默

我们不能无原则地支持宝宝的所有耍宝行为，父母有责任让宝宝懂得嘲讽、挖苦、讥笑他人的行为绝不是幽默。另外，爸爸妈妈还要特别注意纠正宝宝带有危险性的滑稽动作。

☻ 思维训练——选工具

目的：激发宝宝的想象力，从而训练宝宝的创造性思维能力。

步骤：

↘ 家长先拿起每件东西让宝宝说出它的名称和用途。比如：这是小钳子，可以用来夹紧东西；这是剪刀，可以用来剪东西；这是锤子，可以用来砸或敲东西等。

↘ 当宝宝记住这些工具的名称和用途后，家长问宝宝："我要在墙上钉个钉子，应该用什么工具呢？"等宝宝回答正确后，再让宝宝把那个工具找出来。

↘ 家长再问："我有一块木板，想把它分成两块，应该用什么工具呢？"或"这里有一个螺丝钉，我想把它取出来，可以用什么工具呢？"就像这样玩下去。

注意事项：

不要让宝宝自己拿钳子或锤子玩，以免伤到他。

☻ 模仿训练——今天我来当妈妈/爸爸

目的：培养宝宝的想象能力、模仿能力、语言能力。

步骤：

↘ 让宝宝穿上妈妈或爸爸的衣服，先把自己装扮起来。

↘ 试着给宝宝假设一个场景，让他假装穿着爸爸妈妈的正装去单位上班，或者假装学爸爸妈妈的样子接电话，再或者让他来决定在下面的5分钟里，家人应该做些什么。

↘ 如果宝宝扮爸爸时，妈妈扮宝宝，妈妈应该会看到，宝宝吩咐你做的事情大部分都是妈妈要求他完成的那些。

注意事项：

如果这个游戏让爸爸妈妈看到自己还有一些需要改进的地方，那就别犹豫，赶快纠正吧。

◉ 创意训练——叶片贴画

目的：和宝宝一起做一幅叶片贴画，充分发挥宝宝的想象能力。

步骤：

↘ 事先准备好平整的小塑料袋、树叶（或彩色纸）、双面胶、儿童用剪刀。

↘ 把塑料袋的一条长边和一条短边剪开，方便作画。

↘ 用双面胶把一些不同形状和颜色的叶子等贴在内侧。

↘ 再把塑料袋打开的一侧盖上，恢复原状，拼贴画就完好地保存在塑料袋里了。

注意事项：

让宝宝来做粘贴的工作，这可是锻炼他创造能力的最好机会。

◉ 语言训练——今天真快乐

目的：提高宝宝的语言表达能力，增强宝宝的概括能力和表达水平，掌握一种新的语言表达方式，提升宝宝参与创作的乐趣，培养其自信心，提高自身创造力。

步骤：

↘ 妈妈带宝宝一起唱这首儿歌："今天真快乐，大家一起唱歌，大家一起跳舞。小熊维尼有好多朋友，有小猪皮杰和跳跳虎，还有兔子瑞比和驴子屹耳。"

↘ 和宝宝一起讨论："儿歌里面都有谁？他们在一起做什么？"帮助宝宝了解儿歌大意。待宝宝熟悉儿歌以后，可以引导他自己改编儿歌。如"大家一起做操，大家一起喝水。宝宝有很多好朋友，有扬扬和乐乐"等。

↘ 带宝宝买水果的时候，和宝宝念"今年的枣大丰收"，让宝宝顺着思路说下去，"今年的橘子大丰收""今年的苹果大丰收"等。

注意事项：

尝试让宝宝自编儿歌，是为提高宝宝的创造思维，所以爸爸妈妈不要用成人的思维方式去限制孩子。